中华泰山文库·著述书系

泰山风景名胜区管理委员会 编

田明中
武法东　编著
张建平

泰山地质综合研究

山东人民出版社·济南

图书在版编目（CIP）数据

泰山地质综合研究/田明中，武法东，张建平编著.－－济
南：山东人民出版社,2018.12
（中华泰山文库．著述书系）
ISBN 978-7-209-11360-1

Ⅰ．①泰… Ⅱ．①田… Ⅲ．①泰山－区域地质－研究
Ⅳ．①P562.52

中国版本图书馆CIP数据核字(2018)第041984号

项目统筹　胡长青
责任编辑　杨云云
装帧设计　武　斌　王园园
项目完成　文化艺术编辑室

泰山地质综合研究
TAISHAN DIZHI ZONGHE YANJIU

田明中　武法东　张建平　编著

主管部门　山东出版传媒股份有限公司
出版发行　山东人民出版社
出 版 人　胡长青
社　　址　济南市英雄山路165号
邮　　编　250002
电　　话　总编室（0531）82098914
　　　　　市场部（0531）82098027
网　　址　http://www.sd-book.com.cn
印　　装　北京图文天地制版印刷有限公司
经　　销　新华书店

规　　格　16开（210mm×285mm）
印　　张　22
字　　数　296千字
版　　次　2018年12月第1版
印　　次　2018年12月第1次
印　　数　1—1000
ISBN 978-7-209-11360-1
定　　价　280.00元

立岱宗之弘毅

——序《中华泰山文库》

一生中能与泰山结缘，是我的幸福。

泰山在中国人民生活中有着广泛而深远的影响，人们常说"重于泰山""泰山北斗""有眼不识泰山"……在中国人心目中，泰山几乎是"伟大""崇高"的同义语。秉持泰山文化，传承泰山文化，简而言之，主要就是学做人，以德树人，以仁化人，归于"天人合德"的崇高境界。

自1979年到现在，我先后登临岱顶46次，涵盖自己中年到老年的生命进程。在这漫长岁月里，纵情山水之间，求索天人之际，以泰山为师，仰之弥高，探之弥深。从泰山文化的博大精深中，感悟到"生有涯，学泰山无涯"。

我学习泰山文化，经历了一个由美学考察到哲学探索的过程。美学考察是其开端。记得在20世纪80年代，为给泰山申报世界文化与自然遗产做准备，许多专家学者对泰山的文化与自然价值进行了考察评价。当时，北京大学有部分专家教授包括我在内参加了这一工作。按分工，我研究泰山的美学价值，撰写了《泰山美学考察》一文，对泰山的壮美——阳刚之美的自然特征、精神内涵以及对审美主体的重要作用，有了较深的体悟。除了理论上的探索，我还创作了三十多首有关泰山的诗作，如《泰山颂》：

高而可登，雄而可亲。

松石为骨，清泉为心。

呼吸宇宙，吐纳风云。

海天之怀，华夏之魂。

这是我对泰山的基本感受和认识。这首诗先后刻在了泰山的朝阳洞与天外村。

我认为泰山的最大魅力在于激发人的生命活力。我对泰山文化的学习，开端于美学，深化在哲学。两者往往交融在一起。在攀登泰山时，既有审美的享受，又有哲学的启迪（泰山自然景观和人文景观的结合，体现了一种天人合一的艺术境界）。对泰山的审美离不开形象、直觉，哲学的探索则比较抽象。哲学关乎世界观，在文化体系中处于核心地位，对人的精神影响更为深沉而持久。有朋友问我：能否用一个词来概括泰山对自己的最深刻的影响？我回答：这个词应该是生命的"生"。可以说，泰山文化是以生命为中心的天人之学，其内涵非常丰富，可谓中国文化史的一个缩影。泰山文化包容儒释道，但起主导作用的是儒家文化，与孔子思想有千丝万缕的联系。《周易·系辞下》中讲"天地之大德曰生"，天地生育万物，既不图回报，也不居功，广大无私，包容万物，这是一种大德。天生人，人就应当秉承这种德行，对于人的生命来说，德是其灵魂。品德体现了如何做人。品德可以决定一个人的人生方向、道路乃至生命质量。人的价值和意义离开德便无从谈起。蔡元培先生讲："德育实为完全人格之本，若无德，则虽体魄智力发达，适足助其为恶，无益也。"

"天行健，君子以自强不息；地势坤，君子以厚德载物。"这两句话深刻地体现了"天人合德"的思想。学习泰山文化要与时代精神相结合。泰山文化中"生"的精神对我影响很大，近四十年，我好像上了一次人生大学，感到生生不已，日新又新，这种精神感召自己奋斗、攀登，为人民事业做奉献。虽然我已经97岁，但生活仍然过得充实愉快，是泰山给了我新的生命。

泰山文化是中华民族优秀传统文化的主要象征之一，是我们民族文化的瑰宝。在这方面，历史为我们留下了浩瀚的资料，亟待整理。挖掘、整理泰山文化，是推动中华优秀文化遗产的创造性转化、创新性发展的迫切需要。

日前，泰山风景名胜区管理委员会的同志来舍下，告知他们正在编纂《中华泰山文库》。丛书分为古籍、著述、外文及口述影像四大书系，拟定120卷本，洋洋五千万言，计划三到五年完成。我听了非常振奋！这是关乎泰山文化的一件大事，惠及当今，功在后世，是一项了不起的文化工程。我对泰山风景名胜区管理委员会领导同志的文化眼光、文化自觉、文化胆识和文化担当，表示由衷钦佩；对丛书的编纂，表示赞成。我认为，编纂《中华泰山文库》丛书，将其作为一个新的文化平台，重要意义在于：

首先，对于泰山文化的集成，善莫大焉。关于泰山的文献，正所谓"经典沉深，载籍浩瀚"（刘勰《文心雕龙》）。从大汶口文化时期的象形符号，到文字记载的《诗经》，再到二十五史，直至今天，在各个历史阶段都不曾缺项。一座山留下如此完整、系统、海量的资料，这是任何山岳都无法与其比肩的，在世界范围内也具有唯一性。《中华泰山文库》的编纂，进一步开拓了泰山文化的深度和广度，对于古今中外泰山文化资料及研究成果的发掘、整理、集成、保存，都具有无与伦比的综合性、优越性和权威性，可谓集之大成；同时，作为文化平台，其建设有利于文化资源和遗产共享。

其次，对于泰山文化的研究，善莫大焉。文献资料是知识的积累，是前人智慧的结晶，是文化、文明的成果。任何研究离开资料，都是无米之炊。任何研究成果都是建立在资料的基础上。同时，每当新的资料出现，都会给研究带来质的变化。《中华泰山文库》囊括了典籍志书、学术著述、外文译著、口述影像多个门类，一方面为学术研究提供了所必需的文献资料，大大方便了研究者的工作；另一方面，宏富的文献资料便于研究者海选、检索、取舍、勘校，将其应用于研究，以利于更好地去伪存真、去粗取精，提高研究效率和研究质量。

再次，对于泰山文化的创新，善莫大焉。文化唯有创新，才会具有更强大的生命力。所以说，文化创新工作永远在路上。新时代泰山文化的创新，质言之，泰山文化如何引领新时代的精神文明，服务于新时代的精神文明建设，是一个重大课题。就其创新而言，《中华泰山文库》丛书的编纂本身就是一种立意高远的文化创新。它有目的、有计划、有系统地广泛征集、融汇泰山文献资料，集腋成裘，聚沙成塔，夯实了泰山文化的基础，成为泰山文化创新的里程碑。另外，外文书籍的编纂，开阔了泰山走向世界、世界了解泰山的窗口，对于泰山更好地走向世界、融入世界，具有重要的现实意义。而口述泰山的编纂，则是首开先河，把音频、影像等鲜活的泰山文化资料呈现给世人。《中华泰山文库》的富藏，为深入研究泰山的文化自然遗产，提供了坚实的物质保障。

最后，对于泰山文化的传承，善莫大焉。从文化的视角着眼，随着经济社会的发展变革，亟须深化对优秀传统文化重要性的认识，以进一步增强文化自觉和文化自信；通过深入挖掘优秀传统文化价值内涵，进一步激发其生机与活力；着力构建优秀传统文化传承发展体系，使人民群众得到深厚的文化滋养，不断提高文化素养，以增强文化软实力。毋庸讳言，《中华泰山文库》负载的正是这样一个优秀传统文化传承发展体系。如上所述，集成、研究、创新的最终目的，就是为了增强泰山文化的生命力，祖祖辈辈传承下去，延续、共享这一人类文明的文化成果。这是一个民族兴旺发达的源泉所在。《中华泰山文库》定会秉承本初，薪火相传，继往开来。

更为可喜的是，泰山自然学科资料的整理和研究，也是《中华泰山文库》的重要组成部分，无论是地质的还是动植物的，同样是珍贵的世界遗产。

中国共产党第十九次全国代表大会报告中指出："文化自信是一个国家、一个民族发展中更基本、更深沉、更持久的力量。必须坚持马克思主义，牢固树立共产主义远大理想和中国特色社会主义共同理想，培育和践行社会主义核心价值观，不断增强意识形态领域主导权和话语权，推动中华优秀传统文化创造性转化、创新性发展，继承革命文化，发展社会主义先进文化，不忘本来、吸收外来、面向未来，更好构筑中国精神、中国价值、中国力量，为人民提供精神指引。"这是我们编纂《中华泰山文库》丛书工作的指南。

编纂《中华泰山文库》丛书是一项浩繁的文化系统工程，要充分考虑到它的难度、强度和长度。既要有气魄，又要有毅力；既要正视困难，又要增强信心。行百里者半于九十，知难而进，迎难而上，才能善始善终地完成这项工作。这也是我的一点要求和希望。

值此《中华泰山文库》即将付梓之际，泰山风景名胜区管理委员会的同志嘱我为之作序，却之不恭，写下了以上文字。我晚年的座右铭是："品日月之光辉，悟天地之美德，立岱宗之弘毅，得荷花之尚洁。"所谓"弘毅"，曾子有曰："士不可以不弘毅，任重而道远。仁以为己任，不亦重乎？死而后已，不亦远乎？"故而，名序为：立岱宗之弘毅。

杨辛
2018年7月

导　论

一座亿万年积淀的自然宝库，
一轴百万年续展的历史长卷，
一幢五千年镌刻的文化丰碑，
一阙七千阶谱写的朝天神曲。

"岱宗夫如何，齐鲁青未了。"泰山位于山东省中部，东望黄海，西襟黄河，前瞻孔孟故里，背依泉城济南，以通天拔地之势雄峙于中国东方。泰山以其突出的自然科学价值、历史文化价值和美学价值，于1987年被联合国教科文组织列入"中国世界文化与自然遗产名录"。2006年9月，泰山更是凭借丰富而典型的地质地貌遗迹，入选世界地质公园网络名录。

泰山历史悠久，文化灿烂，精神崇高，文物古迹众多，是中华民族文化的缩影，是世界上任何名山大川都无可比拟的。在中国传统文化的语境中，泰山是一座最高最大的山。它是有形的，雄伟高耸；它又是无形的，潜隐于一个民族的心理之中。泰山不仅有"会当凌绝顶，一览众山小"的恢宏气魄，而且有"稳如泰山""重如泰山"的深沉稳重，更有"泰山安则天下安""国泰民安"的精神内涵，被誉为中华文明的标志，是中华民族的精神象征。在汉代创立"五岳制"时，泰山被封为东岳，位居五岳之首。

泰山以其漫长的地质演化历史、复杂的地质构造、典型的地质遗迹而闻名中外。其早前寒武纪地质研究历史悠久、地质现象丰富，是建立鲁西早前寒武纪地质演化框架的代表性地区，也是中国早前寒武纪地质研究的经典地区之一。张夏寒武纪地层发育齐全，出露良好，代表性强，含丰富的三叶虫等化石，是我国区域性乃至国际寒武纪地层对比的主要依据，具有重要的科学研究意义。新构造运动对泰山的形成起着决定性作用，对泰山的雄、奇、秀、幽、奥、旷等自然特点的形成有重大的影响。泰山因其海拔高、气候垂直变化明显，造就了千姿百态的自然景观，形成旭日东升、云海玉盘、碧霞宝光、晚霞夕照、雨凇、雾凇、盛夏冰洞等著名的自然景观。

泰山的地学内容极为深广，特别是在以科马提岩、基性火山岩、沉积岩为主的泰山岩群和距今 2730～1800 Ma 之间多期次侵入岩为代表的前寒武纪地质方面，以及寒武系标准剖面、新构造运动与地貌等方面，都具有全国和世界意义的巨大地学价值，是一个天然的地学博物馆。

泰山是中国太古宙—古元古代地质研究的经典地区之一，地质研究历史悠久、地质现象丰富，是建立华北太古宙—古元古代地质演化框架的标准地区。因此，泰山太古宙—古元古代地质演化的研究对揭示花岗岩-绿岩带的形成演化历史，查明中国东部太古宙—古元古代陆壳裂解、拼合、焊接的机制及地球动力学过程都有着十分重要的科学意义。

泰山北侧的张夏寒武纪标准地层剖面的建立在地质学史上占有重要地位，至今仍是国内外进行相关对比的经典剖面，具有极高的科学价值。

泰山因其独特的大地构造位置，在新构造运动的影响下，形成众多典型而奇特的地质地貌遗迹，历来为中外地质学家所关注。它更是被赋予了中国独一无二的精神和文化生命，成为人类宝贵的双遗产（自然遗产和文化遗产）。而其中的自然遗产的物质基础是亿万年来留下来的众多地质遗迹。

受《中华泰山文库》编撰委员会之约，让我们编写《泰山地质综合研究》一书，深感责任重大。泰山的地质研究历经近百年，在不同的历史阶段，众多的地质学家对泰山的研究积累了丰富的成果和资料，我们从 2004 年起，承担了泰山国家地质公园、世界地质公园的申报材料编制和泰山国家地质公园规划编制。在 2010 年、2014 年、2018 年，泰山地质公园接受联合国教科文组织的再评估，尽管对泰山的地质成果进行了大量收集和整理，但要真正把这些资料编制的成果形成一本书、一个系统，感觉依然无从着笔。尤其是在一年的时间里，我们克服了许多困难，特别是由于编著者对资料的理解还不够深刻、充分，加之作者的专业知识有限，难度可想而知。

《泰山地质综合研究》以什么样的体系呈献给读者，作者广泛听取了各类学者的意见。对提纲的编写多次进行了修改，最后形成了"表现泰山地质的核心价值，体现泰山地质的国际对比意义，呈现泰山世界地质公园的系统性、完整性和科学性"的意见，本书力求将泰山世界地质公园的核心价值所具有的特性一一进行介绍，但在内容上难免挂一漏万，很难涵盖泰山地质的全貌。

　　本书介绍了泰山联合国教科文组织世界地质公园的地层、构造、岩石、古生物地质遗迹及地质公园建设。全书共分8章，约30万字，图文并茂。将泰山地区距今28亿年的地质演化史向读者进行了系统而详细的论述，是研究和了解泰山的一部自然科学专著。本书适合研究泰山的地质科学工作者、地质公园建设者、大中专学校的学生阅读，也适合广大地质、地理爱好者阅读和参考。

目　录

第一章
中华圣山——五岳独尊之泰山

　　地理环境是人类赖以生存和发展的物质基础。不同的民族文化和地域文化，会呈现出一定的差异性，从一定意义上讲，这是由于不同的地理环境所决定的，同时也就有了不同的特征。文化发生发展的历史地理环境，主要包括两个方面：一个是自然地理环境，一个是人文地理环境，两者的存在及变化有着各自的规律性，但都是相互依存、相互作用的。泰山无论自然地理环境，还是人文地理环境都具有独特优势。泰山几经沉浮，几度沧桑，成为地球早期演化的窗口。在漫长复杂的演化过程中所形成的一些地质构造，具有极其重要的科学研究价值；泰山固有的地质结构体和自然地理环境，是泰山文化赖以形成与发展的物质基础；而在人文地理环境中，泰山获得了自身的文化个性与文化活力。

第一节　自然地理环境

　　泰山，居五岳之首，地处华北大平原的东侧，位于今山东省中部的泰安市境内。泰安市地理坐标为东经116° 50′～117° 12′，北纬36° 11′～36° 31′。它北依山东省省会济南，南临儒家文化创始人孔子故里曲阜，东连瓷都淄博，西濒黄河，北距北京500千米，南至上海890千米。泰安市交通便利，公路、铁路、航空和水运四位一体、四通八达。京沪高速、京福高速、泰博高速纵贯境内，济泰高速已开工建设；京沪线穿境而过，西接京九线大动脉，设泰山、泰安两站；航空上有离泰安市最近的济南遥墙国际机场；水运可乘轮船到青岛、烟台、威海、日照等沿海城市，再转乘其他交通工具即可到达泰安市。泰安市辖泰山、岱岳两个区，宁阳、东平两个县，代管新泰、肥城两个县级市，总面积7762平方千米。泰安市境内有汉、回、满、蒙古、壮、朝鲜、苗、彝等41个民族，截至2017年底，泰安全市常住人口551.9万人。

一、地貌

泰山地势差异显著，地形起伏大，总体地势呈现北高南低、西高东低的特征，主峰玉皇顶海拔高度1545米，在不到10千米的水平距离内，与其山前平原相对高差达1300米以上。

泰山地貌分界明显，地貌类型繁多，而且侵蚀地貌十分发育。泰山地貌可分为侵蚀构造中山、侵蚀构造低山、侵蚀丘陵和山前冲洪积台地等4种类型，在空间上不仅造成层峦叠嶂、凌空高拔的势态，而且总体上的雄伟形象与群体组合上多种地形相结合，构成了丰富多彩的景观形象（图1-1）。

图1-1　一览众山小

二、气候

　　泰安市属于温带季风性气候，四季分明，环境宜人。泰山地处北暖温带气候区，受地形影响，垂直梯度、水平分布和气候特点均有较大差异。泰山顶上的气候与山下泰安市不同。就泰山而言，属亚高山型湿润气候，雨量偏多。

（一）气温

1. 年平均气温

　　泰安市区年平均气温为13.4℃，泰山山区年平均气温为6.0℃，明显低于城区，这是由于气温随海拔的增加而降低，每升高100米，气温下降0.6℃左右，山地气候特征较明显。1981～2015年的35年来年平均气温整体呈现上升趋势，且气温变化趋势比较相似，从年平均气温的递增率来看，泰安市的年平均气温升高的幅度要略高于泰山（图1-2）。

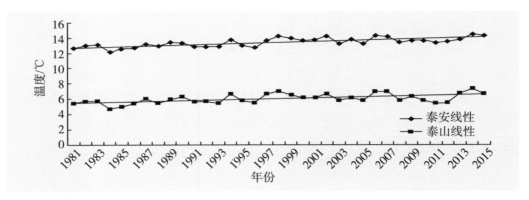

图 1-2　泰安市、泰山逐年平均气温（据张艳等，2016）

泰山年平均气温最高为 7.3℃，出现在 2014 年；其次为 7.0℃，出现在 1998 年。泰安市年平均气温最高为 14.4℃，出现在 2014 年；其次为 14.3℃，出现在 2015 年。泰安市与泰山年平均气温最高值均出现在 2014 年。

泰安市日最高气温为 42.1℃，泰山日最高气温为 29.7℃，均出现在 2002 年。泰安市日最低气温为 -20.7℃，出现在 1981 年；泰山日最低气温为 -24.8℃，出现在 2009 年。

2. 季平均气温

春季泰安市平均气温为 14.0℃，泰山平均气温为 5.9℃，春季平均气温泰山低于泰安 8.1℃；夏季泰安市平均气温为 25.5℃，泰山平均气温为 17.1℃，夏季平均气温泰山低于泰安 8.4℃；秋季泰安市平均气温为 13.9℃，泰山平均气温为 7.0℃，秋季平均气温泰山低于泰安 6.9℃；冬季泰安市平均气温为 -0.1℃，泰山平均气温为 -6.3℃，冬季平均气温泰山低于泰安市 6.2℃（表 1-1）。

表 1-1　　　　　　　　　泰安市及泰山各季平均气温

单位：℃

季节	泰安市	泰山	温差
春季	14	5.9	8.1
夏季	25.5	17.1	8.4
秋季	13.9	7	6.9
冬季	-0.1	-6.3	6.2

（据张艳等，2016）

3. 月平均气温

月平均气温最高出现在 7 月份，泰安市为 26.4℃，泰山为 18.1℃；月平均气温最低出现在1月份，泰安市为-1.7℃，泰山为-7.5℃。泰安市的月平均气温除1月份外，其余各月均在0℃以上；泰山的月平均气温1月、2月、3月、12月均在0℃以下。

（二）降水量

1.年降水量

泰安市年平均降水量为678.5毫米，泰山年平均降水量为1031.3毫米，年平均降水量差值为352.8毫米；泰安市年降水量最大值为1295.8毫米，泰山年降水量最大值为1766.3毫米，均出现在1990年；泰安市年降水量最小值为293.9毫米，出现在2002年；泰山年降水量最小值为553.9毫米，出现在1988年（图1-3）。

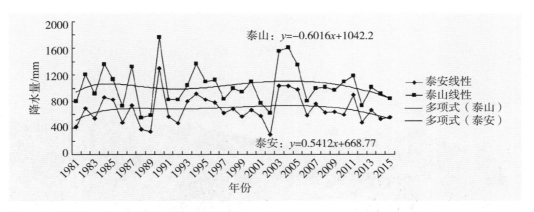

图1-3　泰安市、泰山逐年降水量（据张艳等，2016）

2.季降水量

从泰安市、泰山各季的降水量来看，降水量最多的为夏季，泰安市为436.6毫米，泰山为642.4毫米；秋季次之；冬季最少，泰安市为22.4毫米，泰山为41.6毫米（表1-2）。

表1-2　　　　　　　　　　　　泰安市、泰山各季降水量

单位：毫米

季节	泰安市	泰山	降水差值	泰安市最大	泰山最大
春季	101.6	156.8	55.2	180.7	295.6
夏季	436.6	642.4	205.8	1029.5	1268.1
秋季	117.8	190.5	72.7	377	512.2
冬季	22.4	41.6	19.2	71.2	128.1

（据张艳等，2016）

3.月降水量

泰安市、泰山月平均降水量最多的月份为7月，泰安市208.0毫米，泰山292.2毫米；8月份次之。月平均降水量最少的月份为1月，泰安市4.9毫米，泰山10.4毫米。

三、水文

泰安市水面面积约300平方千米，其中水库671座，总库容4.9×10^9立方米。"水泊梁山"中的仅存水域——东平湖，是市内最大、省内第二大淡水湖。泰山山泉密布，河溪纵横，水资源较为丰富，全市多年平均水资源可利用量，地表水为5.2×10^8立方米，地下水可开采量为8.5×10^8立方米。

图1-4　岱顶雾凇

由于泰山地形高峻，河流短小流急，侵蚀力强，河道受断层和节理控制，因而多跌水、瀑布，谷底基岩被流水侵蚀多呈穴状，积水成潭，容易形成潭瀑交替的景观。泰山的瀑布主要有黑龙潭瀑布、三潭叠瀑（图1-5）和云步桥瀑布。

图 1-5 三潭叠瀑

泰山因裂隙构造发育，所以裂隙泉分布极广，从岱顶至山麓，泉溪争流，山高水长，有名的泉数十处，如王母泉、月亮泉、玉液泉、龙泉、黄花泉、玉女池等。泉水甘洌，无色透明，含人体所需的多种微量元素，系优质泉水，被誉为泰山三美（白菜、豆腐、水）之一。泰山北部，中上寒武统和奥陶系石灰岩岩层向北倾斜，地下水在地形受切割处出露成泉。从锦绣川向北，泉水汩汩，星罗棋布。北麓丘陵边缘地带，岩溶水向北潜流，并纷纷涌露，使古城济南成为"家家泉水，户户杨柳"的泉城。

（一）地下水

泰山雄伟壮丽，河溪纵横，植被茂密，自然资源丰富。泰山脚下为大陆性季风型气候，而泰山则既有季风型气候特点，也有高山型气候特点，属半高山型湿润气候。这就决定了泰安市区四季分明，雨量集中于盛夏与初秋；泰山主峰没有明显的四季划分，只有冬半年和夏半年之分，降水量明显偏多。泰山降水量呈垂直分布，海拔越高，降水量越大。市区年平均降水量为706.6毫米，山顶则高达1106.9毫米，1964年最高达1847.8毫米。故而形成泰山河溪纵横、飞泉叠瀑的地表水景观，并顺流到山麓，形成泰城城区地下水主要补充源。

泰山山麓及其周围则残留有5亿年前在大海中所形成的古生代寒武纪、奥陶纪沉积地层，储存着大量的地下水。

花岗片麻岩透水性差，不构成含水层，所以地下水很少。主要水源是降水入渗到薄土层中的水及通过裂隙入渗到岩石中的水，均在较低部位渗出成泉。故形成泰山泉水众多，且山多高水多高，但水量较少的特点，只有在断层破碎带或山脚下才储存着较为丰富的地下水。

按水文地质类型，泰山山区及泰安地区可分为：山丘基岩裸露型与盆地第四系覆盖型两大类。主要蓄水构造为Ⅰ级阶地下伏沙砾石富水层和碳酸盐岩系100米埋深以内的裂隙岩溶发育带。地下水贮存资源约10亿立方米。

变质岩系裸露山丘区属贫水区，分布着浅层风化带弱裂隙水。山前地带裂隙水埋深5～15米，出水量较少。碳酸盐岩、夹泥质灰岩裸露区，埋深储藏着裂隙岩溶水，水位埋深一般在10～30米，高岗地带在100米以上。山前斜坡地带的Ⅱ级堆积阶地，分布着弱孔隙水，水位埋深在3米以下。河谷平原Ⅰ级阶地为富水区，分布着富孔隙水，泰莱盆地地下水多年平均埋深为5.05米；南部盆地多年平均埋深为3.3米，出水量一般在60～80立方米/小时，部分地区大于100立方米/小时。

泰山山区及泰安地区的地下水类型主要有裂隙水、岩溶水和孔隙水。

1.裂隙水

区内太古界的花岗片麻岩主要分布于主峰周围。岩性是绿泥石片岩、角闪石片岩，低山缓丘地带主要是太古宇山草峪组花岗片麻岩、长石片麻岩等，面积达400平方千米，计有潭池瀑布56处，泉64处。主要富水岩层为半风化的花岗片麻岩及断层破碎带和后期侵入的岩浆岩脉状裂隙水，地下水无统一的水力坡度，由平原到山间，随地形增高而增大，开采井深一般10～15米，出水量一般不超过5立方米/小时。

2.岩溶水

区内岩溶水主要分两个区域。其一位于104国道以东、涂河以西徐家楼中部及财源办事处西部，面积约12平方千米，地下水类型属岩溶裂隙水和承压水，含水层为寒武系馒头组灰岩、张夏组鲕状灰岩、凤山组中上部厚层灰岩；其二位于泰前断裂以南，涂河以东，岱道庵断层以西，面积约12平方千米，地下水类型属岩溶裂隙水和承压水，水位为地下15～60米，含水层为中奥陶统灰岩及下奥陶统白云质灰岩，是20世纪70年代前泰城区自来水主要水源地，开采深度150～250米，最深达450米，单井出水量一般大于50立方米/小时。岱道庵温泉就在该断层上，含20多种微量元素，储量异常丰富，水质既符合国家矿泉水标准，又符合医疗矿泉水标准。

3.孔隙水

分布于山前冲洪积扇和冲积平原的冲积层中和涂河、梳洗河、泮河的冲洪积层中，以孔隙潜水为主，储存于粗沙、卵石中。有名的白河泉、广生泉、王母池泉就在该地带，水质口感极佳。

富水区主要位于泰安城区及山口镇以南，省庄镇、上高镇及徐家楼乡以东。山口与省庄为单层结构，上部为富水砂卵石层，下部为贫水黏土岩。泰城区及上高镇、徐家楼乡为双层结构，上部为富水砂卵石层，下部为富水的寒武系或奥陶系灰岩，总面积为120平方千米（其中单层结构区100平方千米，双层结构区20平方千米），单井出水量一般为30～50立方米/小时。

泰山断层以南，岱道庵断层以东，南上高断层以北，为基岩贫水区。

特殊的地质条件决定了地面下渗少，加上泰山地形高峻，地面坡度大，侵蚀力强，河道受断层控制，因而多跌水、瀑布，谷底基岩被流水侵蚀多呈穴状，积水成潭，容易形成潭瀑相连的景观，与众多的山泉构成了泰山美丽的水景。

泰安市的地下水资源利用不容乐观，泰山区和岱岳区在20世纪八九十年代地下水年均开采量为2.26亿立方米，丰水年为2.59亿立方米，枯水年为1.86亿立方米。泰城的水资源年开采量为1260万立方米，总用量为1960万立方米。由于过量开采，城区内及其周边地域地下水位不断下降，形成50～70平方千米的降落漏斗带。

（二）河溪

泰山的河溪以泰山玉皇顶为分水岭：北有玉符河、大沙河注入黄河；东有石汶河、柴草河；南有梳洗河、奈河；西有泮汶河；东北还有麻塔河，均注入大汶河。

大汶河　又名汶水，为黄河下游最大支流，主要集泰山东、南、西麓诸水与徂徕山周围诸水（图1-6）。上游牟汶河源于沂源县沙崖子村一带，流经莱芜，西至大汶口与柴汶河汇流后称大汶河。再西流至东平县戴村坝以下称大清河，至马口入东平湖，全长208千米，流域面积9069平方千米，平均年径流量19亿立方米，经东平湖入黄河。主要支流有柴汶河、牟汶河、瀛汶河、石汶河、泮汶河等。

图1-6　大汶河

柴汶河　源于沂源县牛栏峪，流经新泰市，西至泰安岱岳区大汶口入大汶河（图1-7）。全长116千米，流域面积1944平方千米。

图1-7　柴汶河

牟汶　是大汶河的上源，源于沂源县西南龙巩峪一带。因流经莱芜城东赵家泉附近的古牟国而名。纳莱芜境内诸水，西至大汶口与柴汶会流。全长108千米。

瀛汶　因流经莱芜境内城子坡古瀛城而名。其源为莱芜城西北章丘境内的禹王山池凉泉，入莱芜经茶业口、吉山，入雪野水库，经大埠头、大槐树至西杨庄入泰安境，又经故县至刘家疃与石汶河汇流南至渐汶河村南入牟汶河。全长86千米，流域面积1326平方千米。

石汶　因下游经石汶村而得名。其源于泰莱交界的长城岭一带，流经黄前水库后，与东来之牟汶、瀛汶汇流注入大汶河。全长50多千米，流域面积350平方千米。

泮汶　源于泰山西麓桃花峪黄崖山一带，经大河水库至泰城南，纳奈河、梳洗河后，至北集坡东店子汇入牟汶河。全长42千米，流域面积368平方千米。

奈河　泮汶河支流，源于南天门，上游称通天河、黄西河、西溪，至大众桥以下称奈河，为泰山主峰前的主要泄洪河道。河水顺谷而下，至中天门西转，

再经长寿桥、黑龙潭、白龙池、龙潭水库、大众桥，注入市区后入泮汶河。全
长11.8千米，流域面积34平方千米。

梳洗河　泮河支流。源于中天门东侧的中溪山，所以又叫中溪，纳经石
峪、龙泉峪及水帘洞诸水后注入虎山水库。因王母池东侧旧有王母梳洗楼而
得名。南流穿泰安市区注入泮汶。全长13.2千米，流域面积26平方千米。

柴草河　泮汶支流。源于泰山主峰东峪，出谷口转向南流，至梨园村东，
汇西来的大直沟之水，南经汉明堂故址，至东夏村南注入泮汶。全长23千米，
流域面积53平方千米。

（三）泉水

泰山自古被称为神山圣山，泰山的泉水被古人称为神水，可明目祛病，常
饮则延年益寿。医学家高宗岳在他的《泰山药物志》中竟把泰山玉液泉的泉水
列为泰山特产十二大名药之一。

泰山泉水被神化的历史悠久，代代相传，生生不息。西汉淮南王刘安在
《淮南子·地形训》中说："禹掘昆仑虚以下地，中有层域九重……旁有九井……
是其蔬圃。蔬圃之地，浸浸黄水。黄水三回，复其源泉……昆仑山下有赤泉、
黄泉。"因昆仑山就是古泰山，大禹治水就是以汶泗流域为中心向四周扩展的。
2002年新发现的西周中期青铜器《遂公须》铭文，首载大禹治水汶泗之说，这
是有力的佐证。所以古人称泰安为赤县神州，泰山既是命归黄泉的地府，也是
生命之源的赤泉之发源地。

汉代铜镜铭文曾言："上泰山，见神仙。食玉英，饮醴泉。"玉英即道家
练气功时的津液，"含漱金醴香玉液"。醴泉即"泉从地中出，其味甘若醴"，
或谓"甘露也"。东汉应劭在《泰山封禅仪记》中言："处处有泉水，目辄为
之明。"

三国魏曹植在《驱车篇》中也言："神哉彼泰山，五岳专其名……上有涌醴
泉，玉石扬华英。"东晋干宝著《搜神记》："泰山之东有醴泉，其形如井，本
体是石也。俗其饮者，皆洗心志跪而挹之，则泉水出如飞，多少足用。若或污
漫，则泉止焉。盖神明之崇志也。"《水经注》引《从征记》：写岱庙时"树前
有大井，极香冷，异于凡水，不知何代所掘，不常浚渫（疏淘）而水旱不减"。
明代李钦《古井记》和吏部侍郎朱之蕃之诗均称此井为"香井"。

唐代李白《泰山吟》："飞流洒绝巘，水急松声哀。朝饮王母池，暝投天门阙。"

宋真宗为了东封泰山而假造"天书"，让奸臣王钦若到泰山接"天书"，并在山麓发现醴泉，喷涌而上。

西汉扬雄在《蜀都赋》中也倍加赞美泰山甘甜的泉水："北属昆仑泰极，涌醴泉。"

泰山泉水多分布于陡崖沟边的裂隙中，形成了各种裂隙泉、滴水泉、渗流泉等。

清乾隆四十一年（1776），《汶水诸泉》中记载泰安有涌泉69眼，至清道光八年，徐宗干裁定、蒋大庆编纂的《泰安县志》中仍记此数，并新增46眼，共计115眼。在卷三《山川考·泉源》中详记69眼泉水的池围、阔、水深和渠长，但仅局限于旧泰城和泰安县境内，没有泰山的名泉。如记泰城广生泉池围8尺，阔一步，水深7寸，渠长6里；乡间的张家泉池围1丈，阔4尺，深4寸，渠长3里；梁子沟泉池围1丈，阔4尺，深1尺，渠长3里；周家湾泉池围1丈，阔4尺，深1尺，渠长6里等。新增之泉只列名：楼庄泉、新济泉、玉万泉、石磷泉、六出泉、应运泉、蟹眼泉、利济泉、白龙泉、三星泉、月牙泉、明珠泉等。

明末萧协中在《泰山小史》中，将岱顶万福泉、玉女池及岱麓的天绅泉、王母池、白鹤泉、香井、醴泉等列入泰山的著名景点。

根据1960年泰山县资料表明，在境内有涌泉33眼。1993年出版的《山东省志·泰山志》第一篇《自然地理·泉瀑》中记泰山景区和山麓的名泉27眼；第二篇《风景名胜》中后附七十二名泉，包括灵岩与徂徕山。以岱顶为例：

玉女池　在碧霞祠西墙外，是宋真宗在封泰山时，王钦若在池中发现残体石像，宋真宗封为"天仙玉女，碧霞元君"，是泰山神女的发源地。后因此地建筑垃圾堆积，今已甃砌为井，水质遭污染，已不可饮用。

圣水泉　在碧霞祠东道院正殿后，水质甚好，今已被驻此的道人修葺保护，专供道人与来客饮用。

大观峰下三大名泉　一为圣水池，二为桃花池，三为云水池。今均遭污染，已不可饮用。

万福泉　又叫天街西泉，位于南天门北70米处，春季日出水量为10立方米，供南天宾馆和仙居宾馆使用。另外在天街东还有一个万福泉，叫天街东泉，位于碧霞祠西神门外南崖下，春季日出水量为20立方米。

云泉　在神憩宾馆内，已修整保护，专供内部使用，日出水量20～100立方米。

双泉　在南天门北200米处，即今之北天街北首，日出水量15立方米。

石泉　在玉皇顶西北崖下，是岱顶最大的泉源，日出水量为50立方米。

历史上的泰山三大名泉由于泉水的变迁也有不断地更新。在宋、元时三大名泉是白鹤泉、玉液泉、王母泉。这时期也有资料记为五大名泉：白鹤泉、玉液泉、王母泉、广生泉、醴泉。但自明代嘉靖年间举人封尚章在白鹤泉旁创建"封家池"变为别墅之后，白鹤泉更加出名了。待封举人仙逝后，其子女苦于应酬，即用十二口大铁锅，穿上大杉木，然后逐个装满沙石将泉眼闷死，并立阁于上。所以泰安人有谚语："闷了白鹤泉，出了趵突泉。"白鹤泉塞亡后，泰山三大泉就成为广生泉、玉液泉、王母泉了，也有说醴泉代替了白鹤泉的。泰山五大名泉简介如下。

白鹤泉　位于一天门下、岱宗坊北。《大明一统志》："悬崖泻出，宛如垂练。"清代聂剑光《泰山道里记》云："泉出一天门，水流西南。迨宋创此城疏泉漾流而下。"据此记载是泰安城创建疏道泉脉时重新发掘出来的。泰安城是北宋初年开宝五年即公元972年由旧县迁于此，距今已有1034年的历史。明末原兵刑两部局书萧大亨之次子萧协中在他的《泰山小史》中说白鹤泉"流涌而味甘，往城中有渠，可以运舟，即此水之所注也。如以井水较之，轻重亦异。今并封池（即封尚章之封家池别墅）悉埋闭矣，而舟道亦塞移，胜家多以此为憾，竟付之莫可奈何。……其流涓涓而蓄荡，下喷则有一泻千里之势"。泉塞后，阁下出泉甚旺，每逢夏秋大雨时，犹闻地下隐隐如雷吼。后至明万历年间泰安人御史宋焘曾"浚之不果"；清康熙年间泰安人文渊阁大学士赵国麟"议浚之。后有乔苌臣奇士也，毁家治之，皆为俗人所扰而罢"。有诗云："名泉喷激漾悠悠，达入雉城堪泛舟。鹤巢源枯空帐望，蓁芜满道野烟浮。"后来又发现了白鹤泉的支流，中华人民共和国成立后，甃石为井，井壁嵌方碣，上书"白鹤泉"。今仍然在干休所新楼前井壁上。2003年，泰安军分区干休所在此故址建楼挖地基时，又发现了众多的泉眼，后来就被水泥浆封死，使其名泉永远消失了重见天日的机遇。

玉液泉　位于中天门倒三盘东北侧的后弯路南，今由当代书法家武中奇在泉旁书刻"玉液泉"三大字。医学家高宗岳先生曾将此泉水列为泰山十二大名药之一，并在书中记道："快活三里之旁有泉，名玉液泉，流入黄西河。其性寒而沉，味甘而润，体重质坚，犹玉中之津液耳。烹沸泡茶，或饮白水，饮凉益美，惟宜壮人。其功能清心明目，止烦润肠，利二便，轻身延年。"又举例说："当时的泰安缙绅名家、西溪山房主人杨润斋先生'每登岱必饮玉液泉，寿八旬行如壮年'。"

王母泉　位于王母池庙门内西侧。《水经注》曾言："古者帝王升封，咸憩此水。"李白有诗："朝饮王母池，暝投天门阙。"这里的泉水被历代朝拜王母娘娘的善男信女视为神水，是西王母赐予百姓的长命之仙液，一直延续到今日。

广生泉　位于今金山烈士陵园之前路西，已辟为"广生泉盆景园"。隋文帝杨坚于开皇十五年（595）曾巡幸泰山，但自以为功不高，德不显，不敢举行封禅大典，仅是在泰山下设坛祭东方主生的青帝而已。后人在此建青帝观。宋真宗东封泰山时，加封青帝为"广生帝君"，故而邻近的名泉易名为"广生泉"。

醴泉　位于泰城上河桥西侧的原天书观遗址内。是当年王钦若在此等待"天书"降落时而发现的醴泉。当时泉涌如喷，甘美香甜，是宋真宗东封泰山而不断出现祥瑞的产物。后来这里成了中华人民共和国成立后的泰安县粮食局。天书观已坍塌，名泉也甃砌为井。今只有遗址可寻。

四、土壤

泰山从山麓到山顶，地貌、岩性、气候、生物群落各异，土壤类型组合及分布也较复杂，主要有棕壤、山地暗棕壤、山地灌丛草甸土3类，分布上有明显分异。

土壤分布随海拔变化，由山麓到山顶呈有规律的带状分布（图1-8、图1-9）。潮棕壤分布在海拔200米以下的山前洪积、冲积平原和山间沿河阶地上；普通棕壤分布在海拔200～400米的近山阶地上；酸性棕壤是泰山的主要土壤类型，分布面广，从大众桥到朝阳洞海拔200～1000米随处可见；白浆化棕壤呈零星分布，海拔200～800米；海拔1000～1400米主要是山地暗棕壤；海拔1400米以上为山地灌丛草甸土；粗骨棕壤没有明显的垂直分布规律，从山顶至山麓均可见到。泰山北坡土体湿润度大，一般土层较厚，在同类土壤分布上明显低于南坡。如山地暗棕壤上限约在海拔1300米，以上为山地灌丛草甸土。

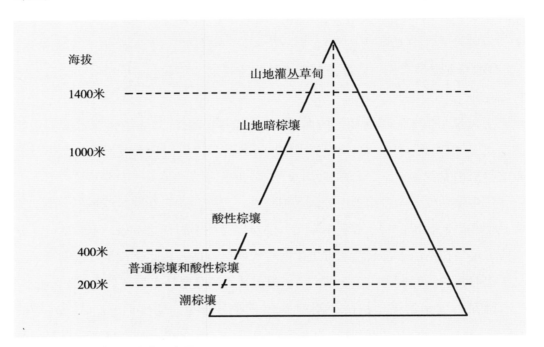

图1-8　泰山土壤垂直分布示意图

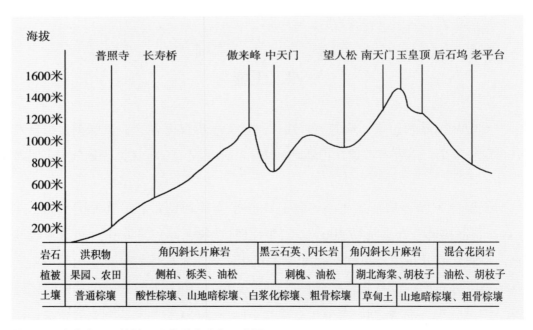

图1-9　泰山岩石、植被、土壤垂直分布示意图

五、生物

（一）植物

1.珍稀植物

泰山植物种类繁多，类型多样。由于受黄海、渤海的影响，区内雨量充足，属干、湿气候交替的过渡带；区内生长着温带、暖温带的植物，属于华北植物区系；中国种子植物区系的15种分布类型在泰山均有分布（表1-3），各分布类型表明了本区系具有温带植物区系的基本特征，并与热带植物区系具有一定亲缘关系，具有重要的科学研究价值（图1-10）。

表1-3　　　　　　　　　　　　泰山种子植物属的分布区类型

	类　型	属数	占总属数的百分比（％）
1	世界分布（Cosmopolitan）	52	12.7
2	泛热带分布（Pantropic）	68	16.7
3	热带亚洲和热带美洲间断分布（Tro. Asian & Amer. Disjuncted）	1	0.24
4	旧世界热带分布（Old World Tropics）	7	1.7
5	热带亚洲至热带大洋洲分布（Trop. Asia & Trop. Australasia）	9	2.2
6	热带亚洲至热带非洲分布（Trop. Asia to Trop. Africa）	9	2.2
7	热带亚洲分布（Trop. Asia（Indo-Malaysia））	5	1.23
8	北温带分布（North Temperate）	123	30.15
9	东亚和北美间断分布（E. Asia & N. Amer. Disjuncted）	23	5.6
10	旧世界温带分布（Old World Temperate）	51	12.5
11	温带亚洲分布（Temp. Asia）	13	3.2
12	地中海、西亚至中亚分布（Mediterranea. W. Asia to C. Asia）	5	1.3
13	中亚分布（Central Asia）	3	0.7
14	东亚分布（East Asia）	36	8.8
15	中国特有分布（Endemic in China）	3	0.7
	合计（Total）	408	100

注：图1-8、图1-9、图1-10、表1-3资料来源：《泰山生物多样性研究》，泰山风景名胜区管理委员会，2002。

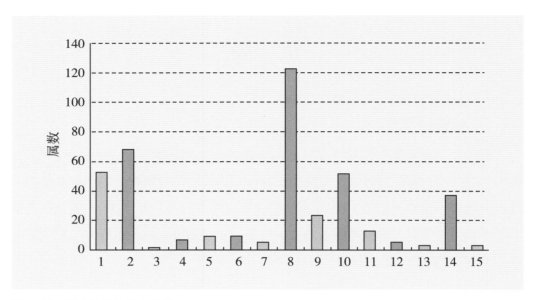

图1-10　泰山的植物分布区型

泰山森林覆盖率81.5%，植被覆盖率90%以上，有林地面积近1万公顷[①]，是一座巨大的绿色天然屏障。景区的植被以人工林为主，主要的建群种为侧柏、油松、麻栎、刺槐、栓皮栎等，林中伴生树种较多。区内现有植物总计1858种（含栽培植物322种，但不含不能越冬的温室栽培种），其中低等植物446种，高等植物计1412种，隶属于174科645属（表1-4）。

表1-4　　　　　　　　　泰山地区的高等植物数量统计表

类　型	科	属	种	变种	亚种	变型
苔藓植物	41	94	242	5	3	
蕨类植物	13	19	38	2		
裸子植物	5	17	43	1		
被子植物	115	515	969	88	12	9
总　计	174	645	1292	96	15	9

泰山植被在生物多样性保护中有重要价值。据植物专家调查，泰山共有稀有植物6种：全叶延胡索（*Corydalis repens* Mand. et Muhldorf）、白花丹参（*Salvia multiorrhiza* Bage. Varalba C. Y. Wu et H.W. Li）、野百合（*Crotalaria sessiliflora*

①　1公顷＝10000平方米。

L.）、天目琼花（*Viburmum sergeantil* Koehne）（图1-11）、野核桃（*Juglans cathayensis* Dode）、狗枣猕猴桃（*Actinidia kolomita*（Rupr. et. Maxim）Planch）；受威胁植物5种：赤松（*Pinus densiflora* Sieb. et Zucc.）、胡桃楸（*Juglans mandshurica* Maxim.）、远志

图1-11 天目琼花 *Viburmum sergeantil*

（*Polygala tenuifolia* Willd）、尖叶杜鹃（*Rhododendron mucronulatum* Turcz）、陕西荚蒾（*Viburnum schensianum* Maxim）；渐危植物26种：野大豆（*Glycine soja* Sieb. et Zucc.）、连翘（*Forsythia suspense*（Thunb.）Vahl）、直立百部（*Stemona ssessilifolia*）、卷丹（*Lilium lancifolium* Thunb.）、列当（*Orobanche coerulescens* Steph.）、桔梗（*Platycodon grandiflorus*（Jacp.））、中华秋海棠（*Begonia inensis* D. C.）、膜荚黄芪（*Astragalus membranaceus*（Fisch.）Bunge）、徐长卿（*Cynanchum paniculatum*）、坚桦（*Betula chinensis* Maxim.）、软枣猕猴桃（*Actinidia arguta*（Sieb. et. Zucc）planch）、耳金毛裸蕨（*Gymnopteris bipinnata* Christ. var. *aurculata* Ching）、玫瑰（*Rosa rugosa* Thunb.）、山东贯众（*Cyrtomium Shandongensis* J. X. Li）、泰山柳（*Salix taishanensis* C. Wang et. C. F. Fang）、北五味子（*Schisandra chinensis* Baill）、山东山楂（*Crataegus shandongensis* F. Z. Li et. W. D. Peng）、泰山盐肤木（*Rhus taishanensis* S. B. Liang）、泰山椴（*Tilia taishanensis* S. B. Liang）、紫草（*Lithospermum erythrorhizon* Sieb. et. Zucc.）（图1-12）、泰山母草（*Lindernia taishanensis* F. Z. Li）、斗边莲（*Pinellia ternate* Brit）、独角莲（*Typhonium giganteum* Engl.）、泰山韭（*Allium taishanensis* J. M. Xu）、藜芦（*Veratrum nigrum* L.）、穿

图1-12 紫草 *Lithospermum erythrorhizon*

图1-13　穿龙薯蓣 Dioscorea nipponica

龙薯蓣（*Dioscorea nipponica* Makin）（图1-13）；濒危植物13种：青檀（*Pteroceltis tatarinowii* Maxim.）、泰山花楸（*Sorbus taishanensis* F. Z. Li et. X. D. Chen）、响毛杨（*Populus pseudo-tomentosa* C. Wang et. Tung）、姬苗（*Mitrasaeme indica* Wight）、白首乌（*Cynanchum bungei* Deene）、紫草（*Lithospermum erythrorhizon*）、泰山谷精草（*Eriocaulon taishanensis*）、黄精（*Polygonatum sibiricum* Delar. ex Redoute）、泰山参（*Codonopsis lanecolata* Trautv.）（图1-14）、半夏（*Pinellia ternata*）、远志（*Polygala tenuifolia* Willd.）、天门冬（*Asparagus cochinchinensis*（Lour.）Merr）、茯苓（*Poria cocos*（Schw.）Wolf）。

图1-14　泰山参 Codonopsis lanceolata

图1-15　泰山柳 Salix taishanensis

山东省共有53个特有种，泰山特产植物的有10种（臧德奎等，2000），分别是：山东山楂（*Crataegus shandongensis*）、泰山柳（*Salix taishanensis*）（图1-15）、泰山谷精草（*Eriocaulon taishanensis*）、单叶黄荆（*Vitex simplicifolia*）、山东白鳞莎草（*Cyperus shandongensis*）、泰山花楸（*Sorbus taishanensis*）、多花一叶荻（*Securinega multiflora*）、泰山盐肤木（*Rhus taishanensis*）、济南岩风（*Libanotis jinanensis*）、泰山堇菜（*Viola taishanensis*）。

上述种类中，据不完全统计，受国家保护的植物有22种（含人工栽培的种类），其中2种属于国家Ⅰ级，15种属国家Ⅱ级，5种属国家Ⅲ级保护植物（表1-5）。从全国范围看，这些物种的种群或大或小，或存或毁，十分关键，保护这些物种具有重要意义。

表1-5　　　　　　　　　　　　　泰山地区的濒危保护植物

保护等级	植物	科
国家Ⅰ级	银杏 *Ginkgo biloba* L. 水杉 *Metasequoia glyptostroboides* Hu et Cheng	Ginkgoaceae Taxodiaceae
国家Ⅱ级	中华结缕草 *Zoysia sinica* 野大豆 *Glycine soja* Sieb.et Zucc 核桃 *Juglans regia* L. 核桃楸 *J. mandshurica* Maxim. 水曲柳 *Fraxinus mands hurica* Rupr. 鹅掌楸 *Liriodendron chinense* Sarg. 黄檗 *Phellodendrom amurense* Rupr. 蒙古栎 *Quercus mongolica* Fisch. 樟子松 *Pinus sylvestris* L. var. *mongolica* Litvin.	Gramineae Leguminosae Juglandaceae Juglandaceae Oleaceae Magnoliaceae Rutaceae Fagaceae Pinaceae
	刺楸 *Kalopanax septemlobus* (Thunb.) Koidz. 山槐 *Albizia kalkora* (Roxb.) Prain. 杜仲 *Eucommia ulmoides* Oliv. 紫椴 *Tilia amurensis* Rupr. 榉树 *Zelkovas chneideriana* Hand.-Mazz 金钱松 *Pseudolarix amabilis* Rehd.	Araliaceae Leguminosae Eucommiaceae Tiliaceae Ulmaceae Pinaceae
国家Ⅲ级	膜荚黄耆 *Astragalus membranaceus* Bunge. 青檀 *Pteroceltis tatarinowii* Maxim. 厚朴 *Magnolia officinalis* Rehd.et Wils. 凹叶厚朴 *M.officinalis* var. *biloba* Law. 红松 *Pinus koraiensis* Sieb.et Zucc	Leguminosae Ulmaceae Magnoliaceae Magnoliaceae Pinaceae

泰山药用植物丰富，有110科448种，最著名的有泰山参（*Codonopsis lanceolata*）、紫草（*Lithospermum erythrorhizon*）、何首乌（*Polygonum multiflorum*）（图1-16）、黄精（*Polygonatum sibiricum*），素称泰山"四大名药"，是我国中医药资源的宝贵财富。

图1-16　何首乌 *Polygonum multiflorum*

　　泰山植被是中国暖温带落叶阔叶林带植物群落的典型代表。分布于泰山上部的油松次生林及中下部的栎类、侧柏次生林，代表着辽东、胶东半岛丘陵松栎林区植物演变的主要特征，成为重要的种质资源库。

　　2.古树名木

　　泰山古树名木历经沧桑，被誉为活化石、活文物。

　　泰山森林是原始次生林与人工造林结合的产物。泰山古树名木经过历朝历代的保护，延续至今。据调查，泰山现存树龄在100年以上的古树名木18195株，隶属27科45种。其中树龄在300年以上的一级古树名木1821株，二级古树名木16374株，列入世界遗产名录的有24株（表1-6）。如"秦松""汉柏"（图1-17）、"六朝松""望人松"（图1-18）、"姊妹松""卧龙槐"（图1-19）、"唐银杏"等享誉盛名。它们有的成为古代帝王登封泰山的历史见证，有的成为某件历史事件的真实写照，有的则被赋予神奇传说，给泰山增添了无穷的诗情画意；而以古树群体成景的"对松绝奇""石坞松涛""柏洞幽径"等，更显泰山"天人合一"的意境。

表1-6　　　　　　　　　列入世界遗产名录的泰山古树名木一览表

地点	誉名	树种	树龄（年）	树高（m）	胸围（m）	冠幅（m）		海拔（m）
						东西	南北	
岱庙汉柏院	汉柏影翠	侧柏	2100	11.5	3.4	10.4	7.2	145
岱庙汉柏院	岱恋苍柏	侧柏	2100	12.5	2.22	9.5	0.9	145
岱庙汉柏院	苍龙吐几	桧柏	2100	8.0	4.9	10.5	7.5	145
岱庙汉柏院	赤眉斧痕	侧柏	2100	12.5	3.04	10.5	8.4	145
岱庙配天门庭院	挂印封侯	侧柏	2100	10.5	4.2	7	7.8	145
岱庙配天门庭院	昂首天外	侧柏	2100	13.5	4.4	11.5	10.9	145
关帝庙	汉柏第一	桧柏	500	6.6	1.9	14.2	16.1	230
灵岩寺	摩顶松	侧柏		12.0	3.2	5.0	8.0	400
普照寺	六朝松	油松	1500	8.3	2.6	13.5	16.7	250
普照寺	一品大夫	油松	300	3.5	0.94	7.4	11.5	250
五松亭	望人松	油松	500	7.4	2.35	14.0	12.0	920
五松亭	五大夫松	油松	250	4.2	1.10	4.0	6.0	920
斗母宫	卧龙槐	国槐	600	13.0	1.60	13.0	12.0	450

（续表）

地点	誉名	树种	树龄（年）	树高（m）	胸围（m）	冠幅（m）		海拔（m）
						东西	南北	
遥参亭前	翠影秀	国槐	500	10.0	2.56	14.6	14.0	145
岱庙	唐槐	国槐	1300					
灵岩寺	鸳鸯檀	青檀	300	8.7	2.3	7.0	8.0	400
孔子登临处		紫藤	150					250
关帝庙		凌霄	150					230
岱庙		银杏	800	29	5.35	22.2	23.3	145
灵岩寺		银杏		20	4.84			
红门宫		牡丹	120			20.0	18.8	
王母池		蜡梅	100					200
后石坞	姊妹松	油松	500	6.8	2.34	17.0	14.5	230

注：资料来源：《泰山生物多样性研究》，泰山风景名胜区管理委员会，2002。

图1-17　汉柏

图1-18　望人松

图1-19　卧龙槐

纵观泰山古树名木，它与泰山数千年的历史文化发展紧密相连，是文明的象征，是历史的见证，是活着的文物，这在中国乃至世界名山大川中是少有的。因此，泰山生物多样性的保护，是与泰山历史文化的发展紧密相连的，是历史、文化、宗教的综合体现。

（二）动物

泰山植被繁茂，水资源丰富，地势复杂，大面积的森林覆盖和多年的封山育林，为野生动物提供了适宜的生存环境，动物种类逐步增加，所以说泰山是野生动物的"理想家园""鸟类的天堂"。

泰山的动物主要为鲁中南山地丘陵动物地理区的代表性类群，并且多为华北地区可见种。在世界动物区系中，属古北区，且居古北区南部，与东洋区相邻接。其中，由于地理位置特殊，鸟类以跨古北—东洋两区的种类最多。

泰山有哺乳类动物11科20属25种，鸟类34科88属154种1亚种，爬行类5科7属12种，两栖类3科3属6种，鱼类共有45种，隶属鲤科、鳅科、鲶科、银鱼科等12个科。陆生无脊椎动物种类多、数量大、分布较广。陆生节肢动物也很多，包括蛛形纲、昆虫纲、多足纲等。昆虫种类已鉴定的有900余种。

在上述种类中，属国家Ⅰ级保护动物的有2种（含20世纪60年代放养的国家Ⅰ级保护动物梅花鹿），Ⅱ级保护动物15种。Ⅰ级保护动物中，鸟类1种；Ⅱ级保护动物中，兽类1种，鸟类14种，昆虫未统计（表1-7）。另有山东省重点保护动物24种，其中兽类6种，鸟类13种，两栖类4种，爬行类1种。

表1-7　　　　　　泰山重点保护动物统计表

等级	动物	等级	动物
国家Ⅰ级	白鹳 Ciconia ciconia 梅花鹿 Cervus nippon		红角鸮 Otus scops 领角鸮 Otus bakkamoena
国家Ⅱ级	苍鹰 Accipiter gentilis 鸢 Milvus korschun 普通𫛭 Buteo buteo 雀鹰 Accipiter nisus 红脚隼 Falco vespertinus 红隼 Falco tinnunculus 雕鸮 Bubo bubo	国家Ⅱ级	斑头鸺鹠 Glancidium cuculoides 鹰鸮 Ninox scutulata 纵纹腹小鸮 Athene noctua 鸳鸯 Aix galericulata 长耳鸮 Asio otus 豺 Cuon alpinus

（续表）

等级	动物	等级	动物
备注	梅花鹿（*Cervus nippon*）为20世纪60年代放养的国家Ⅰ级保护动物		凤头百灵 *Galerida cristata leautungensise*
山东省重点保护动物	三宝鸟 *Eurystomus orientalis calongx* 寿带 *Terpsiphone paradisi* 凤头鸊鷉 *Podiceps. cristatus* 黑颈鸊鷉 *Podiceps. nigricollis* 中白鹭 *Egretta intermedia intermidia* 石鸡 *Alecloris chukar* 四声杜鹃 *Cuculus micropterus micropterus* 蚁䴕 *Jynx torquilla chinensis* 星头啄木鸟 *Piculus. canicapillus scintilliceos* 棕腹啄木鸟 *P. hyperythrus subrufinus*	山东省重点保护动物	黑枕黄鹂 *Oriolus chinensis diffusus* 黄雀 *Carduelis spinus* 狼 *Canis lupus* 狐 *Vulpes vulpes* 狗獾 *Meles meles* 花面狸 *Paguma larvata* 豹猫 *Felis bengalensis* 黄鼬 *Mustelasibirica pallas* 乌龟 *Chinemys reevesii* 金线蛙 *Rana plancyi* 黑斑蛙 *R. nigromaculata* 泽蛙 *Euphlycyis limnocharis* 中华大蟾蜍 *Bufo bufo*

在泰山的野生动物中，鸟类以其秀丽灵活的身姿、绚丽多彩的羽饰和婉转动听的歌喉，为大自然增添了无限生机和诗情画意，它们在消灭害虫、害兽及维持自然界的生态平衡方面，起着特殊的作用。

图1-20　赤鳞鱼 *Varicorhinus macolepis*

泰山的水生动物以濒临灭绝的赤鳞鱼最为珍贵（图1-20）。赤鳞鱼（*Varicorhinus macolepis*）又名锦鳞鱼、石鳞鱼、斑纹鱼，它与云南洱海的油鱼和弓鱼、青海湖的湟鱼、富春江的鲥鱼并列为中国五大稀有名贵鱼种。赤鳞鱼为泰山独有的名贵特产，鱼类中的稀世珍品，清代为宫廷"贡品"。赤鳞鱼形体较小，成鱼全长不足20厘米，重不过百克，外貌特征为棱形，对生态环境要求极为严格，生活在300~800米的泰山泉水之中，主要集中在西溪、中溪、东溪一带。该鱼3年发育成熟，具有改变体色实行自我保护的能力，有昼伏夜游的生活习性。

最新研究证明，赤鳞鱼含有12种以上的矿物质，尤其是含有丰富的、调节人体代谢平衡的微量元素；含有18种以上的氨基酸，尤其是含有丰富的人体所必需的氨基酸；含有18种以上的脂肪酸，尤其是含有多种抗衰老的不饱和脂肪酸。它可使血糖含量正常，减轻动脉粥样硬化，治疗贫血、食欲不振、生长停滞、性功能发育不良、味觉及嗅觉迟钝、创伤愈合慢等症，并对乙型脑炎、支气管炎有疗效，能使血液的各项指标达到生理平衡，对治疗心血管疾病起重要作用。泰安著名中医高宗岳认为，泰山乃天地之精华，其中必有灵丹妙药。他多年研究泰山的一草一木，著成《泰山药物志》一书，其中对赤鳞鱼描述极多，充分肯定了其药物价值，称其为"世间无双品，乃泰山之精英"。

随着旅游业的发展，过去人迹稀少的泰山山涧变成了人们常来常往的旅游胜地，山坡上土地的开垦，饭店、旅馆的修建，使山涧溪流受到一定程度的污染，赤鳞鱼生活空间越来越小，野生数量越来越少，自然资源濒于枯竭。考察证明：自然条件下，泰山赤鳞鱼只生活在海拔270～800米区段的泰山山涧溪流中，由泰山主峰泻下的各条河流中，均曾有赤鳞鱼存在，但在海拔270米以下没有见到赤鳞鱼生存。群众有"赤鳞鱼东不过麻塔，西不过马套"的说法。目前泰山赤鳞鱼的分布区域大致如下：①三岔：位于泰山西北部，在南麻套至龙角山的山谷中，沿溪上行，经核桃园、牛糟湾、黄石崖到三岔林场。过去核桃园、牛糟湾处有赤鳞鱼，现已不复存在，直到黄石崖以上三岔附近才有少量存在。②黄溪河：指泰山西路西溪上游马蹄峪湾至中天门的溪流。存鱼极少，近于绝迹，现在黑龙潭附近已无赤鳞鱼存在。③延岭河：位于大津口西南，明家滩至天井湾一段溪流，天井湾、牛角洞以前有赤鳞鱼，目前已见不到踪影。④樱桃园：位于大河水库以上，溪流短，水势小，时常断流，现已无赤鳞鱼存在。⑤扫帚峪：位于泰山东侧，经扫帚峪林场沿溪上行至脖湾，天烛峰顶湾有十余个水湾，以前可见到赤鳞鱼，现已看不到。为保护和开发利用这一珍稀资源，农业部设立了国家级水产种质资源保护区；泰安市政府也设立了保护区，颁布实施《泰安市泰山赤鳞（螭霖）鱼保护管理办法》；泰安市政府将每年农历六月十九日确定为泰山赤鳞鱼增殖放流日，以加强对泰山赤鳞鱼资源的保护。

第二节　文化地理环境

王国维说："自上古以来，帝王之都皆在东方：太皞之虚在陈，大庭氏之库在鲁，黄帝邑于涿鹿之阿，少皞与颛顼之虚皆在鲁、卫，帝喾居毫（今河南偃师）"。而泰安，更是传说的三皇五帝中4人的出生地，7人的建都地。由此可见，泰山人文历史悠久，文化遗产厚重，是人类文明的最早发源地之一。

泰山进入人类的视野较早，就一个比较大的文化区系（海岱地区或称为东方文化区）而言，是中国古文化、古代文明的主要源头之一。早在50万年前，旧石器时代的"新泰人"便在泰山脚下繁衍生息；到了新石器时代，进一步表现出这一区域在文化上的优势，特别是以泰山脚下大汶口遗址为代表的大汶口文化（图1-21），是我国众多新石器时代文化中最具影响力的一支考古学文化（图1-22、图1-23、图1-24）。泰山就是在这种发达文化的背景下，成为诸多族群所仰望的神山。从此，泰山开始被作为先民崇拜的对象，赋予了鲜明的文化色彩。而夏商周三代，泰山祭祀就已成为信仰顶峰的代表。自秦始皇以来，先后有12位帝王到泰山封禅祭祀（表1-8），形成了帝王文化；从孔子登泰山始，儒家文化扎根于泰山精神中，道教、佛教也争相建观立庙，传承香火；历代文人雅士更是于此观光览胜、吟诗作文，留下大量的传世佳作。对大山的崇拜，可以说在世界各民族中都有着一定的历史渊源。但像泰山这样，上下几千年始终影响着中华民族的精神生活却是罕见的。

图1-21　大汶口遗址

图1-22　大汶口遗址挖掘现场

图1-23　大汶口遗址出土的文物

图1-24　大汶口遗址中出土文物上的图案符号

一、人类活动

在《尚书·尧典》中，泰山被称为大山之宗——岱宗。史前时代的泰山，实为华夏文明的发祥地，它浓缩了华夏文明最精粹的文化。

1959年，在泰山之南的大汶口镇，发掘出距今6000～4000年的大汶口文化遗址，是原始社会新石器时代母系社会向父系社会转变的典型遗址。而泰山之北侧的城子崖龙山遗址，又是龙山文化的命名地。考古资料表明，早在距今7000～4000年前，泰山附近已有人类活动，并且能较自觉地利用泰山的自然资源。

自炎黄起，经颛顼、喾、尧、舜、禹至夏初止，华夏族基本上生活在以泰山为中心的齐鲁大地。

秦皇、汉武、汉光武、唐高宗、唐玄宗、宋真宗都到泰山举行了封禅大典。

《金史·礼志七》记述："大定四年（1164），礼官言：'岳镇海渎，当以五郊迎气日祭之。'诏以典礼……立春，祭东岳于泰安州……"

明代，洪武十年（1377），朱元璋就曾遣曹国公李文忠、道士吴永舆、邓子方，致祭东岳泰山神。此后，于洪武十一年、二十八年、三十年，均曾遣人致祭，其后，在明成祖永乐年间、明宣宗宣德年间、明英宗正统年间、明代宗景泰年间、明宪宗成化年间、明孝宗弘治年间、明武宗正德年间、明世宗嘉靖年间、明穆宗隆庆年间、明神宗万历年间，均曾遣官致祭泰山。

清代，《清史稿·礼志二》即记："（康熙）二十四年（1685），东巡祀泰岳，祝版不书御名。"又云："乾隆……越十年以来，岁奉太后秩岱宗。敕群臣议礼。奏言：'古者因名山以升中，有燔柴礼。圣祖因仪文度数书缺有间，议封禅者多不经，定以祀五岳礼致祭'。允宜尊行。明年莅泰安。前一日诣岳庙，三上香，一跪三拜。翼日，祭如圣祖祀岳仪。"《礼志八》"巡狩"条也曾记载：康熙"南巡江浙者，五至泰安，躬祀岱岳"。

1949年之后，到泰山旅游的人日益增多。本地及附近地区游客仍占相当数量。1978年，国务院确定泰安（泰山）正式对外开放，泰山成为旅游热门景点之一。多年来，泰安市政府就保护和建设好泰山，多次召开专门会议，制定了建设、改造泰山的全面规划，采取了许多重要措施。市政府坚持"城不压山、新不压旧、山城一体、山雄城秀"的原则，紧紧围绕"改善环境、提高旅游服务功能"这一宗旨，对泰城进行了大规模综合治理。一个风景优美、经济繁荣、文化发达、交通方便、清洁文明、独具特色的文化旅游城市已经形成。

二、历史沿革

泰安地区历史悠久，是人类文明的最早发源地之一。距今5万年前境内已有人类生息繁衍，距今6000～4000年前，汶河两岸的氏族部落创造了繁盛的"大汶口文化"。夏商时期属青州徐州之地。周代分属齐、鲁、宿、鄣等国。秦属济北郡、东郡辖域。

西汉初约公元前200年设泰山郡，隶属兖州刺史部，辖24县，郡治始置博县（今泰安市旧县村）。汉武帝元封二年（前109）移至奉高县（今泰安市故县村）。北魏时又移至钜平县（今泰安市大汶口附近）。北齐改为东平郡，治博县城。

隋初废东平郡，分属济北郡、鲁郡、琅琊郡。唐属兖州、沂州。宋属兖州袭庆府京东西路。

金天会十四年（1136），设泰安军，泰安之名由此始。大定二十二年（1182），设泰安州，治所岱岳镇（今泰安城附近），隶山东西路。元朝初隶东平路，后隶中书省。明代隶属济南府。清雍正二年（1724），改为泰安直隶州。雍正十三年（1735），改设泰安府，隶山东布政使司。

1913年，北洋军阀政府废州府行道制，泰安地区分属济南、济宁、东临三道。1925年10月，山东军务督办张宗昌将山东改设11道，在泰安设泰安道，1928年撤销。1936年，山东省政府在省内设行政督察区，成立行政督察专员公署。1938年，泰安、莱芜、新泰等县属第十二行政督察专署（机关先驻历城后住陵查）。1946年，由陵查（今新泰宫里附近）迁驻济南市，肥城、平阴属第六行政督察专署，东平、汶上属第二行政督察专署，宁阳属第一行政督察专署，泗水属第十五行政督察专署。1947年，泰安、莱芜、新泰、宁阳、肥城等县划属第十五行政督察专署，专署机关驻泰城；东平、汶上属第二行政督察专署；平阴属第六行政督察专署；泗水属第一行政督察专署。

1939年，先后建立各级抗日民主政权。同年11月至次年3月，泰西行政督察专员公署、泰山行政专员公署相继诞生。1941年9月，成立泰南行政联合办事处；1943年6月至1945年10月，改为泰南行政督察专员公署。

1939年9月，成立泰安、莱芜、历城、章丘、淄川、博山、新泰七县行政联合办事处，为临时政权机构。1940年3月31日，以七县行政联合办事处为基础在莱芜县两沟崖村成立泰山区行政专员公署。1942年5月，鲁中区行政办事处成立后，改称泰山区行政督察专员公署。1945年，改名为鲁中区第一行政督察专员公署。1948年7月，成立鲁中南行署后，称鲁中南第一行政督察专员公署。翌年9月，改名为鲁中南泰山区行政督察专员公署，机关临时住莱芜县城。

1939年10月，泰西行政委员会成立，并建立泰西区行政督察专员公署。1940年4月，鲁西行政主任公署成立后，泰西行政委员会撤销，泰西专员公署称鲁西第一行政督察专员公署。1941年7月，鲁西区与冀鲁豫区合并，鲁西区第一专署改为冀鲁豫第一专署；9月，改名晋冀鲁豫边区政府第十六专署。1942年12月，第十九专署（运东区）并入该区。1944年6月，冀南区并入冀鲁豫区，第十六专署改为冀鲁豫第一专署。抗日战争胜利后，冀南与冀鲁豫两区分置。1946年11月，第一专署分为泰西、运东两个专署，泰西仍称冀鲁豫第一专署，运东为第六专署。1948年7月，冀鲁豫第一专署复归山东，为山东省鲁中南第七行政督察专员署。1949年7月，改为鲁中南泰西区行政督察专员公署，机关驻肥城县城。

1941年9月，建立泰南区行政联合办事处，1943年6月，改建为泰南区行政督察专员公署，隶属鲁中区行政办事处，又称鲁中第三专署。1945年10月撤销。

中华人民共和国建立后，1950年5月17日，泰山、泰西两区合并为泰安专区，成立山东省泰安区行政督察专员公署，机关驻泰安城。同年12月，改称泰安区专员公署。1955年，改名为山东省泰安专员公署。1958年10月，撤销泰安专署，辖县分属济南市和聊城专署。1961年7月1日，复置泰安专员公署。"文化大革命"中，1967年1月26日，"泰安地区无产阶级革命造反派大联合指挥部"夺了泰安地委、专署的权力，于同年3月经省革委批准成立泰安地区革命委员会。1978年7月，撤销革命委员会，成立山东省泰安地区行政公署。1985年3月27日，国务院以〔85〕国函字45号文批复："①撤销泰安地区，泰安市升为地级市，实行市管县的体制。②泰安市设立泰山区、郊区。将原泰安地区的宁阳、肥城、东平三县划归泰安市，莱芜、新泰两市由泰安市代管。③原泰安地区的汶上、泗水两县划归济宁市。④原泰安地区的平阴县划归济南市。"1985年12月23日，山东省人民政府决定将梁山县的银山镇、斑鸠店乡、豆山乡、昆山乡、司里乡、大安山乡及戴庙乡的32个行政村（含乡驻地）、商老庄乡的24个行政村（含乡驻地）划归东平县管辖（1986年调为2镇3乡）。1992年8月17日，经国务院批准，撤销肥城县，设立肥城市（县级），由省直辖，泰安市代管，行政区域为原肥城县行政区域。1992年11月30日，经国务院批准，莱芜市升为地级市，设立莱城、钢城两个区，行政区划为原莱芜市行政区域。至1994年底，泰安市的行政区域为辖泰山区、郊区、宁阳县、东平县，代管新泰市、肥城市。

三、灿烂文化

泰山位于华北大平原的南北通道与黄河中下游的东西通道交叉枢纽之侧，这对泰山影响的扩大及其文化的弘扬，起着极为重要的作用。

泰山的历史文化渊源久远，从名山发展史来看，其主要内容包括：山神崇拜与帝王封禅祭祀历史、群众性的宗教活动历史、文人墨客的游览观赏历史、农民起义史，以及科学研究历史等。其中以帝王封禅祭祀活动为主要线索，贯穿整个奴隶社会和封建社会，这使泰山形成了"五岳独尊，雄镇天下"的特殊历史地位。封禅、宗教、游览、科研以及农民起义运动等活动的发生、发展及其相互转化和影响，形成了泰山极为丰富的历史文化内容，成为中华民族历史文化的缩影，成为中华民族精神文化之山，成为世界上不可多得的自然和历史文化遗产。

1.远古文化与泰山崇拜

据考古发掘，泰山东南沂源发现的猿人头骨化石年龄距今四五十万年。在新泰乌珠台发现的一少女牙齿化石表明，距今四五万年前的旧石器时期，已有发展到智人阶段的人类在泰山地区生息繁衍。新石器时期，泰山南麓的北辛文化（约7000年前）和大汶口文化（6000～4000年前），泰山北麓的龙山文化（4400～3900年前），在这一地区的形成和全国的广泛分布，都说明早期的人类在泰山地区的发展不仅是连续的，而且是普遍存在的。他们利用泰山周围地区丰富的资源，开发了经济，创造了古老文明。据考古学家推断，"大汶口文化总的发展趋势是从东往西、往南，最后一直达到洛阳和信阳地区"。白寿彝《中国通史纲要》："龙山文化的分布更广，东至海滨，西至渭水中游，北至辽东半岛的渤海沿岸，南及湖北、安徽、江苏三省的北部。"

　　这些远古文化遗存表明，泰山地区是中华民族远古文化的重要发祥地。泰山周围地区包括山东丘陵人，古称"夷人"，因位于东方，又称"东夷"。据徐北文《济南史话》记载，古代东夷人传说是炎帝的子孙，太行山以西黄河中游的居民，传说是黄帝的后裔，经夏商周三代炎黄两大氏族群落最终融为一体，因此，泰山是炎黄子孙的根源之山，是华夏历史文化的两源之一。泰山远古文化的历史地理背景，对理解泰山在中华民族精神文化发展史上的影响和作用是极为重要的。

　　《山海经》记载的451座山都有不同形式的祭祀活动，可见祭山神的广泛性。祭山神不仅在平民百姓中进行，而且也盛行于统治者中。《史记·封禅书》引周官曰："天子祭天下名山大川，五岳视三公，四渎视诸侯，诸侯祭其疆内名山大川。"最早记载五岳的是《尔雅·释山》："泰山为东岳，华山为西岳，霍山为南岳，恒山为北岳，嵩山为中岳。""释曰：篇首载此五山者，为中国之名山也。"五岳代表着五个方位各有含义的五座名山。《尔雅·疏》曰："东方为岱者，言万物皆相代于东方也；南方为霍，霍之为言护也，言太阳用事护养万物也；西方为华，华之为言获也，言万物成熟可得获也；北方为恒，恒者常也，万物伏藏于北方有常也；中央为嵩，嵩言其大也。"

　　为什么在五方之中，东岳泰山居于"五岳之首"的地位呢？泰山之成为尊者，首先是自然景观形象的高大，有拔地通天、雄风盖世的气派，有"镇坤维而不摇"之威仪，是"直通帝座"，与上帝对话的地方。泰山因其高，气候产生垂直变化，山上多云雨，山下少雨水，因而被认为是"出云导雨"的神山。

　　《春秋公羊传》云："触石而出，肤寸而合，不崇朝而遍雨乎天下者，唯泰山尔。"故上泰山求雨，祈求风调雨顺，国泰民安，也是帝王祭祀的重要内容。又因泰山位于东方，在传统观念上，"万物皆相代于东方"，是阴阳交替，万物更生之地，又附会"五行""五常""四时""八卦""二十八宿"之说，使东岳泰山成为吉祥之山，神灵之宅，紫气之源，万物之所，成为中国神圣之山，成为人与自然精神交往的场所与象征。

　　2.帝王封禅与泰山特殊地位

　　古代先民对山神的崇拜，逐渐被统治者所利用。《易观》所谓"圣人以神道设教而天下服矣"，就是反映宗教信仰的普遍性和帝王假神道而治天下的道理。泰山因其高而被视为连接天地，"直通帝座"的神山。因此，受天命而为帝王的

"天子"必去泰山封禅。《五经通义》云："易姓而王，致太平，必封泰山禅梁父，何？天命以为王，使理群生，告太平于天，报群神之功。"可见封禅泰山是帝王权力的象征。

封禅泰山列入史实记载，是从秦始皇开始的。秦始皇统一中国后，他登基第三年（前219）东巡登泰山封禅。公元前209年，秦二世相继封禅泰山，并刻石纪功，其碑今尚存10个残字，成为名山刻石之祖，稀世珍品。

汉武帝前后八次封禅泰山。封禅活动成为历代封建帝王的旷代大典，且愈演愈烈。唐玄宗封泰山时，"取牧马数万匹，每色一队相间，望之如云锦"；"千骑云引，万载林行……原野为之震动，草木为之风生"。"仗卫罗列岳下百余里"，"礼毕……群臣称万岁，传呼自山顶至岳下，震动山谷"。

本来，国家统一，"功德卓著"的盛世之君才有资格封禅泰山，而处于内外交困、无能腐败的宋真宗，为了借助"神道设教"以维持其统治，制造了上帝赐以"天书"一类神话，到泰山借封禅为名，搞迷信活动，加封"天仙玉女碧霞元君"。并建昭真祠（即今碧霞元君祠）以祀之，实际上已改封禅为祀神。古代封禅泰山，一方面是帝王权力的象征，即借神权以加强政权；另一方面又是国家统一的标志，有一定的象征意义。那么宋真宗的祀神，完全是封建迷信活动。至此，封禅之礼宣告结束。元、明时代，只派使臣祭祀泰山，一般是向泰山祈雨、祈雪、祈年、祈嗣、祈求平安等。

表1-8　　　　　　　　　**历代帝王封禅祭祀图表**

秦	始皇嬴政	始皇二十八年（前219）	封泰山、禅梁父山
	二世胡亥	二世皇帝元年（前209）	登封泰山
西汉	武帝刘彻	元封元年（前110）	封泰山、禅肃然山
		元封二年（前109）	封泰山、祠明堂
		元封五年（前106）	封泰山、祠明堂
		太初元年（前104）	封泰山、禅蒿里山
		太初三年（前102）	封泰山、禅石闾山
		天汉三年（前98）	封泰山、祠明堂
		太始四年（前93）	封泰山、禅石闾山
		征和四年（前89）	封泰山、禅石闾山

（续表）

东汉	光武帝刘秀	建武三十二年（56）	封泰山、禅梁父山
	章帝刘炟	元和二年（85）	柴祭泰山、祠明堂
	安帝刘祜	延光三年（124）	柴祭泰山、祠明堂
隋	文帝杨坚	开皇十五年（595）	为坛设祭泰山
唐	高宗李治	乾封元年（666）	封泰山、禅社首山
	玄宗李隆基	开元十三年（725）	封泰山、禅社首山
宋	真宗赵恒	大中祥符元年（1008）	封泰山、禅社首山
清	圣祖玄烨	康熙二十三年（1684）	祭祀泰山
		康熙四十二年（1703）	祭祀泰山
	高宗弘历	乾隆十三年至乾隆五十五年（1748～1790）	先后十次祭祀泰山

注：资料来源于山东大学历史文化学院历史语言研究所，2004。

清代康熙、乾隆都登临泰山，乾隆10次朝泰山谒岱庙，其中6次登岱顶，均不属封禅，而且他们对封禅是持否定和批判态度的，但仍进行祭祀泰山神和碧霞元君活动。从康熙、乾隆登泰山祭祀活动来看，已带有浓厚的游览观赏成分。此后，除了派使臣祭祀泰山，再无帝王祭祀了。直至辛亥革命，中国封建统治被推翻，长达数千年的帝王封禅及代表国家祭祀泰山活动最终结束了。

一座自然山岳，受到文明大国的历代最高统治者——帝王亲临封禅祭祀，并延续数千年之久，贯串整个封建社会，这是世界历史上独一无二的精神文化现象。它不仅对泰山而且对中国的山水文化产生极其深刻的影响。

3.文人游览审美与山水文化

历代的有识之士和文人墨客，从更高的精神文化层次来观察泰山的内涵，鉴赏泰山的美蕴。在他们看来，"苍然万古与国并存"的泰山，是古老而昌盛的中华民族的象征，是中华民族雄伟形象的化身。泰山对他们来说，既不是"神道设教"的假物，也不是镇妖避邪的神灵，而是一座蕴藏美质、激发灵感、触动爱国情思的灵山、美山。

早在春秋时代，人们还处在山神崇拜时期，孔子却已将山水作为审美对象了，"仁者乐山，智者乐水"是他的审美观。他在《邱陵歌》中说："喟然回顾，题彼泰山。郁确其高，梁甫回连。"《诗经》中的"泰山岩岩，鲁邦所瞻"及孟子的"孔子登泰山而小天下"等名言名句，也都是先秦时代泰山审美的成果。《汉书》作者班固，文学家蔡邕，著名学者马融、应劭等都曾登览泰山。应劭还写《泰山封禅仪记》，记录了汉光武帝登封泰山的实况，为现存第一篇泰山游记，也是中国现存的最早的游记之一。此后，三国诗人曹植的"晨游泰山，云雾窈窕"、晋诗人陆机的"泰山一何高，迢迢造天庭"，都是歌咏泰山的名句。

南朝山水诗人谢灵运，登泰山写了专咏泰山自然美的诗歌《泰山吟》。它标志着泰山作为游览审美历史的时代篇章，"泰宗秀维岳，崔崒刺云天。岞崿既崄巇，触石辄迁绵"。唐宋以后，诗人、旅行家、画家、游人接踵而至，畅神审美，为泰山留下了丰富的精神文化财富，泰山美学资源得到了深度发掘和颂扬。泰山不是"神"的化身，而是美的象征。李白《游泰山》咏道："四月上泰山，石平御道开。……天门一长啸，万里清风来。""平明登日观，举手开云关。精神四飞扬，如出天地间。"杜甫的《望岳》名句"会当凌绝顶，一览众山小"都是反映泰山美质的千古绝唱。

宋代诗人苏轼，书画家黄庭坚、赵孟頫都有诗文墨迹，金代诗人元好问《登岱》中的"天门一何高，天险若可阶""奇探忘登顿，意惬自迟回"，写出了作者登山探奇，忘掉劳顿，乐而忘返，融心情于泰山，把山水审美提高到更高层次。

明清时代，文人学士乃至平民百姓游览泰山蔚然成风，不可胜举，如宋濂、王守仁、董其昌、徐霞客、袁枚、魏源等（图1-25）。他们为泰山创作了大量诗文、游记、墨迹和摩崖石刻，大大发展和丰富了泰山的文化内容。他们把游人从山神崇拜和宗教信仰中引向游览观赏、审美求

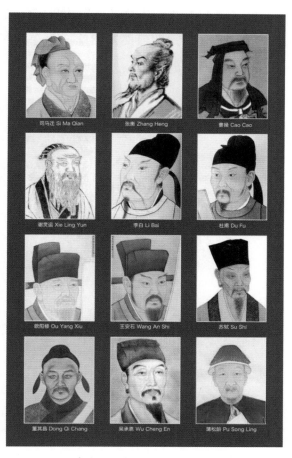

图1-25 登临泰山的名人雅士

知的新方向，泰山的游览审美功能越来越发挥作用。直至今天，游览观光、审美求知终于成了泰山的主要旋律。

中国人游览名山大川，主要有两个目的：一是审美，二是求知。

所谓"行万里路读万卷书者，即求知也"。审美与求知互有联系又各有侧重。上面所列举的诗人、文学家、书画家，他们以审美为主而师法名山大川。科学家则以"对天地问难，向山川求知"，以科学研究为主。中国历来提倡"大丈夫志在四方""行万里路，读万卷书"。因此，"壮游天下"也成为成就人才的一种途径。这方面例子很多，如司马迁游天下，对《史记》具有不可估量的作用。沈括成为博学家，亦与他天南地北的旅行生涯分不开。徐宏祖的地理科学名著《徐霞客游记》，正是他毕生考山观水的总结。清末学者魏源的成就与他实现其座右铭"士而欲任天下之重，必自其勤访问始"而"足迹几遍域中"有着不可分割的联系。

泰山不仅是历数千年之久的历史文化博物馆，而且也是一座经历28亿年之久的地球发展变迁的自然博物馆。随着对泰山自然科学研究的深入，这方面的内容将越来越丰富。

第二章
安稳之基——地质特征与演化

中生代以来，华北板块、鲁西地块在太平洋板块的俯冲影响下，形成了北西和北东东向两组断裂，它们等距分布，彼此交切组成"X"型断裂体系，把鲁西地块切割成许多大小不等的菱形块体，随着断裂的强烈掀斜活动，进一步塑造了断块凸起和断块凹陷相间排列的构造面貌。从北向南依次为泰山断块凸起、泰莱断块凹陷、莲花山断块凸起、新蒙断块凹陷、蒙山断块凸起、平泗断块凹陷、尼山断块凸起、陶枣断块凹陷等。断块凸起形成单斜断块式山系，在其山体高处，古生界沉积盖层遭受剥蚀，出露结晶基底的花岗质变质杂岩；断块凹陷形成箕状盆地，保存古生代的地层，并接受晚侏罗世以来的沉积。泰山断块凸起就是上述断块凸起中的一个地质单元，其北以齐河-广饶断裂为界，南以泰前断裂与泰莱盆地分界，其东界为文祖断裂，西界为长清断裂，东西长60千米，南北宽50千米，其断块凸起的总面积约3000平方千米。

第一节　地层特征

泰山出露的地层主要有新太古代的变质表壳岩系泰山岩群，以及其北侧张夏—崮山一带的古生界寒武系、山南盆地中的新生界等。

一、太古宇

泰山的太古宇虽然早已引起中外地质学者的注意，但因其时代古老，成因复杂，经受过多期次变质作用、构造变形作用和多期次岩浆侵入活动的影响与改造，面貌十分扑朔迷离，在研究过程中存在不少分歧和争议。过去因受种种条件的限制，沉积变质形成的地层组分和不同类型侵入岩体不易辨认，难以建立地层的层序，曾统称为"泰山杂岩"。

（一）研究历史

1958～1961年，北京地质学院对鲁西地区进行了1：20万区域地质调查，首次提出"泰山群"，认为泰山群是一套复杂的类地槽型沉积，自下而上划分为：万山庄组、太平顶组、雁翎关组和山草峪组。

1965年，山东省地质局805地质队进行1：5万泰安县幅区域地质调查时，将泰山群改为泰山杂岩，认为其原岩是一套含钙泥砂质沉积物和少量基性火山物质，经区域变质和多期混合岩化作用而形成的变质岩系。

1981～1986年，山东省地质局区域地质调查队进行"鲁西地区泰山群专题研究"，废弃了万山庄组和太平顶组，认为其大部分是英云闪长岩体和花岗闪长岩类的侵入杂岩，经变质和变形作用改造形成的灰色片麻岩，将少量残留地层划归雁翎关组，在山草峪组之上建柳杭组。

1982年，程裕淇、沈其韩、王泽九出版了《山东太古代雁翎关变质火山沉积岩》一书，肯定了泰山岩群的时代为太古宙，重点阐明了其内部层位关系及以基性为主的雁翎关组变质火山沉积建造的层序及所含熔岩、凝灰质岩石和沉积岩类形成的地质环境（程裕淇等，1982）。

1986～1990年，山东省地质局区域地质调查队进行1：20万泰安、新泰幅区调，将雁翎关组划分为上、中、下3个亚组。

1996年，《鲁西前寒武纪地质》首次使用泰山岩群（曹国权，1996）。

此后，张增奇等（1996）所著的《山东省岩石地层》、宋明春和王沛成（2003）主编的《山东省区域地质》、山东省国土资源厅资源储量处和山东省国土资源资料档案馆（2010）出版的《山东省矿产资源储量报告编制指南》、张增奇等（2011）关于《山东省地层划分对比厘定意见》均基本采纳了前人的划分方案，将泰山岩群自下而上划分为孟家屯组、雁翎关组、山草峪组和柳杭组。

王世进等人（2012）对泰山岩群下部地层孟家屯组的碎屑锆石和雁翎关组的岩浆结晶锆石进行U-Pb测年，认为其均属新太古代早期；对其上部地层山草峪岩组和柳杭岩组的碎屑锆石进行测年，认为其均属新太古代晚期。孟家屯组岩性为石榴子石石英岩、十字石黑云石榴子石石英岩及石榴子石石英岩；雁翎关组以细粒斜长角闪岩为主夹角闪黑云变粒岩，底部为透闪片岩、阳起透闪片岩、绿泥透闪片岩，局部见有科马提岩（程裕淇等，1991）；山草峪岩组主要由黑云变粒岩和细粒片麻岩（黑云变粒岩受深熔变质作用改造产物）组成，与雁翎关岩组为构造接触；柳杭岩组主要由黑云变粒岩、变质砾岩等组成（王世进等，2012）。

（二）地质特征

泰山岩群的产出有两种类型：一是以层状产出，特征明显，连续性较好，厚度比较大，主要出露在西南部的大河水库、冯家峪、南黄水湾、天平店和卧虎山等地，其中以卧虎山西坡人工剖面为最好，露头宽度达500米以上，呈北西向展布，走向为320°～340°，与区域构造线方向基本一致，向西延入肥城幅界首一带，向南延入南留幅下水泉一带。二是以侵入岩中的残余包体形式产出，多支离破碎，呈不连续条带、扁豆状、透镜状和不规则状，星散地分布在望府山岩体出露的地域内，如东部的青山、娄家滩、安子崖、大兰窝、孟家庄，中部的李家泉、扫帚峪、望府山，西部的桃花峪、老挂尖、大河水库等地，其中东部的青山、娄家滩、安子崖等处的条带，连续性较好，呈似层状，单层的厚度为数米、数十米，延展可达数千米，但总体看它们的产状十分零乱，变化很大。泰山岩群因被后期侵入岩体穿切、侵吞，并经韧性剪切变形的强烈改造，加上植被覆盖出露不够好，难以建立完整的剖面和恢复原有层序。根据泰山岩群的岩石组合特点，它可能属泰山岩群雁翎关组的上部。

（三）岩石特征

泰山岩群的岩性主要为细粒片状斜长角闪岩、黑云变粒岩，其次为角闪变

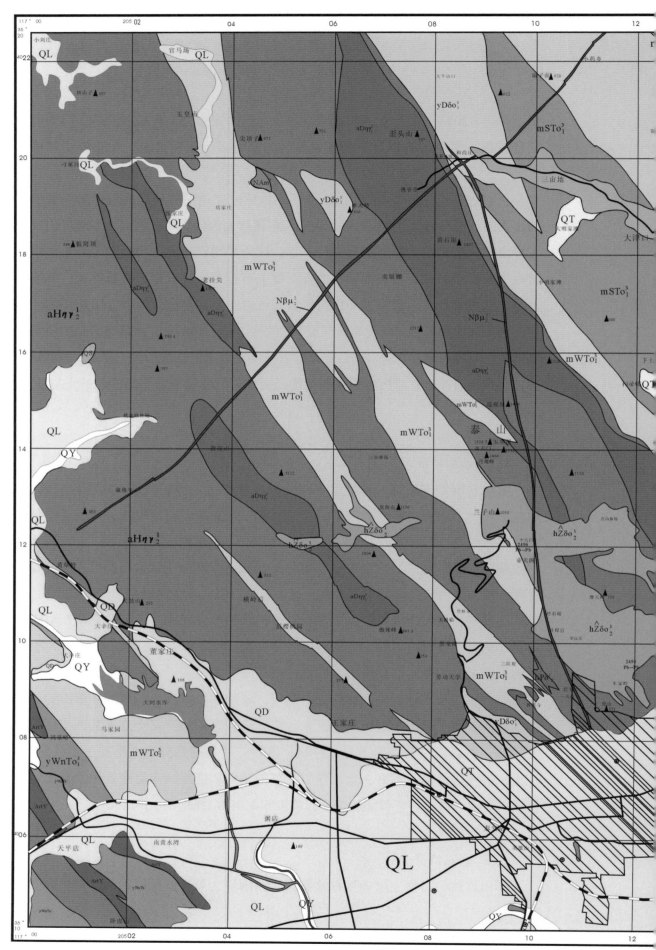

图2-1　泰山地区区域地质图（底图由原地质矿产部地质研究所提供）

图 例

地层：

QY	河流相砂、砾石
QT	洪积相砾石，含巨大漂砾
QL	黄褐色砂质粘土、砂、砾石
QH	黑灰色粘土，局部含铁锰质结核。
QD	黄褐色粘土、粉砂质粘土，含少量钙质结核
Qyl	桔红色砂质粘土，夹砾石层
QS	黄褐色砂质粘土，夹砾石层
ArtY	细粒片状斜长角闪岩夹黑云变粒岩、角闪变粒岩

侵入岩：

$N\beta\mu_2^2$	辉绿（玢）岩
$\widehat{hZ\delta o}_2^1$	中粒黑云石英闪长岩
$hP\delta_2^1$	细粒含角闪黑云闪长岩
$aD\eta\gamma^1$	细粒二长花岗岩
$aH\eta\gamma_2^1$	粗斑中粒二长花岗岩
$yWTo_1^1$	中粒黑云云英闪长岩
$yWnTo_1^3$	中粗粒含角闪黑云云英闪长岩
$yD\delta o_1^3$	中粒黑云石英闪长岩
$nM\downarrow_1^3$	粗粒角闪石岩
$mSTo_1^3$	片麻状细粒黑云英云闪长岩
$mXTo_1^3$	片麻状中粒角闪英云闪长岩
$mWTo_1^3$	条带状细粒黑云英云闪长岩
$wNAm_1^3$	中细斜长角闪岩

比例尺

0   1km   2km

粒岩、阳起片岩、透闪片岩等。宏观上具层状或似层状、层组状（间夹不同宽度的侵入岩），以及由薄层黑云变粒岩、角闪变粒岩和斜长角闪岩交替出现构成的微层状构造。斜长角闪岩，新鲜面为黑绿色，风化后呈灰绿色直至灰褐色，中细粒结构，薄片状构造，蚀变后可变为蛇纹岩。岩石中常发育有大小不等、形态不一的长英质条纹或条带，构成各种奇特而有观赏价值的纹带图案，如桃花峪彩石溪中的彩石。在大河水库南岸，可见片状斜长角闪岩、黑云变粒岩和角闪变粒岩组成的微层状构造，并生成各种小型的柔流褶皱。

（四）地球化学特征

细粒片状斜长角闪岩呈纤状柱状变晶结构，主要由阳起石、斜长石组成，具有稀土总量低平坦的稀土配分模式（图2-2），属拉斑玄武岩。而黑云变粒岩则具有轻稀土明显富集右倾型配分模式。泰山地区的泰山岩群细粒片状斜长角闪岩的主要元素成分相当于岛弧拉斑玄武岩（庄育勋等，1997）。与泰山岩群相关的浅成变质超基性侵入岩为滑石绿泥透闪片岩、蛇纹岩等。其原岩为超基性、基性火山岩和火山凝灰岩绿岩建造。泰山岩群中细粒斜长角闪岩获得同位素年龄为2684±165Ma（Sm-Nd），青山一带斜长角闪岩的Sm-Nd全岩等时线年龄为2840±160Ma、2820±163Ma（江博明等，1988）、2826±12Ma（徐惠芬等）、

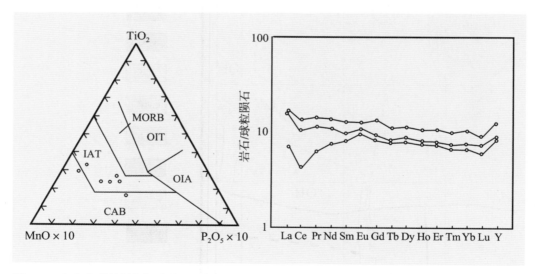

图2-2　泰山岩群斜长角闪岩的MnO-TiO$_2$×10-P$_2$O$_5$×10（据庄育勋等，1997）
（左a）（据Mullen，1983）和泰山岩群斜长角闪岩球粒陨石标准化（Masuda，1973）REE模式图
（右b）CAB＝钙碱性玄武岩；OIA＝洋岛碱性玄武岩；MORB＝大洋中脊玄武岩；OIT＝大洋岛弧拉斑玄武岩；IAT＝岛弧拉斑玄武岩

Rb-Sr全岩等时线年龄为2767±45Ma（江博明等，1988）。因此，泰山岩群的原岩建造可能形成于2900～2700Ma之间。

地质矿产部地质研究所1996年10月提交的泰安市幅1∶50000地质图说明书中，根据东部青山等地斜长角闪岩的构造变形、岩性和变质作用特点及同位素年龄资料，把它们从泰山岩群中划分出来定为新太古代早期的南官庄岩体（2900～2700Ma），只保留卧虎山和冯家峪一带的泰山岩群，时代为新太古代晚期（2615Ma）。此外，还存在另一种意见，把青山一带的斜长角闪岩划为新太古代早期变质表壳岩（2900～2800Ma）。

1.青山斜长角闪岩

（1）地质特征

在青山、安子崖一带，常见斜长角闪岩呈似层状与望府山岩体的条带状黑云斜长片麻岩或角闪斜长片麻岩一起构成宽缓的褶皱。

（2）岩石特征

青山斜长角闪岩岩石中粒块状，在厚层状斜长角闪岩中有较多数厘米厚的稳定的黑云变粒岩、角闪变粒岩薄层。岩石由普通角闪石＋斜长石＋石榴子石构成典型的粒状镶嵌平衡变晶结构。在石榴子石变斑晶中有定向排列的细粒石英包体构成的残缕构造。在一些地方可见此类岩石与角闪岩相伴出现。

（3）地球化学特征

根据岩石的主要元素、稀土元素结果和特点（庄育勋等，1997），表明角闪岩、斜长角闪岩具有典型的太古宙玄武岩的成分，类似于岛弧拉斑玄武岩。此类岩石具有与典型拉斑玄武岩相似的特点——稀土总量低，极弱轻稀土富集平坦的稀土配分模式（图2-3）。地质、地球化学特征均表明青山斜长角闪岩为新太古代早期的基性玄武质、凝灰质变质表壳岩。江博明等人在青山斜长角闪岩中获得了2840±160Ma的Sm-Nd全岩等时线年龄，INd＝0.50194±19，εNd＝＋3.8±0.5；亦获得2767±45Ma的Rb-Sr全岩等时线年龄，ISr＝0.7004±2（Jahn et al.，1988）。庄育勋在青山斜长角闪岩获得一组Sm-Nd全岩等时线数据（表2-1）。因此，青山斜长角闪岩的原岩大致形成于2840～2820Ma，并在2770Ma左右，经历变质改造。由于无连续的出露，尚不具备建组的条件，因而暂称之为青山斜长角闪岩。

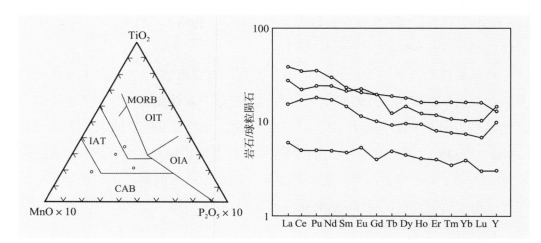

图2-3　青山斜长角闪岩MnO-TiO$_2$×10-P$_2$O$_5$×10图解（据庄育勋等，1997）

（左a）（据Mullen，1983）和球粒陨石标准化（Masuda，1973）REE模式图

（右b）CAB＝钙碱性玄武岩；OIA＝洋岛碱性玄武岩；MORB＝大洋中脊玄武岩；OIT＝大洋岛弧拉斑玄武岩；IAT＝岛弧拉斑玄武岩

表2-1　　　　　　　泰山地区青山斜长角闪岩Sm-Nd全岩同位素分析结果

序号	样号	Sm（μg/g）	Nd（μg/g）	$^{147}Sm/^{144}Nd$	$^{143}Nd/^{144}Nd$	±2σ	εNd（0）	tDM（Ma）
1	P3D14-2	3.144	13.02	0.1461	0.511740	±22	-17.5562	3156.49
2	P3D135-1	2.318	12.14	0.1155	0.511173	±19	-28.6166	3047.77
3	P1D8-1	5.471	19.49	0.1698	0.512195	±18	-8.68056	3290.63
4	P3D14-1	3.617	12.76	0.1715	0.512219	±24	-8.2124	3336.66
5	P3D17-1	3.416	11.96	0.1728	0.512236	±28	-7.88078	3379.38
6	P3D10-1	4.986	18.97	0.1590	0.511993	±20	-14.0254	3200.48
7	P3D8-1	5.365	20.86	0.1556	0.511921	±15	-14.0254	3200.70
8	P3D12-1	2.751	11.26	0.1478	0.511774	±14	-16.8930	3159.80
9	P3D17-1	2.964	10.60	0.1691	0.512166	±24	-9.24626	3336.84
10	P3D113-1	2.209	11.81	0.1132	0.511131	±22	-29.4359	3041.35

（据庄育勋等，1997）

2.泰山岩群雁翎关组及科马提岩

科马提岩是Viljoen兄弟于1969年提出来的，发现于南非巴伯顿山地的科马提河流域。原意专指太古宙绿岩中枕状岩流顶部的、具有鬣刺结构的超镁铁质熔岩，岩浆源是地幔高度部分熔融的产物，是地球早期富镁原始岩浆的代表。

科马提岩又称镁绿岩，是从含MgO18%～32%的高温岩浆中结晶出来的一类超镁铁质熔岩，成分与深成的橄榄岩相当。常常形成枕状构造，具有冷凝的流动顶盖并且通常显示发育良好的鬣刺结构：在大量玻璃基质中橄榄石和辉石晶体呈骸晶状或刀片状彼此交生，常与拉斑玄武岩呈互层状产出，其中更加富镁的变种常称为橄榄岩质科马提岩。可在TAS图解中按化学成分确定。岩石主要由橄榄石、辉石的斑晶（或骸晶）和少量铬尖晶石及玻璃基质组成，具枕状构造、碎屑构造和典型的鬣刺（鱼骨状或羽状）结构，其特点是橄榄石呈细长的锯齿状斑晶，是淬火结晶的产物。在化学成分上，典型的科马提岩以MgO＞18%（无水），CaO∶Al_2O_3＞1，高Ni、Cr、Fe/Mg，低碱为特征。

在岩石学研究的早期，曾认为超基性岩是一种无喷出相的岩石。科马提岩的发现对证实超基性岩的岩浆成因具有重要意义。现科马提岩一词已被扩大使用，广义的科马提岩中还包括与之有成因联系和具科马提岩某些特征的玄武岩。因此有人认为在矿物组成和结构上还应包括快速生长的、具细杆状骸晶结构的辉石。在化学成分上，提出玄武质科马提岩的MgO＞12%（或＞9%），CaO∶Al_2O_3＞0.8。有人将广义的科马提岩分为橄榄质科马提岩（典型科马提岩）、玄武质科马提岩和科马提质玄武岩。在南非、澳大利亚西部、芬兰、美国、加拿大的太古宙绿岩中常有科马提岩出露。与科马提岩有关的矿产有金、铜、锑、镍，其中镍矿储量尤为丰富，有时也有温石棉、菱镁矿、滑石等矿床。

泰山岩群作为华北地区最古老的地层之一，是中国保存最好、发育最完整的典型新太古代绿岩带。它以单斜形式，呈NW向带状分布于主要的4个带上，系大面积片麻状花岗岩区中的残留物，其中出露最好地段，在新泰雁翎关—山草峪—柳杭一带。经程裕淇等研究证实，以雁翎关组中的科马提岩发育最为良好，它是迄今我国唯一公认的具有鬣刺结构的太古宙超基性喷出岩。泰山岩群中的科马提岩具有世界性的研究意义。

（1）岩石特征与岩层划分

雁翎关组以新泰雁翎关、石河庄、莱芜任家庄等地保存最完整、研究程度最高。以斜长角闪岩、角闪变粒岩、透闪片岩为主，夹黑云变粒岩、变质砾岩及含富铝矿物片岩。原岩以超镁铁质-镁铁质熔岩、凝灰岩为主，夹少量的粉砂岩、泥质粉砂岩、沉积砾岩、火山砾岩、沉积砾岩、火山角砾岩，属绿岩带底部超镁铁质–镁铁质绿岩带。

　　地层总体走向以北西向为主，厚200～1430米，出露最宽的在南部桃花峪和石河庄一带，往北逐渐变薄，在单家庄仅有900米厚。可对比的中间变质砾岩层，贯穿南北，但在任家庄以北砾石变小，砾石层渐渐尖灭，其他的镁铁质–超镁铁质岩层对比性都比较差，从柱状对比图（图2–4）看，科马提岩（阳起–透闪片岩）分布虽有一定层位，但是厚度变化甚大。从南到北，似乎较厚的科马提岩喷发有向上迁移的趋势，如在南部石河庄剖面巨厚的（大于300米）科马提岩赋存在第二大层，往北，天井峪北和银硐山一带厚度大于100米的科马提岩分布在第4大层，而雁翎关村东南科马提岩发育在第五大层，厚度最大超过120米。以石河庄剖面为例，岩石组合见（表2–2），从上到下可分为3个亚组，10个大层。

表2–2　　　　　　　　　新泰石河庄雁翎关组柱状剖面

亚组	分层	主要岩石组合	厚度（米）
上亚组	10	顶部黑云变粒岩和角闪变粒岩互层，上部绿泥阳起片岩和斜长角闪岩 下部薄层含石英斜长角闪岩，底含石榴黑云变粒岩	109.68
	9	顶部黄铁矿–磁黄铁矿层，中部含砾透闪变粒岩、角闪变粒岩、黑云变粒岩夹斜长角闪岩	18.45
	8	顶部黑云变粒岩夹角闪变粒岩，中上部绿泥阳起片岩过渡到斜长角闪岩夹阳起片岩，下部绿泥阳起片岩、斜长角闪岩夹角闪变粒岩	80.75
	7	顶部黑云变粒岩，中部斜长角闪岩夹少量阳起片岩和黑云变粒岩 下部绿泥阳起片岩夹石榴角闪片岩和黑云变粒岩	183.42
中亚组	6	顶部黑云变粒岩，上部角闪变粒岩夹黑云变粒岩和薄层斜长角闪岩 中部角闪变粒岩夹透闪片岩和蛇纹岩，下部透闪片岩	111.55
	5	上部含砾黑云变粒岩夹角闪变粒岩大于20米，中部斜长角闪岩和石榴黑云变粒岩互层，夹蛇纹岩，下部黑云变粒岩夹斜长角闪岩	83.01
	4	上部斜长角闪岩夹少量黑云变粒岩和角闪变粒岩，下部斜长角闪岩过渡到黑云变粒岩和角闪变粒岩	83.49
下亚组	3	中上部细粒斜长角闪岩，顶部夹少量黑云变粒岩，底部见角闪变粒岩	66.71
	2	巨厚层科马提岩以绿泥透闪阳起片岩，滑石透闪，片岩为主，夹绿泥片岩，局部见滑石蛇纹岩侵入，中下部见科马提熔岩喷发冷凝旋回	382.88
	1	上部含石英斜长角闪岩，顶部夹二薄层绿泥透闪片岩，下部黑云角闪变粒岩	49.30

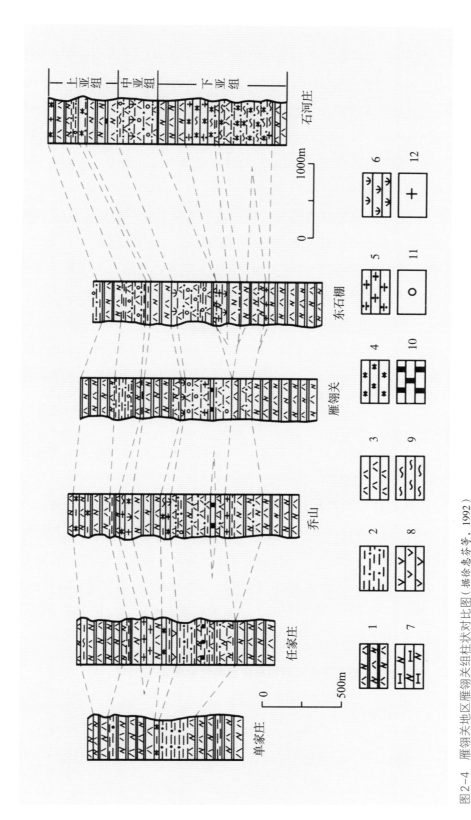

图2-4 雁翎关地区雁翎关组柱状对比图（据徐惠芬等，1992）

1—斜长角闪岩；2—黑云角闪变粒岩；3—角闪变粒岩；4—阳起岩；5—透闪片岩；6—蛇纹岩；7—斜长透辉岩；8—滑石片岩；9—绿泥片岩；10—变质砾岩；11—石榴子石；12—十字石

由石河庄剖面可以看到如下特点：

1）绿岩自下而上均遭受角闪岩相变质作用，局部有绿片岩相退变质作用，超镁铁质科马提岩绝大多数变成阳起-透闪片岩，镁铁质拉斑玄武岩类变成斜长角闪岩，中性安山质火山-沉积岩多数变为黑云变粒岩。

2）科马提熔岩开始喷出在中-基性凝灰-沉积岩基底上，早期以巨厚的科马提岩套出现，它包括熔岩-火山碎屑岩及超浅成橄榄-辉石岩等一系列岩石，晚期多以薄层状科马提熔岩夹于拉斑玄武岩中。

3）拉斑玄武岩除部分呈较厚的熔岩层外，多数为薄层状（几厘米至几十厘米），它和薄层状基性凝灰岩组成频繁的熔岩-凝灰岩的火山喷发小旋回。

4）尚有少部分安山熔岩-凝灰岩分布在下亚组，但是流纹岩几乎未见。

5）侵入于第二大层科马提岩的变闪长岩中锆石U-Pb等时线年龄为2699＋30Ma，它表明雁翎关绿岩带形成的时间至少要早于它。

6）按岩相学分析，可划分出两个火山-沉积大旋回，第一旋回上部出现分选差的复成分凝灰质砂砾岩，第二旋回以巨厚的类浊积岩（黑云变粒岩）组成绿岩上部层位。

（2）地球化学特征

在泰山岩群中，超镁铁质岩类数量多，分布广，尤以雁翎关组最为发育。既有喷出相的科马提岩，也有与之伴生的侵入相岩石。喷出相的科马提岩虽多已蚀变为绿泥透闪阳起片岩类岩石，但常与变质镁铁质熔岩-斜长角闪岩密切伴生；在野外又具有科马提熔岩流所特有的喷出旋回（冷凝单元）特点；镜下常可见到变余鬣刺结构的假象；在化学成分上也符合科马提岩高镁、低钾、低钛的特点（表2-3），与C. Brooks和S. R. Hark（1974）提出的化学成分准则相符。因此，它们的原岩系科马提岩是值得肯定的。主要组成岩石有阳起（片）岩、透闪（片）岩类、绿泥（片）岩类及蛇纹滑石（片）岩类。

表2-3　　　　　雁翎关组石河庄剖面科马提岩类化学成分

原编号	①石9a	②88-7	③88-9	④88-10	⑤石13a
SiO_2	45.60	51.99	51.31	30.58	51.56
TiO_2	0.18	0.18	0.16	0.65	0.18
Al_2O_3	5.83	5.89	5.75	22.07	5.95

（续表）

原编号	①石9a	②88-7	③88-9	④88-10	⑤石13a
Fe_2O_3	4.60	3.26	1.64	3.16	2.72
FeO	5.31	3.59	5.59	13.25	5.04
MnO	0.14	0.14	0.17	0.25	0.19
MgO	33.79	30.28	25.35	27.81	21.41
CaO	3.64	3.52	9.25	0.36	11.99
Na_2O	0.40	0.37	0.43	0.33	0.80
K_2O	—	—	—	—	0.06
Cr_2O_3	0.50	0.42	0.36	1.52	0.11
共计	99.99	100.00	100.01	99.98	100.01
CaO/Al_2O_3	0.62	0.60	1.61	0.02	2.02

（据程裕淇和徐惠芬，1991）

注：由15项全分析去水后换算%。

　　据程裕淇等人（1991）研究，雁翎关一带的变质超镁铁岩主要属科马提岩类，其中大多属喷出相，从分析结果看，大多是：SiO_2 41～50，MgO 12～28，TiO_2＜0.8，K_2O＜0.5，Al_2O_3 4～12，CaO 5～11，CaO/Al_2O_3 0.9～1。由石河庄地区的超镁铁质科马提熔岩冷凝单元（旋回）可看出，从底部堆积相至中上部鬣刺带，MgO含量逐渐降低，SiO_2和CaO含量升高，CaO/Al_2O_3比值也升高，这些特点表明科马提岩存在化学成分上的就地分异，向着贫铝富钙和贫硅的趋

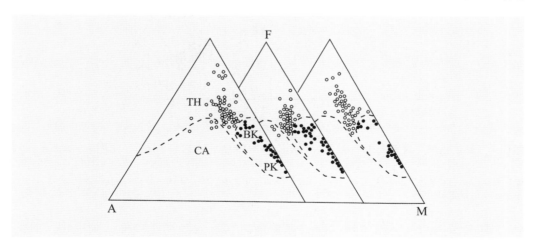

图2-5　超镁铁质-镁铁质岩石AFM图解（据徐惠芬等，1992）

●超镁铁质岩；○镁铁质岩；PK橄榄质科马提岩；BK玄武质科马提岩；TH拉斑玄武岩；CA钙碱性火山岩。
左和中图为雁翎关绿岩带样品投点，右图为柳杭绿岩带样品投点

势演化。在L. S. Jensen的AFM三角图（图2-5）上可清楚看到，本区科马提岩系岩石落于橄榄质科马提岩和玄武质科马提岩区，但超基性科马提岩比Jensen的界线MgO含量（阳离子数）略偏低（3%），靠近MF边线，向Mg降低的方向演化。稀土总量较低，一般小于5ppm。

图2-6（徐惠芬等，1992）中清楚显示，科马提岩和拉斑玄武岩之间有成分间断，超基性和玄武质科马提岩之间，包括侵入相和喷出相之间都存在成分间断。从它们的演化趋势看，从超基性科马提岩→玄武质科马提岩→拉斑玄武岩，向着MgO降低，FA边界演化，和芬兰东部（右上方小三角图）及美国怀俄明Seminoe山（左上方小三角图）的新太古代绿岩带中的科马提-拉斑玄武岩演化趋势非常相似。

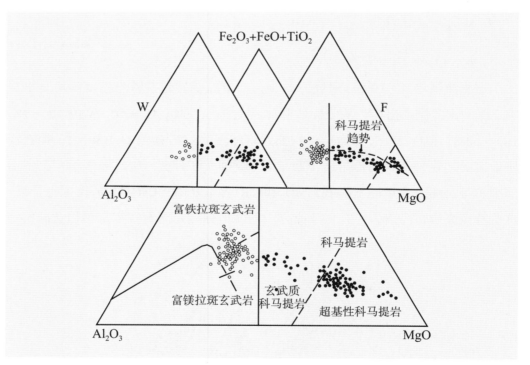

图2-6　超镁铁质-镁铁质岩石Al₂O₃-（Fe₂O₃＋FeO＋TiO₂）-MgO三角图解（据徐惠芬等，1992）
●科马提岩；○拉斑玄武岩；大三角：鲁西绿岩带样品；小三角：W—美国怀俄明Seminoe山样品；F—芬兰东部新太古代绿岩

　　值得指出的是，由于科马提岩的形成具有异常的高热梯度，国际上一种流行的观点认为科马提岩的成因与地幔柱的存在有关。如果考虑这一观点的潜在意义，泰山地区前寒武纪演化历史和特点将发生重大变化。

二、古生界

泰山的古生代地层位于泰前断裂以南，仅在蒿里山等地有零星出露，而在泰山北侧张夏、崮山一带则发育良好。闻名的张夏寒武纪地层标准剖面位于泰山北侧张夏、崮山地区，寒武纪地层发育和出露都良好，而且紧靠京沪铁路，交通便利。

张夏寒武纪地层标准剖面早在19世纪末就为国内外地质学者所重视，T. Bergeren（1899）、H. Monko（1903）、C. Airaghi（1902）等人曾描述过其寒武纪地层中的一些三叶虫化石。1903年美国地质学家B. Willis和E. Blackwelder在张夏、崮山等地测量了剖面，采集过化石，对地层做了初步划分，其研究成果于1907年正式发表，将张夏、崮山一带的寒武纪地层自下而上划分为馒头页岩、张夏灰岩、崮山页岩、炒米店灰岩。之后美国古生物学家毕可脱（1913）、日人远藤隆次（1939）、小林真一（1941；1942；1955）均相继研究过张夏、崮山地区寒武纪地层中的古生物化石。

我国的地质学家孙云铸教授从1923年起，对张夏、崮山的寒武系进行了长达20余年的研究，对寒武纪地层做了划分并详细研究了泰安大汶口的"崮山页岩"。刘书才等（1985）对山东泰安大汶口寒武纪地层进行了剖面测制并采集了化石。

卢衍豪和董南庭（1953）重新观察了张夏、崮山一带的寒武系剖面，其中最重要的是把B. Willis和E. Blackwelder所划的馒头山页岩自下而上再分为馒头组、毛庄组、徐庄组，并把前两个组置于下寒武统，把后一个组归入中寒武统，炒米店灰岩再分为凤山组和长山组，将张夏、崮山地区的寒武系确定为7个地层单位和17个三叶虫化石带。1959年，在全国地层会议上正式定为华北寒武系标准剖面。

1987年，刘怀书等对山东中部和南部的寒武纪生物地层进行了系统论述，自下而上划分为五山组、馒头组、毛庄组、徐庄组、张夏组、崮山组、长山组和凤山组。

此后，北京地质学院、山东省地质局等单位，先后对张夏寒武纪地层标准剖面又进行过详细的野外观察、剖面测制、室内鉴定和专题研究，取得了丰富的实际资料，从不同角度补充和完善了该剖面的基础资料，进一步提高了该剖面的研究水平（图2-7）。

统	组	厚度（m）		岩性描述
上寒武统	凤山组	130	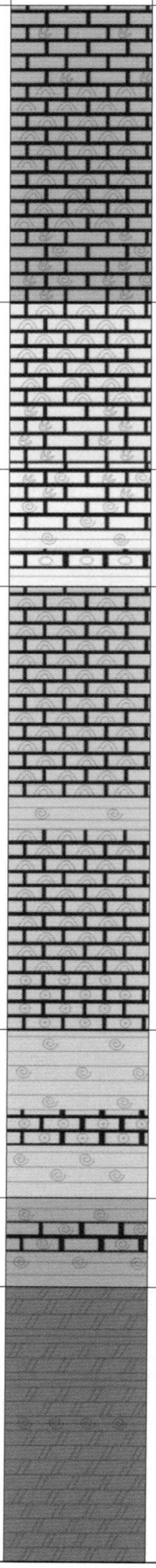	下部为灰色含生物碎屑泥质灰岩和竹叶状灰岩；中部为灰色藻凝块灰岩和鲕粒灰岩；上部为灰色泥晶白云质灰岩和白云质竹叶灰岩。含济南虫（Tsinanis sp.）等三叶虫化石，以及海百合茎和腕足类化石
	长山组	70		下部为灰色泥晶具红色氧化圈竹叶状灰岩夹含生物碎屑鲕粒灰岩和少量紫红色页岩；上部为灰色叠层石藻礁灰岩。含庄氏虫（Chuangia sp.）等三叶虫化石
	崮山组	51		下部为疙瘩状灰岩和黄绿色页岩；上部为灰色竹叶状岩和薄层砂屑灰岩夹灰绿色页岩和含生物碎屑鲕粒灰岩。含蝴蝶虫（Blackwelderia sp.）、蝙蝠虫（Drepanura sp.）等三叶虫化石
中寒武统	张夏组	198		下部为灰色中厚层泥晶—亮晶鲕粒灰岩；中部为灰色藻凝块灰岩夹杂色页岩；上部为灰色藻凝块灰岩和叠层石灰岩夹含海绿石生物碎屑鲕粒灰岩。含小叉尾虫（Dorypygella sp.）等三叶虫化石
	徐庄组	73		上部为暗紫色页岩夹灰绿色页岩；中部为紫灰色页岩夹竹叶鲕粒灰岩；下部紫色粉砂质页岩和含生物碎屑鲕粒灰岩；其中下部的灰岩及灰质粉砂岩中常发育有交错层理。含芮城盾壳虫（Ruichengaspis sp.）等三叶虫化石
下寒武统	毛庄组	39		主要由紫色云母质页岩和灰色含生物碎屑灰岩组成。含刺山东盾壳虫（Shantungaspis aclis）等三叶虫、腕足类及藻类化石
	馒头组	119		主要由紫红色、黄绿色等杂色页岩及泥质、白云质灰岩组成。底部不整合于早前寒武纪肉红色片麻状二长花岗岩之上。下部灰岩中含燧石结核和条带，上部页岩中具水平层理，中部页岩含有三叶虫化石—中华莱德利基虫（Redlichia chinensis）

图2-7　张夏寒武纪地层标准剖面柱状图

张夏寒武纪地层标准剖面，研究历史悠久，地层发育全出露好，代表性强，含丰富的三叶虫等古生物化石，是许多寒武纪古生物种属的命名地或模式标本的原产地。这个标准剖面，是我国区域地层划分对比和国际寒武纪地层对比的主要依据，是全国乃至世界有关寒武纪研究的重要资料，对我国华北地区的寒武纪地层划分对比有重大的指导作用，有过历史性的贡献，在我国的地质学史上占有重要的地位。同时，该剖面也是研究华北早古生代岩相古地理、沉积环境的经典地区，是研究华北早古生代地壳升降、海平面变化及古气候和古生态变化的理想地。因此，它是广大地层古生物工作者常来参观学习的场所，是地质院校师生的实习基地，是山东省重点保护的地质遗迹。它无论在地学方面，还是在生产实践及地质教育方面，都具有很高的科学价值。

三、新生界

1. 古近系（E）与新近系（N）

主要分布于泰前断裂以南的盆地内，自然露头极少，多为第四系所覆盖。岩性主要为砾岩和砂岩，砾石成分为灰岩，大小不一，多呈棱角状，钙质和泥质胶结。与下伏古生界为角度不整合接触关系，是一套山麓相冲洪积物沉积。属古近系官庄组。

2. 第四系（Q）

在泰山周边分布较广，岩性主要为砂质粘土、粉砂质粘土、局部含砾石层，以及沟谷中的砾、砂、粉砂等，是一套山麓坡积、冲洪积相、河漫滩相和现代河流相沉积。

第二节　岩石特征

泰山的岩石主要有3类：古老的前寒武纪变质岩，距今28亿～18亿年间的各期次侵入岩，构成了一套完整的构造-岩浆演化旋迴，为研究泰山的地质演化和发展提供了真实的材料和证据。寒武纪—奥陶纪的碳酸盐岩是海相沉积的产物，这些岩石虽分布不广，但构成了泰山地区岩石的重要组成部分。

一、侵入岩的总体特征

泰山的前寒武纪侵入岩，分布十分广泛，占泰山主体面积的95%以上，是泰山极为重要的地质体。其特征表现为：

1）侵入岩的岩性从超基性、基性到中酸性都有，但以中酸性的花岗岩类和闪长岩类为主。侵入岩体的规模大小不一，从岩基、岩株到岩脉均有，但以岩基和岩株等大型岩体为主。侵入岩有深成和浅成之分，但以深成相为主。岩体的展布方向，以北西向为主，多与区域构造线方向一致。

2）侵入岩的岩石类型众多，岩性复杂多变，岩石面貌差异悬殊。岩石类型除少量超基性和基性岩外，主要发育有各种英云闪长岩、二长花岗岩及闪长岩。岩石结构构造比较复杂，从巨粒、粗粒到中粒、细粒的结构均有。岩石的构造有块状、条带状、片麻状。岩石面貌复杂，有的差别很大，有的十分相似，肉眼难以辨认。

3）前寒武纪侵入岩的成因机制复杂，岩浆演化的多阶段性和侵入岩的多期次性十分明显。中国地质科学院地质研究所徐惠芳、庄育勋等在进行泰安幅1：5万区调时，曾把泰山地区前寒武纪侵入岩划分出21个侵入岩单元。同时划分出7个大的深成岩浆演化旋回。

4）前寒武纪的深成岩浆源有3种类型：①幔源型：上地幔的基性–中基性岩浆直接上升侵入形成的岩体，如麻塔岩体、中天门岩体等。②壳源型：陆壳岩石或表壳变质岩发生重熔生成的岩浆上升侵入形成的岩体，如傲徕山期的岩体、摩天岭期岩体。③幔壳源混合型：如望府山期和大众桥期的众多岩体。

5）前寒武纪侵入岩都遭受了多期叠加的构造变形和变质作用，以及后期岩浆侵入活动的不同程度的改造。新太古代早期的望府山英云闪长岩岩体，形成后经历了角闪岩相变质作用和近水平塑性流变、滑脱拆离构造变形的强烈改造，产生了片麻状、条带状的层状岩系外貌，形成了由角闪斜长片麻岩和黑云斜长片麻岩组成的变质侵入岩。大众桥期的英云闪长岩岩体、傲徕山期的二长花岗岩岩体，遭受了较弱的低绿片岩相变质作用和构造变形作用的改造，产生了弱片麻状构造，但更多地保持了侵入岩的结构、构造特征。中天门期及其以后的侵入岩，只受到韧性剪切变形作用的改造，局部生成糜棱岩或发生糜棱化现象，基本上保持侵入岩的面貌。总体上看，新太古代早期侵入岩改造最强烈，新太古代晚期侵入岩次之，古元古代侵入岩改造比较微弱，其改造程度从新太古代到中元古代，呈现强—较强—弱—无的趋势。

6）新太古代侵入岩和古元古代侵入岩在岩石学和岩石化学特征方面，存在比较大的差异（表2-4）。

表2-4　　　　　　　泰前寒武纪侵入岩岩石学和地球化学特征简表

		时代	新太古代	古元古代
岩石学	矿物成分	铁镁矿物、斜长石	高	低
		钾长石、石英	低	高
	结　构		变余花岗结构	花岗结构
	构　造		片麻状	弱片麻状、块状
地球化学	化学成分	SiO_2平均含量（%）	68.00	71.42
		K_2O平均含量（%）	2.21	4.58
		Na_2O平均含量（%）	4.55	3.78
	微量元素	P、Ni、V、Cu、Ti、Co、Sr	高	低

二、主要侵入岩

泰山地区的太古宙—古元古代侵入岩分布十分广泛，占泰山主体面积的95%以上，是泰山极为重要的地质体。在前人研究成果的基础上，根据侵入岩形成的时间，大体上可将泰山世界地质公园范围内的侵入岩划分为6期15个岩体单元，由老到新分别为：望府山期侵入岩、大众桥期侵入岩、傲来山期侵入岩、中天门期侵入岩、摩天岭期侵入岩和红门期侵入岩（表2-5）。据同位素测定资料，望府山期侵入岩的年龄为距今2800～2700Ma，大众桥期侵入岩的年龄为距今2700～2500Ma，傲徕山期侵入岩的年龄为距今2500Ma左右，中天门侵入岩的年龄为距今2500～2400Ma，摩天岭侵入岩的年龄为距今2400Ma左右，红门辉绿玢岩的年龄为距今1800Ma左右。

表2-5　　　　　　　　　　　泰山主要侵入岩体一览表

地质年代	期	主要岩体	岩石类型	同位素年龄资料	
				年龄（Ma）	方法
中元古代	红门	红门	辉绿玢岩	2181，1767	全岩K-Ar法
古元古代	摩天岭	摩天岭	细粒二长花岗岩	2493	单颗粒锆石Pb-Pb
	中天门	中天门	中粒黑云石英闪长岩	2494，2515	单颗粒锆石U-Pb
		普照寺	细粒闪长岩	2595±100，2563±46	锆石U-Pb（江博明等，1988）
	傲徕山	调军顶	细粒片麻状黑云母二长花岗岩		
		傲徕山	中粒片麻状黑云母二长花岗岩	2490±50，2450±140	Rb-Sr，Sm-Nd（江博明等，1988）
		虎山	中粗粒片麻状黑云母二长花岗岩	2560±11	锆石U-Pb（江博明等，1988）
		玉皇顶	粗斑片麻状二长花岗岩		
新太古代	大众桥	李家泉	中粒片麻状含角闪英云闪长石		
		线峪	中粒片麻状英云闪长岩	2555±5	锆石U-Pb（江博明等，1988）
		卧牛石	中粗粒片麻状英云闪长岩	2536，2523，2509	单粒锆石Pb-Pb
		大众桥	中粒片麻状石英闪长岩	2542，2534，2556	单颗粒锆石U-Pb
		麻塔	粗粒角闪石岩	2718±78，2767±45，2766±47	Sm-Nd（江博明等，1988）
	望府山	扫帚峪	细粒片麻状英云闪长岩		
		望府山		2714	单颗粒锆石U-Pb
			细粒条带状英云闪长岩	2713±80，2690±80，2767±45	Rb-Sr（江博明等，1988）
			细粒条带状英云闪长岩	2697±35	Sm-Nd（江博明等，1988）
			片麻状英云闪长岩	2711	离子探针锆石（刘敦一，2003）

　　侵入岩的岩性从超基性、基性到中酸性都有，但以中酸性的花岗岩类和闪长岩类为主。侵入岩体的规模不一，岩体的展布方向以北西向为主，多与区域构造线方向一致。太古宙至古元古代侵入岩的成因机制复杂，岩浆演化的多阶段性和侵入岩的多期次性十分明显。

（一）望府山期侵入岩

　　新太古代早期望府山英云闪长质侵入岩（已变质），是泰山分布最广的一种侵入岩，在东部、中部、西部均有出露，尤以东部出露的面积最大，呈岩基状沿北西向延展。该侵入岩形成后又经角闪岩相变质作用和强烈构造变形作用改造，变质为粗粒角闪斜长片麻岩、条带状黑云斜长片麻岩，前人曾将其作为地层，并划分为冯家峪岩组、望府山岩组、扫帚峪岩组、唐家庄岩组、孟家庄岩组。20世纪80年代以来，江博明、王世进等指出，这些似层状、条带状灰色片麻岩属英云闪长质侵入岩经变质变形作用改造而成，并称之为望府山片麻岩。

　　在青山一带，数千米范围内均匀的粗粒角闪斜长片麻岩，表现出明显的变质侵入体的性质。粗粒角闪斜长片麻岩由普通角闪石＋斜长石＋黑云母构成粒状镶嵌平衡变晶结构，片麻状构造。条带状角闪黑云斜长片麻岩的基体条带部分有与粗粒角闪斜长片麻有相同的矿物组合、组构特点和相同的地球化学特点。脉体条带部分则由新鲜细均粒的石英＋斜长石＋黑云母组成。条带状构造是在

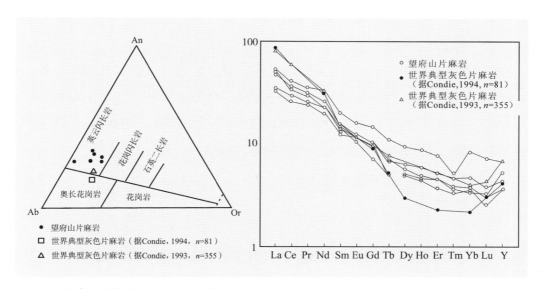

图2-8　望府山片麻岩An-Ab-Or图解（据庄育勋等，1997）
（左）（据O'conner，1965）和球粒陨石标准化（Masuda，1973）　（右）REE模式图

变质英云闪长质侵入岩（粗粒黑云角闪斜长片麻岩）基础上经近水平的分层塑性剪切流变作用形成的。望府山片麻岩的主要元素成分落入O'Connor（1965）An-Ab-Or图解的英云闪长岩区，其稀土地球化学特点与世界典型的太古宙英云闪长岩一致（图2-8）。

1.望府山英云闪长质变质侵入岩

（1）地质特征

该变质侵入岩由粗粒角闪斜长片麻岩和条带状黑云斜长片麻岩组成，前者多分布在东部的鸡冠山—青山—尖山子一带，后者广泛发育在中西部的房家庄—老挂尖、三岔林场—三阳观一带，以及小津口、大河水库等地，并以栗杭水库一带的条带状黑云斜长片麻岩最为典型。侵入岩以广泛发育片麻状和条带状构造为其显著特征。此外，在侵入岩中残留有众多泰山岩群和斜长角闪岩的包体。

粗粒角闪斜长片麻岩的矿物成分，主要为普通角闪石（25%）、斜长石（50%）、石英（20%），以及少量石榴子石、黑云母、绿帘石、榍石、磷灰石等。条带状黑云斜长片麻岩的条带和片麻理方向和谐一致，条带一般宽约数毫米，少数达几厘米，脉体与基体界线清晰，脉体一般是平直的，但不少呈各种弯曲形态。基体部分主要矿物为斜长石（58%）、石英（20%）、黑云母（18%）、普通角闪石（2.5%）和少量的绿帘石、榍石、磷灰石、锆石、石榴子石及微斜长石等。脉体部分主要由斜长石和石英组成。条带状构造是英云闪长岩遭受角闪岩相变质和塑性剪切流变变形改造过程中形成的产物。

（2）地球化学特征

侵入岩的化学成分：SiO_2 62.30%、Al_2O_3 16.92%、TiO_2 0.68%、Na_2O 4.43%、K_2O 1.09%、MnO 0.09%、CaO 5.67%、MgO 2.17%、Fe_2O_3 1.80%、FeO 3.61%。Sm-Nd年龄为2740Ma、2718Ma、2708Ma、2700Ma、2697Ma，Rb-Sr年龄为2769Ma、2713Ma、2690Ma（江博明等，1988）。

2.扫帚峪岩体片麻状英云闪长岩

（1）地质特征

岩体沿北西方向分布于和尚庄—扫帚峪—刘家庄水库一带。在小津口一带见本岩体穿切望府山岩体条带状黑云斜长片麻岩，在李家泉、刘家庄水库下游、三亩地等地见糜棱岩化扫帚峪英云闪长岩被大众桥岩体石英闪长岩和李家泉岩体英云闪长岩侵切，在玉皇顶东侧见本岩体被傲徕山期二长花岗所捕房。由于

表2-6

泰山地区单颗粒锆石 $^{207}Pb/^{206}Pb$ 同位素年龄分析结果

样品号	所属单元及岩性	采样地点	粒序	锆石中铅同位素测定值						计算结果			
				208/206	±2σ	207/206	±2σ	204/206	±2σ	207/206	±2σ	t（Ma）	±2σ
P3D68-1	望府山粗粒黑云角闪斜长片麻岩	泰山东侧小津口村东山坡	1	0.12620	8	0.18755	44	0.000054	25	0.18682	37	2714	3
			2	0.12990	9	0.18400	11	0.000033	30	0.18352	44	2685	4
			3	0.12300	17	0.18670	7	0.000000		0.18678	37	2714	3
Td032	大众桥期粗粒片麻状石英闪长岩	泰安市大众桥	1	0.16730	11	0.17110	9	0.000217	12	0.16841	18	2542	2
			2	0.2379	37	0.17366	8	0.000407	56	0.16857	22	2534	2
			3	0.16400	26	0.17047	28	0.000055	47	0.16978	24	2556	2
Nd023	大众桥期粗粒片麻状英云闪长岩	泰安市南卧牛石村	1	0.23810	45	0.16966	61	0.00014	36	0.16783	17	2536	2
			2	0.17830	9	0.16781	18	0.000210	10	0.16517	18	2509	2
			3	0.20480	18	0.16840	11	0.000149	46	0.16650	8	2523	12
D1177	傲徕山期中粒片麻状二长花岗岩	泰山西侧北麻套村北	1	0.05355	37	0.16717	20	0.000122	22	0.16562	26	2514	3
			2	0.09584	42	0.16368	22	0.000168	11	0.16133	11	2469	1
			3	0.18970	19	0.16513	22	0.000104	16	0.16381	22	2496	2
Td020	中天门期中粗粒块状石英闪长岩	泰山中天门	1	0.28760	14	0.16421	55	0.000042	10	0.16369	61	2494	5
			2	0.35430	25	0.17349	24	0.000017	10	0.17325	25	2589	2
			3	0.22730	15	0.16611	35	0.000030	10	0.16575	33	2515	3

（续表）

样品号	所属单元及岩性	采样地点	粒序	锆石中铅同位素测定值									计算结果		
				208/206	±2σ	207/206	±2σ	204/206	±2σ	207/206	±2σ		t（Ma）	±2σ	
D882	摩天岭期二长花岗岩岩脉群	摩天岭南坡	1	0.22730	33	0.17820	39	0.000106	37	0.16357	48		2493	2
			2	0.27581	41	0.17664	34	0.000171	50	0.17452	29		2602	3
			3	0.10380	19	0.17750	12	0.00011	29	0.17645	65		2620	6
			4	0.10820	31	0.16932	29	0.000225	11	0.16650	22		2523	2

（据庄育勋等，1997）

岩体正处在北西向的扫帚峪—兴隆庄右行韧性剪切带上，岩石发生强烈的剪切变形，糜棱岩化和重结晶现象十分明显，变形带最宽可达3千米左右。

（2）岩石特征

岩石为中细粒结构，风化后片麻状构造明显，糜棱岩化显著，主要矿物成分为斜长石（45.29%）、石英（40.25%）、黑云母（13.04%）、钾长石（1.17%）。矿物定向排列，石英呈拔丝状，糜棱面理直立，拉伸线理近水平。

（3）地球化学特征

岩石化学成分为SiO_2 71.96%、Al_2O_3 14.72%、K_2O 0.80%。

（二）大众桥期侵入岩

1.大众桥期角闪辉长岩–英云闪长岩

深成侵入岩系列依次发育麻塔角闪石岩（dMψ）、金牛山角闪辉长岩（dJυ）、大众桥石英闪长岩（dDδo）、卧牛英云闪长岩（dWγoβ）、线峪英云闪长岩（dXγoβ）、李家泉英云闪长岩（dLγoβ）。它们侵入于泰山变质杂岩和泰山岩群之中。此深成侵入岩系列呈北西向展布的巨大岩体，遭受低绿片岩相变质和构造变形改造，并在定位后局部经历北西向的糜棱岩化。庄育勋等（1997）曾对大众桥石英闪长岩（Td023）测定3个颗粒，获得的结果为（2542±2）Ma、（2534±2）Ma、（2556±2）Ma。其锆石浅紫色，透明无裂纹，无熔蚀，柱体棱角略有磨圆；对卧牛石英云闪长岩（Nd023）3个颗粒测定结果为（2536±2）Ma、（2509±2）Ma、（2523±12）Ma，锆石浅棕色、粉色，半透明，无裂纹，表面熔蚀，棱角磨圆。江博明等在大众桥期角闪辉长岩–英云闪长岩深成侵入岩系列的线峪英云闪长岩中获得了（2555±5）Ma的锆石U-Pb一致线年龄（Jahn et al.，1988）。上述同位素年龄资料表明，大众桥期角闪辉长岩–英云闪长岩深成侵入岩系列的侵入时间应在2560～2530Ma。这一岩浆岩系列的稀土地球化学特点表现为轻稀土元素逐渐富集，而重稀土元素含量变化不大的配分模式（图2-9a），并出现Yb负异常。这一现象还有待于进一步研究。主元素表现为钙碱性变化的趋势（图2-9b）。此侵入岩系列地幔岩浆在壳源物质不断添加过程中，岩浆成分向中酸性演化并依次侵位形成（图2-9c）。

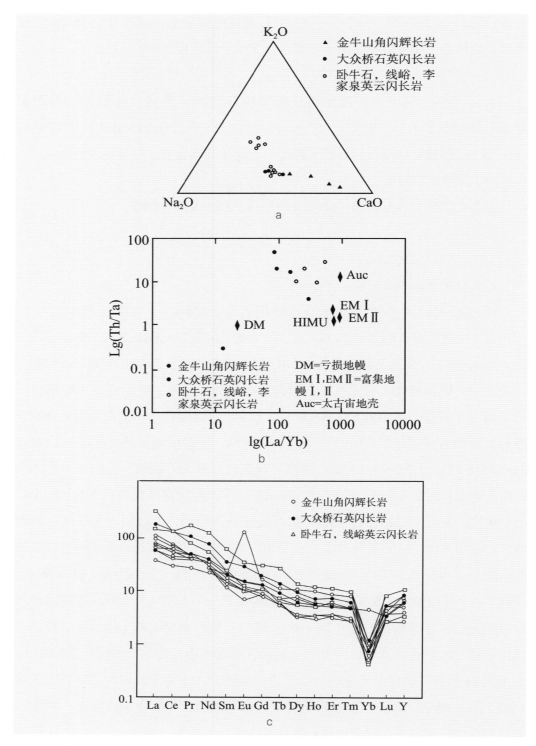

图2-9　大众桥期角闪辉长岩－英云闪长岩深成侵入岩系列球粒陨石标准化（Masuda,1973）和REE
　　　模式图（据庄育勋等，1997）
a—K₂O-Na₂O-CaO 图解；b—lg（Th/Ta）-lg（La/Yb）图解；c—REE模式图（据庄育勋等，1997）

2.麻塔岩体粗粒角闪石岩

（1）地质特征

岩体分布在东北部麻塔、官地等地。主要呈小岩株、岩瘤或透镜体侵入到望府山变质侵入岩中，总体延伸方向为北西向，多被后期伟晶岩脉切割成团块状。

（2）岩石学特征

岩石呈黑色—黑绿色，粗粒—伟晶结构。主要由结晶粗大的角闪石和少量粒度细小的斜长石组成。角闪石晶体一般为1～3厘米，大的可达4～5厘米，其含量达90%以上。

（3）地球化学特征

角闪石岩的化学成分：SiO_2 46.06%、TiO_2 1.13%、Al_2O_3 13.51%、Fe_2O_3 4.32%、FeO 6.27%、MgO 12.45%、MnO 0.53%、Na_2O 1.85%、K_2O 0.94%。

3.大众桥岩体片麻状石英闪长岩

（1）地质特征

主要见于大众桥、北部摩天岭等地，常在傲徕山期二长花岗岩中呈孤岛状巨型包体或沿望府山条带状片麻岩中顺"层"产出，分布较局限。含望府山条带状片麻岩包体，在大众桥西侧见该岩体被普照寺岩体细粒闪长岩和傲徕山岩体二长花岗岩侵入，在西白马石见其呈包体状存在于中天门石英闪长岩中（图2-10）。

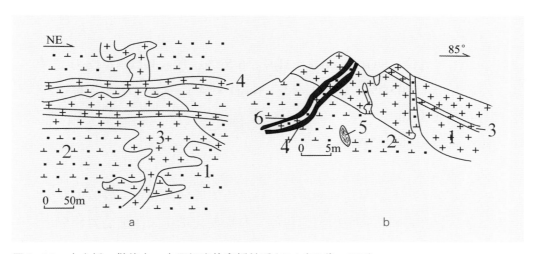

图2-10　大众桥、傲徕山、中天门岩体穿插关系（据庄育勋等，1997）
a：1—大众桥期细粒闪长岩包体；2—片麻状石英闪长岩；3—傲徕山期中粒二长花岗岩；4—更晚的伟晶岩脉（泰安市大众桥）；b：1—傲徕山中粒二长花岗岩；2—中天门石英闪长岩；3—早期伟晶岩脉；4—闪长粉岩脉；5—望府山片麻岩；6—晚期伟晶岩脉（泰安市三岔林场）

（2）岩石学特征

岩石灰黑色，中粒结构，风化后片麻状构造明显。主要矿物成分为斜长石（72%）、石英（12%）、黑云母（12%）、角闪石（2%），含少量绿帘石、榍石、锆石、磷灰石等。斜长石有不同程度的绿帘石化和绢云母化。

（3）地球化学特征

岩石化学成分：SiO_2 58.91%、Al_2O_3 16.72%、TiO_2 0.63%、Fe_2O_3 2.97%、FeO 3.72%、MnO 0.13%、MgO 3.70%、CaO 5.8%、NaO 4.34%、K_2O 2.03%。在大众桥获得单颗粒锆石U–Pb年龄为2556Ma。

4.卧牛石岩体片麻状英云闪长岩

（1）地质特征

分布在西南部，岩体呈北西向展布。含大众桥石英闪长岩包体，侵入于泰山岩群中，并被虎山二长花岗岩所侵入。区内最大规模的卧虎山韧性剪切带主要发生在该岩体中，因此大部分岩石均不同程度地遭受糜棱岩化。

（2）岩石学特征

岩石风化面灰白色，新鲜面灰黑色。中粒—粗粒结构，片麻状构造明显。主要矿物成分为斜长石（47.91%）、石英（28.68%）、黑云母（7.68%～12.06%）、角闪石（5.72%～8.62%）、微斜长石（1.16%～4.39%），含少量绿帘石、磷灰石、锆石及榍石等。因受糜棱岩化改造而粒度变细、石英拉长和定向排列等现象十分普遍。

（3）地球化学特征

岩石化学成分：SiO_2 61.60%、Al_2O_3 16.53%、TiO_2 1.11%、Fe_2O_3 3.40%、FeO 2.08%、MnO 0.08%、MgO 1.46%、Na_2O 4.74%、K_2O 4.22%。单颗粒锆石U–Pb年龄为2536Ma。

5.线峪岩体片麻状英云闪长岩

（1）地质特征

主要分布于东北部黄前水库附近，总体上沿北西向展布。岩体内有大量望府山条带状片麻岩和斜长角闪岩的包体，有后期大量花岗质细晶岩脉穿切。局部受北西向韧性剪切变形作用改造。

（2）岩石学特征

岩石灰白色，中粒结构，弱片麻状构造。主要矿物成分为斜长石（37.39%～

55.75%）、石英（22.88%～36.06%）、黑云母（12.65%～14.19%）、微斜长石（2.91%～7.54%）、角闪石（1.65%～3.00%）、绿帘石（1.14%～5.15%），斜长石强烈绢云母化、绿帘石化，含副矿物榍石、磷灰石。矿物颗粒有拉长定向排列现象。

（3）地球化学特征

岩石化学成分：SiO_2 64.76%、Al_2O_3 16.73%、TiO_2 0.49%、Fe_2O_3 2.55%、FeO 1.85%、MnO 0.06%、MgO 2.04%、CaO 4.44%、Na_2O 4.57%、K_2O 1.78%。锆石U-Pb等时线年龄为2555Ma（江博明等，1988）。

6.李家泉岩体片麻状英云闪长岩

（1）地质特征

出露在东部的上藕池—李家泉—刘家庄水库一带，呈北西向展布于和尚庄韧性剪切带和望府山条带状片麻岩之间。在刘家庄水库一带，见该岩体切穿扫帚峪糜棱岩化英云闪长岩，而又被傲徕山二长花岗岩所穿切和捕虏。

（2）岩石学特征

岩石灰白色—青灰色，新鲜面带暗红色，中粒结构，片麻状构造。主要矿物成分为斜长石（48%）、石英（27%）、微斜长石（7.7%）、黑云母（4.46%）、角闪石（5.4%），含少量榍石、绿帘石、绢云母、磷灰石、锆石等。斜长石发生较强的绢云母和绿帘石化，黑云母定向排列，石英波状消光和裂纹发育。含榍石较多并在手标本上可看到自形的信封状榍石晶体。

（3）地球化学特征

岩石化学成分：SiO_2 70.36%、TiO_2 0.29%、Al_2O_3 15.14%、Fe_2O_3 1.72%、FeO 0.83%、MgO 1.06%、CaO 2.37%、Na_2O 4.44%、K_2O 3.29%。其中SiO_2含量比较多，而MgO和CaO比较低，有别于线峪英云闪长岩，其微量元素Ba、Sr、Rb等含量高于一般的英云闪长岩。

（三）傲徕山期侵入岩

此系列岩体大面积发育在泰山地区北东侧的苗山、沂山一带，其中保留着尚可追索的斜长角闪岩、磁铁石英岩层状残余。在尚未完全改造成二长花岗岩的残余岩石中出现大量边缘模糊的囊状、不规则状粉红色钾质脉体。泰山地区傲徕山期二长花岗岩系列依次发育玉皇顶斑状二长花岗岩、虎山粗粒

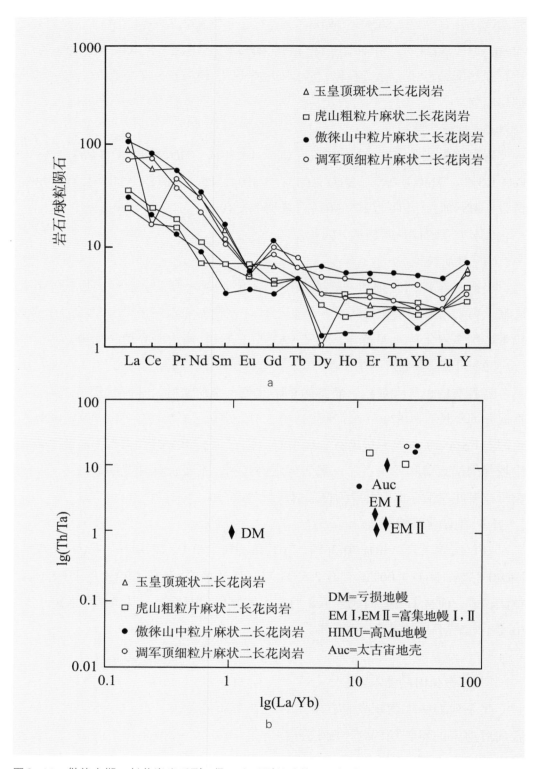

图2-11　傲徕山期二长花岗岩系列-侵入岩系列的球粒陨石标准化(Masuda,1973)和REE模式图
　　　　(庄育勋等，1997)

片麻状二长花岗岩、傲徕山中粒片麻状二长花岗岩和调军顶细粒片麻状二长花岗岩。较早发育的玉皇顶斑状二长花岗岩、虎山粗粒片麻状二长花岗岩中有较多呈阴影状、条痕状望府山片麻岩残余。在此岩石系列中演化越晚的岩石越均匀，粒度也越细。镜下广泛发育两个世代的组构。第一世代由较粗大的斜长石、黑云母等组成，岩石中广泛发育交代结构，如斜长石的微斜长石化、蠕英结构、条纹结构、交代穿孔、交代净边结构等，其矿物组成及其组构特点与望府山黑云斜长片麻岩相同。第二世代由石英、微斜长石及黑云母组成，粒度小，新鲜。岩石呈轻稀土中等富集，呈明显的右倾型稀土配分模式（图2-11）。

稀土地球化学特点表明其成分相当于太古宙上部陆壳区。总体上表现出傲徕山期二长花岗岩系列是以新太古代早期前绿岩陆壳为主的陆壳岩石，在交代熔融作用下不断演化形成的。

1.玉皇顶岩体粗斑片麻状二长花岗岩

（1）地质特征

主要出露于泰山主峰一带，呈带状沿北西向展布于傲徕山二长花岗岩与望府山条带状片麻岩之间，分布比较局限。岩体内有大小不等的望府山条带状黑云斜长片麻岩众多残留体。在房家庄一带见其被傲徕山二长花岗岩所穿切，在老平台一带见其被中天门石英闪长岩侵切。

（2）岩石学特征

岩石呈灰白色略带肉红色，似斑状结构，片麻状构造。斑晶为钾长石，一般为 2×4 厘米，大者可达 10×15 厘米，多属后期交代而形成。基质部分的矿物成分为斜长石（40.50%）、钾长石（23.43%）、石英（30.06%）、黑云母（6.01%），含少量绢云母、绿帘石、磷灰石、锆石。其中斜长石发生绢云母化、绿帘石化。

（3）地球化学特征

岩石化学成分：SiO_2 71.22%、TiO_2 0.27%、Al_2O_3 13.9%、Fe_2O_3 1.24%、FeO 0.10%、MgO 0.05%、MnO 1.06%、CaO 1.14%、Na_2O 2.25%、K_2O 4.35%。

2.虎山岩体片麻状中粗粒黑云母二长花岗岩

（1）地质特征

主要分布于中部的虎山、西部的董家庄、天平店等地，沿北西向展布。在天平店和卧虎山一线，岩体侵入泰山岩群和卧牛石岩体，局部遭受后期韧性剪切变形作用的改造。常见岩体中含大量望府山条带状片麻岩包体，被普照寺细粒闪长岩侵切。

（2）岩石学特征

岩石呈灰白色，风化面米黄色，中、粗粒和似斑状结构，片麻状构造。斑晶为钾长石和石英集合体，基质的矿物成分为斜长石（36.69%）、微斜长石（20.71%）、石英（25.77%）、黑云母（2.83%），含少量绿帘石、绢云母、磷灰石、锆石，其中的斜长石有不同程度的碎裂粒化，黑云母呈集合体定向排列，石英拉长并呈波状消光。在卧虎山见岩石中的长石糜棱斑和石英拉丝现象。

（3）地球化学特征

岩石化学成分：SiO_2 74.44%、TiO_2 0.27%、Al_2O_3 13.80%、Na_2O 2.25%、K_2O 4.14%、Fe_2O_3 0.58%、FeO 0.32%、MnO 0.03%、MgO 0.12%、CaO 1.05%。锆石U-Pb年龄为2560Ma（江博明等，1988）。

3.傲徕山岩体片麻状中粒黑云母二长花岗岩

（1）地质特征

主要分布在中西部的傲徕山、老平台、龙角山、横岭一带，沿北西向展布，呈岩基状产出，并侵入望府山条带状片麻岩和大众桥片麻状石英闪长岩，含望府山条带状黑云斜长片麻岩和大众桥石英闪长岩及斜长角闪岩的包体，在普照寺、傲徕峰等地均见普照寺闪长岩、中天门石英闪长岩侵入并捕虏傲徕山岩体。

（2）岩石学特征

岩石风化面灰黄色，新鲜面青灰色，中粒结构，片麻状构造。主要矿物成分为斜长石（36%～41%）、微斜长石（24.61%～31.85%）、石英（28.19%～34.97%）、黑云母（2.41%～4.39%），含少量绢云母、绿帘石、磷灰石、锆石等。其中斜长石双晶发生弯曲错动，石英细化拉长、呈波状消光。

（3）地球化学特征

岩石化学成分：SiO_2 74.23%、TiO_2 0.19%、Al_2O_3 13.32%、Na_2O 4.62%、K_2O 4.86%、Fe_2O_3 0.63%、FeO 0.97%、MnO 0.04%、MgO 0.27%、CaO 1.17%。锆石U-Pb年龄为2514Ma。

4.调军顶岩体片麻状细粒黑云母二长花岗岩

（1）地质特征

主要分布在黄石崖、调军顶一带和黄崖山等地，沿北西向展布，呈岩基状产出。在刁家庄一带可见岩体侵入于傲徕山二长花岗岩中，在直沟林场、黄崖山等地都见中天门石英闪长岩侵入该岩体中。

（2）岩石学特征

岩石风化面为浅黄白色，新鲜面为青灰色，细粒结构，弱片麻状构造。主要矿物成分为斜长石（37.45%）、碱性长石（31.16%）、石英（26.93%）、黑云母（2.78%），含少量磷灰石、锆石。

（3）地球化学特征

岩石化学成分：SiO_2 72.51%、TiO_2 0.19%、Al_2O_3 14.39%、Na_2O 3.67%、Fe_2O_3 0.70%、FeO 0.90%、MnO 0.06%、MgO 0.17%、CaO 1.12%。

（四）中天门期侵入岩

此系列依次发育普照寺闪长岩、中天门石英闪长岩和大寺花岗闪长岩。普照寺细粒闪长岩呈网格状岩脉，岩床沿脆性断裂侵入于傲徕山期二长花岗岩系列及更早产生的岩石中。中天门石英闪长岩是中天门期闪长岩-花岗闪长岩系列的主体，中粒、块状，典型的岩浆岩半自形粒状结构，斜长石宽板状，An＝30，发育聚片双晶和环带状消光现象。中天门石英闪长岩呈较大岩株沿近东西和北西两组脆性断裂侵位。大寺花岗闪长岩呈较小的岩株状。此系列岩石中含有达2%的榍石。此系列岩石稀土总量较之其他岩石系列明显高，为350～500μg/g，为无或弱负销异常、轻稀土富集型右倾型配分模式（图2-12），并表现为连续的钙碱性演化的趋势。其成分表现为亏损地幔与太古宙下地壳混合的特点。

1.普照寺岩体细粒闪长岩

（1）地质特征

主要分布在普照寺一带，呈小岩株状和脉状产出。多存在于中天门石英闪长岩岩体的边部，呈网脉状穿切于望府山、大众桥、傲徕山等岩体中，并被中天门石英闪长岩截切。

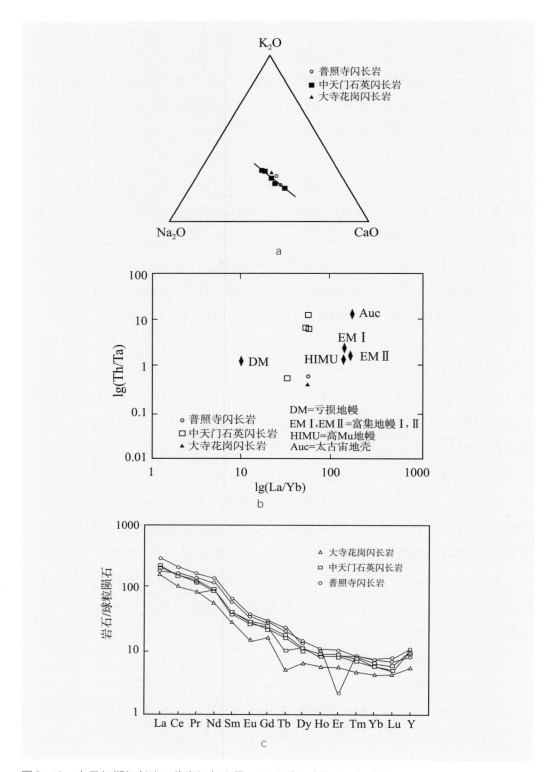

图2-12　中天门期闪长岩－花岗闪长岩侵入岩系列的球粒陨石标准化（Masuda, 1973）和REE模式
（据庄育勋等，1997）

（2）岩石学特征

岩石呈深灰—黑灰色，细粒结构，块状构造。常见岩石中发育无根勾状、火焰状灰白色的长英质包体，有球形风化现象。主要矿物成分为斜长石（48.31%～64.78%）、黑云母（13.88%～24.43%）、角闪石（6.45%～16.77%）、石英（3.54%～10.74%），含少量绿帘石、绢云母、磷灰石、榍石、锆石等。其中角闪石多蚀变为黑云母，磷灰石呈长柱状晶体，有的呈包裹体存在于斜长石中。

（3）地球化学特征

岩石化学成分：SiO_2 57.33%、TiO_2 1.28%、Al_2O_3 15.96%、Na_2O 4.14%、K_2O 3.26%、Fe_2O_3 3.68%、FeO 4.15%、MnO 0.11%、MgO 2.83%、CaO 4.88%。锆石U-Pb年龄为2519Ma（江博明等，1988）。

2.中天门岩体石英闪长岩

（1）地质特征

分布于中部的中天门、龙角山及西北部的桃花峪和房家庄等地，呈岩株状沿北西向展布。此岩体穿切和捕虏望府山、大众桥、傲徕山等岩体，被摩天岭细粒二长花岗岩岩脉穿切。球形风化十分发育。

（2）岩石学特征

岩石新鲜面为黑灰色，风化面为灰色，中粒结构，块状构造。主要矿物成分为斜长石（43.66%～67.84%）、碱性长石（1.23%～3.89%）、石英（8.74%～16.01%）、黑云母（9.87%～24.53%）、角闪石（0.69%～6.13%），含少量榍石、磷灰石、绿帘石、绢云母等。

（3）地球化学特征

岩石化学成分：SiO_2 59.38%、TiO_2 0.96%、Al_2O_3 16.12%、Fe_2O_3 3.87%、FeO 2.83%、MnO 0.09%、MgO 2.37%、CaO 4.54%、Na_2O 4.37%、K_2O 3.27%。锆石U-Pb年龄为2494Ma。

（五）摩天岭期侵入岩

摩天岭期深成侵入事件产生了弱片麻状—块状的二长花岗岩。此期岩体呈岩脉或岩株状，主要发育在摩天岭一带。此期二长花岗岩穿入中天门期石英闪长岩中，并在其边部见中天门中粒石英闪长岩及普照寺细粒闪长岩的捕虏体。总体上摩天岭期二长花岗岩岩体规模不大。本区目前尚缺乏此期岩浆作用的绝对年龄资料。在徂徕山地区，此期二长花岗岩的Rb-Sr全岩年龄为2330±90Ma。从整个中朝克拉通看，在距今2500～2300Ma前间，胶辽微大陆与华北微大陆拼合、碰撞（伍家善等，1991；赵宗溥等，1993），沿两者间的花岗绿岩型克拉通中发育碰撞型钾质花岗岩。因此，将摩天岭期深成岩浆侵入事件暂定为古元古代，不排除属新太古代末形成的可能。

（六）红门期辉绿玢岩

辉绿玢岩为黑绿色，具明显的辉绿结构，块状构造，质地十分坚硬，主要矿物成分为斜长石和辉石，风化面上斜长石常呈浅白色，斑状。

辉绿玢岩沿北北西向断裂呈岩墙状侵入于古老的侵入岩中，岩脉产状比较稳定，总体走向为北北西350°，倾向南西，倾角80°左右，延伸很远，从红门直达和尚庄北，岩脉长度达12千米以上。从南到北穿切早元古代的虎山二长花岗岩体、中天门石英闪长岩体、傲徕山二长花岗岩体、调军顶二长花岗岩体，以及新太古代的望府山英云闪长岩体和扫帚峪英云闪长岩体，在和尚庄与北东向辉绿岩脉交会并左行错切不发育"桶状构造"的北东向辉绿岩脉。脉体宽度变化较大，在红门处宽约60米，在斗母宫仅20米，在和尚庄约10米。辉绿玢岩的同位素年龄为1767Ma，属中元古代侵入岩。

值得指出的是，它一般都是以辉绿（玢）岩岩墙群出现，而在泰山只出现了一条辉绿玢岩岩脉和一条辉绿岩岩脉，延伸十几千米。据现有的资料，可能是华北陆块18亿～16亿年前裂解的产物，而且标志着华北古陆壳的固结形成。脉体两侧常伴有正长花岗岩，标志着前期构造岩浆旋回的结束。因此，它是泰山地区的关键性地质事件，具有极高的科学研究价值。

三、泰山侵入岩的成因特征

泰山太古宙—古元古代侵入岩的成因十分复杂。主要表现为不同时期侵入岩的岩浆来源不同、岩浆演化和分异情况不同、岩浆侵入的构造环境和方式不同导致的岩体产状和岩石类型及岩石系列不同、局部受后期变质变形作用改造的程度不同等5个方面。

（一）新太古代早期望府山期侵入岩的成因

望府山期的深成岩浆，是下地壳先存的基性变质岩和泰山岩群发生部分熔融，加上深部流体物质的涌入，组成幔壳混合源型岩浆，经演化分异后生成英云闪长质岩浆，并从古断裂带上升，沿先前形成的泰山岩群变质表壳岩系顺层侵位，呈岩基状产出，生成英云闪长岩系列。随后发生角闪岩相变质作用，以及遭受大规模近水平塑性流变和滑脱拆离构造变形作用的强烈改造，形成片麻状构造，并伴随 Na-Si 质流体的注入交代生成条带构造，演变成粗粒角闪斜长片麻岩和条带状黑云斜长片麻岩，使英云闪长岩变为具片麻状、条带状及宏观上具层状外貌的变质侵入岩。

（二）新太古代晚期大众桥期侵入岩的成因

新太古代早期形成的陆壳再次发生北东—南西向拉张作用，在张裂的构造环境下，幔源物质上涌并与陆壳重熔，生成幔壳源混合型的中酸性岩浆，并沿北西向剪切带侵位，呈岩基或岩株状产出。从早期到晚期依次形成石英闪长岩–英云闪长的岩石系列。这套岩石组合的化学成分，从早到晚，SiO_2、Al_2O_3、$Na_2O + K_2O$ 含量明显增加，MgO、CaO、$FeO + Fe_2O_3$ 逐渐降低，反映出它是较完整的同源岩浆演化序列，以及演化的亲缘性和连续性。该期侵入岩形成后，经历了低绿片岩相变质作用和韧塑性构造变形改造，使之广泛发育片麻理。

（三）古元古代傲徕山期侵入岩的成因

傲徕山期侵入岩是一套由二长花岗岩组成的岩石系列，其岩石结构由粗粒、中粒向细粒演化，具有一致的片麻状构造，演化的连续性十分明显，表现了它们是同源岩浆演化形成的产物，也反映了岩浆连续的脉动—涌动侵入特点。在大众桥期岩浆侵入之后，区内发生强烈的构造剪切作用下，深部的地幔热流上涌和流体加入，由先期形成的望府山期、大众桥期侵入岩组成的陆壳经过低熔组分交代和重熔方式，形成了壳源型的岩浆，然后在区域构造力作用下，并通过岩浆自身的膨胀或横向扩张，以底辟方式上侵、分异演化，以气球膨胀形式定位。侵入岩形成后，经低绿片岩相变质作用和构造变形的改造，生成了弱片麻状构造。

（四）古元古代中天门期侵入岩的成因

傲徕山期二长花岗岩系列形成以后，区内地壳进入了刚性化阶段，在拉张环境下地壳发生裂解形成东西向和北西向脆性断裂，幔源型的基性—中基性岩浆沿脆性断裂呈涌动—脉动式上升侵入。早期形成网脉状的普照寺闪长岩体，而后岩浆在上侵过程中有富硅富钾质物质加入，发生分异作用，形成了石英闪长岩和花岗闪长岩的岩床与岩株。从中天门期侵入岩由闪长岩–石英闪长岩–花岗闪长岩组成的岩石系列看，以及从石英等矿物含量逐渐增加，Si、K质的增加和Na、Ca、Mg、Fe质的规律性降低等方面看，均表现出同源岩浆分异演化的特点，此外岩石组构具典型的等粒结构和块状构造，也同样表现出岩浆具有在高热能环境中快速结晶的特点，这都说明中天门期侵入岩形成于一种刚性化地壳拉张裂解的构造环境。

第三节　变质作用

变质作用是研究泰山前寒武纪地质的重要内容，它在形成演化、成岩作用、空间分布方面的特点，是构成泰山前寒武纪地质总体特征的主要成分。

一、变质岩的总体特征

1）泰山岩石的变质作用十分显著和普遍。在泰山岩群变质岩系和众多侵入岩中都有表现，但变质程度的强弱有所不同。泰山岩群的变质程度强，变质特征显著，成为典型的火山–沉积变质岩。侵入岩中除了望府山英云闪长岩因受后期变质变形作用改造，成为具有变质岩外貌的变质侵入岩外，其余多数的侵入岩虽发生一定程度的变质，但仍基本上保持了原来侵入岩的面貌。

2）主要有区域变质作用和动力变质作用两种类型。后者主要是韧性剪切带产生的变质作用。区域变质作用波及的范围大，具有区域性，如泰山岩群变质表壳岩系；而动力变质作用波及的范围相对较小，局限于韧性剪切带的两侧地段，如扫帚峪英云闪长岩中形成的变晶糜棱岩，只限于和尚庄韧性剪切带的两侧，分布于扫帚峪—兴隆庄一线。

3）区内经历了3期区域变质和4期动力变质作用。有的岩系主要经历了区域变质作用，如泰山岩群；有的只遭受动力变质而末经历区域变质，如中天门期石英闪长岩；较多的岩体如大众桥期岩体和傲徕山期岩体，它们同时经历了区域变质和动力变质的叠加改造。

4）区域变质作用主要发生在中天门期石英闪长岩侵入以前，新太古代早期至古元古代初期。动力变质作用主要发生在扫帚峪岩体侵入以后，即新太古代晚期至古元古代。

5）区域变质的程度由深到浅，从高角闪岩相-低角闪岩相-绿片岩相-低绿片岩相，变质时的温度和压力也逐渐降低。动力变质从中构造层次—浅构造层次，变质时温度从高温到中高温，其中以浅构造层次的动力变质最为发育。

6）区域变质形成的变质岩主要有望府山英云闪长岩变成的条带状黑云斜长片麻岩、粗粒黑云角闪斜长片麻岩、泰山岩群斜长角闪岩、角闪岩、角闪变粒岩、黑云变粒岩和滑石绿泥透闪片岩等。动力变质形的岩石类型有变晶糜棱岩、糜棱岩等。

二、变质作用期次

泰山地区的变质作用主要为区域变质作用和动力变质作用，其中区域变质作用分为3期，动力变质作用分为4期，各期次的变质作用特征、形成的变质岩特征及变质年龄见表2-7。

表2-7　　　　　　　　　　变质作用期次表

类型	期次	变质作用特征	变质岩特征	年龄（Ma）
动力变质作用	第四期	中天门期糜棱岩化，并被红门辉绿玢岩侵入	生成中天门期糜棱岩	2400～1800
	第三期	傲徕山期二长花岗岩系列发生糜棱岩化，温度在400℃～500℃	生成傲徕山期糜棱岩	2500～2400
	第二期	大众桥期石英闪长岩发生糜棱岩化，温度在400℃～500℃	生成大众桥期糜棱岩	2500

（续表）

类型	期次	变质作用特征	变质岩特征	年龄（Ma）
动力变质作用	第一期	扫帚峪英云闪长岩遭受韧性剪切作用，温度在650℃以上	生成典型变晶糜棱岩	2700～2500
区域变质作用	第三期	傲徕山期二长花岗岩系列遭受低绿片岩相变质作用，温度为400℃～300℃	发生斜长石绢云母化退化变质现象，并伴随构造变形生成片麻状构造	2500
	第二期	大辛庄超基性侵入岩遭受低角闪岩-高绿片岩相变质作用	生成滑石绿泥石透闪片岩、阳起石岩、蛇纹岩	2530前后
		随后是大众桥期石英闪长-英云闪长岩系列遭受低绿片岩相变质作用，温度为400℃～300℃	斜长石绢云母化和绿帘石化，黑云母绿泥石化，并伴随构造变形作用，生成片麻状构造	
	第一期	表壳岩系的斜长角闪岩遭受高角闪岩相变质作用，其变质作用为温度550℃～525℃	生成普通角闪石＋斜长石＋石榴石的矿物组合，形成石榴斜长角闪岩	2700～2600
		泰山岩群和望府山英云闪长岩先后遭受低角闪岩-绿片岩相变质作用，其变质作用温度400℃～500℃	基性火山岩、凝灰岩变质形成细粒片状斜长角闪岩、角闪变粒岩和黑云变粒岩，形成望府山期条带状黑云斜长片麻岩和粗粒黑云角闪斜长片麻岩	

（一）区域变质作用的期次

1）新太古代早期变质作用首先表现为变质表壳岩系的斜长角闪岩遭受高角闪岩相变质作用，生成普通角闪石＋斜长石＋石榴子石的矿物组合，形成石榴斜长角闪岩，其变质作用温度为550℃～525℃。随后是泰山岩群和望府山英云闪长岩先后遭受低角闪岩-绿片岩相变质作用，使基性火山岩、凝灰岩变质形成细粒片状斜长角闪岩、角闪变粒岩和黑云变粒岩，望府山英云闪长岩变为条带状黑云斜长片麻岩和粗粒黑云角闪斜长片麻岩，其变质作用温度400℃～500℃。年龄为2700～2600Ma。

2）新太古代晚期变质作用首先表现为大辛庄超基性侵入岩遭受低角闪岩-高绿片岩相变质作用，变为滑石绿泥石透闪片岩、阳起石岩、蛇纹岩。随后是大众桥期石英闪长-英云闪长岩系列遭受低绿片岩相变质作用，斜长石绢云母化和绿帘石化，黑云母绿泥石化，并伴随构造变形作用，生成片麻状构造。变质作用温度为400℃~300℃。年龄为2530Ma前后。

3）古元古代早期变质作用表现为傲徕山期二长花岗岩系列遭受低绿片岩相变质作用，发生斜长石绢云母化退化变质现象，并伴随构造变形生成片麻状构造。变质作用温度为400℃~300℃。年龄为2500Ma左右。

（二）动力变质作用的期次

第一期变质作用表现为扫帚峪英云闪长岩遭受韧性剪切作用，生成典型变晶糜棱岩。糜棱岩化的扫帚峪英云闪长岩被大众桥期李家泉岩体所穿切，表明此期变质作用发生于扫帚峪英云闪长岩侵位之后和大众桥期侵入之前。在大众桥石英闪长岩及傲徕山二长花岗岩中见变晶糜棱岩包体，据此推断发生动力变质作用的时间为新太古代晚期（距今2700~2500Ma）。石英组构研究其变质温度在650℃以上。

第二期变质作用表现为大众桥期石英闪长岩发生糜棱岩化，并被傲徕山二长花岗岩侵入，表明此期变质作用发生于大众桥侵入岩侵位之后，傲徕山岩体侵位之前，其发生动力变质作用时间为新太古代末期（距今2500Ma）。石英组构研究表明变质温度在400℃~500℃。

第三期变质作用表现为傲徕山期二长花岗岩系列发生糜棱岩化，并被中天门石英闪长岩侵入，表明变质作用发生在傲徕山侵入岩之后，中天门侵入岩之前。判断此期动力变质作用时间为古元古代早期（距今2500~2400Ma）。石英组构研究表明变质温度在400℃~500℃。

第四期变质作用表现为中天门石英闪长岩局部遭受糜棱岩化，并被红门辉绿玢岩侵入。说明变质作用发生时间在中天门岩体侵入之后，其时代为古元古代晚期（距今2400~1800Ma）。

第四节　区域地质构造特征及地质发展史

泰山地处中国东部大陆边缘构造活动带的西部，位于华北地台鲁西地块鲁中隆断区内。处于沂沭断裂带以西、齐河－广饶断裂以南的鲁西地块，是华北地台的一个次级构造单元。泰山地区的地质构造十分复杂，褶皱和断裂都比较发育，既有太古宙—古元古代形成的构造，又有中新生代发育的构造，它们彼此叠加，相互改造，构成了极其复杂的构造面貌。主要有基底褶皱、韧性剪切带、断裂、重力滑动构造及新构造运动形成的构造等。

一、大地构造与构造层特征

根据各旋回的构造活动，可划分为：①前寒武纪构造层；②古生代构造层；③中生代构造层；④新生代构造层（喜马拉雅期）4个构造层，详细的地质构造演化见图2-13及表2-8。

表 2-8　　　　　泰山地质构造演化表

地质年代			地质发展阶段、构造期及构造运动			地质作用				年龄（Ma）
宙	代	纪（期）	地质发展阶段	构造期	构造运动	沉积作用	岩浆作用	构造作用	变质作用	
显生宙	新生代	第四纪	地壳隆升阶段	喜马拉雅	喜马拉雅运动	残坡积、洪积		断裂张性活动，泰前断裂强烈掀斜、新构造运动的差异性升降、发生重力滑动		— 65 —
		新近纪				洪、冲积、湖相沉积				
		古近纪								
	中生代	白垩纪	地台活化阶段	燕山	燕山运动		闪长玢岩	形成北东东向、北西向断裂、断块凸起和断块凹陷		— 205 —
		侏罗纪								— 250 —
		三叠纪		印支	印支运动			垂直升降作用		

（续表）

宙	代	纪（期）	地质发展阶段	构造期	构造运动	沉积作用	岩浆作用	构造作用	变质作用	年龄（Ma）
显生宙	古生代	二叠纪		华里西	华里西运动	海陆交互相含煤沉积		垂直升降作用		
		石炭纪								— 410 —
		泥盆纪								
		志留纪								
		奥陶纪	稳定地台阶段	加里东	加里东运动	陆表海碳酸盐岩、碎屑岩沉积				— 543 —
		寒武纪								
元古宙	新元古代	震旦纪		震旦	张广才岭运动					— 1000 —
		青白口纪		晋宁	晋宁运动					— 1800 —
	中元古代	蓟县纪		四堡	四堡运动					
		长城纪	基性岩墙侵入阶段				红门辉绿玢岩			
	古元古代	滹沱纪	陆壳完全克拉通化、刚性陆壳张裂阶段	吕梁	吕梁运动		摩天岭二长花岗岩 中天门期闪长岩 傲徕山期二长花岗岩	北西和近东西向脆—脆韧性断裂、北西向韧性剪切作用	低绿片岩相	— 2500 —
		吕梁期								
太古宙	新太古代	晚期（五台期）	陆壳增生和初步克拉通化阶段	五台	五台运动		大众桥期石英闪长岩-英云闪长岩 大辛庄、麻塔的超基性-基性侵入岩	北东—南西向挤压、北西向韧性剪切作用	低绿片岩相	— 2700 —
		早期（阜平期）	绿岩陆壳形成与改造阶段	阜平	阜平运动	（泰山岩群）基性-中性火山岩碎屑岩沉积	望府山期英云闪长岩 斜长角闪岩	塑性剪切、滑脱—拆离作用，近水平塑性流变	角闪岩相	— 2800 — ＞2900

硅铝质基底（？）

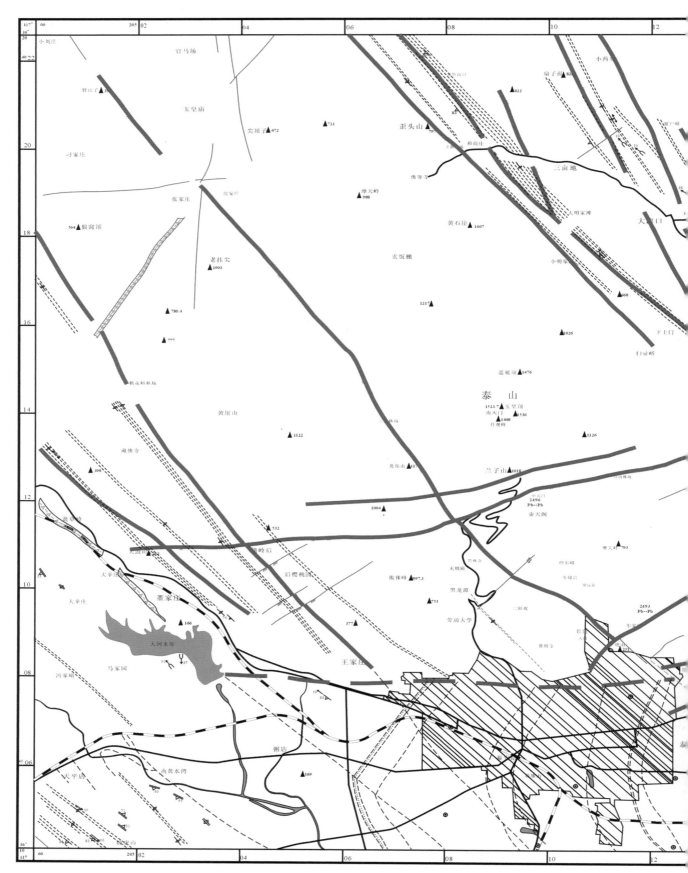

图2-13 泰山地区区域构造图（底图由原地质矿产部地质研究所提供）

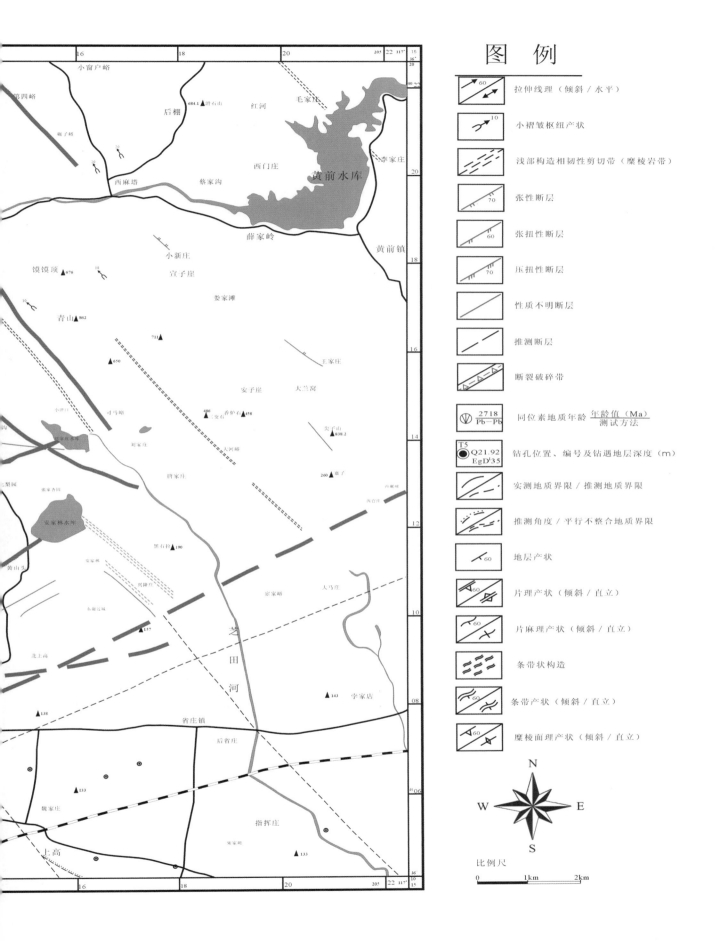

图 例

	拉伸线理（倾斜／水平）
	小褶皱枢纽产状
	浅部构造相韧性剪切带（糜棱岩带）
	张性断层
	张扭性断层
	压扭性断层
	性质不明断层
	推测断层
	断裂破碎带
	同位素地质年龄 年龄值（Ma）／测试方法
	钻孔位置、编号及钻遇地层深度（m）
	实测地质界限／推测地质界限
	推测角度／平行不整合地质界限
	地层产状
	片理产状（倾斜／直立）
	片麻理产状（倾斜／直立）
	条带状构造
	条带产状（倾斜／直立）
	糜棱面理产状（倾斜／直立）

比例尺

0   1km   2km

1.前寒武纪构造层

包括距今28亿～27亿年的阜平期、距今27亿～25亿年的五台期、距今25亿～18亿年的吕梁期、距今18亿～10亿年的四堡期、距今10亿～5.4亿年的晋宁—震旦期。整个前寒武纪构造过程中形成现今泰山及其周边出露的泰山岩群和不同期次的侵入岩体。这一时段形成了大型宽缓褶皱、韧性剪切带和断裂等构造。

（1）阜平期（距今2800～2700Ma）

大约在2800Ma年以前，古老陆壳裂开，生成北西向的裂谷型海槽，在其中先后发育了由拉斑玄武岩、科马提岩等基性—超基性火山岩和碎屑岩组成的基性组合型绿岩建造，继而发生绿片岩相-低角闪相变质作用形成泰山岩群（阜平运动Ⅰ）。

随后在距今2711～2700Ma前望府山期英云闪长岩侵入，它们一起在距今2700Ma前左右经历高角闪岩相变质作用和强烈的近水平塑性流变和滑脱-拆离构造变形作用改造，形成片麻状、条带状的层状岩系外貌，构成泰山的变质侵入岩（望府山片麻岩）；并在北东—南西向挤压下构成宽缓褶皱（阜平运动Ⅱ）。在此阶段的末期发生第一期北西向韧性剪切变形作用。

（2）五台期（距今2700～2500Ma前）

首先是表现为幔源型的基性、超基性岩浆侵入作用，形成大辛庄的滑石透闪片岩、阳起片岩和蛇纹岩及麻塔一带的角闪石岩，它们遭受高绿片岩相-低角闪岩相变质作用和构造变形作用（五台运动Ⅰ）。

随后发生大众桥期幔壳源混合型石英闪长岩-英云闪长岩系列的中酸性岩浆侵入（距今2613～2523Ma前），形成北西向展布的岩基和岩株（五台运动Ⅱ）。在此阶段末期发生第二期北西向韧性剪切变形作用。

（3）吕梁期（距今2500～1800Ma前）

首先发生陆壳岩石重熔，形成傲徕山期壳源型二长花岗岩系列侵位呈北西向展布的岩基（距今2561～2514Ma前），并遭受到构造变形的改造，生成北西向片麻理（吕梁运动Ⅰ）。之后发生第三期北西向韧性剪切变形作用，此后本区陆壳完全克拉通化。

中天门期幔源型岩浆沿刚性陆壳中的北西向和近东西向两组网状脆性断裂系统侵入（距今2494Ma前）（吕梁运动Ⅱ）。而后在中天门期幔源岩浆底侵作用

下，陆壳局部重熔，形成摩天岭二长花岗岩岩脉群（距今2493Ma前）（吕梁运动
Ⅲ），同时发生第四期北西向韧性剪切变形作用（图2-14）。

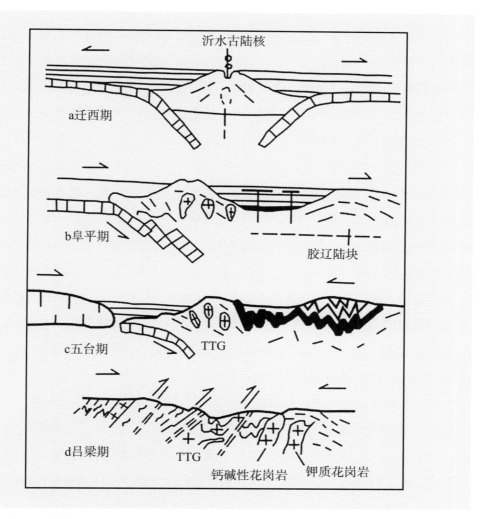

图2-14　鲁西早前寒武纪大地构造演化模式图（据宋明春等，2001）

（4）四堡期（距今1800～1000Ma前）

刚性陆壳在北北东—南南西向挤压构造作用下，再次发生张裂，基性岩浆沿
北北西和北东向两组断裂侵入，形成红门期的辉绿玢岩及其发育的"桶状构造"。

（5）晋宁—震旦期（距今1000～543Ma前）

泰山处于稳定隆升阶段，无沉积作用、岩浆作用和构造变形作用记录。

2.古生代构造层

包括距今5.4亿～4.1亿年的加里东期和距今4.1亿～2.5亿年的华力西期。

这一阶段伴随着海进和海退的交替变换，地质公园及其周边范围主要接受沉积物沉积，因构造抬升和风化剥蚀作用缺失部分地层。

（1）加里东期（距今543～410Ma前）

地壳由上升逐渐转为非均衡沉降，遭受由SE→NW的海水入侵，鲁西地区整体成为陆表海，接受寒武纪—奥陶纪的海相碳酸盐岩和碎屑岩沉积，形成了浅海陆棚沉积组合（长清群、九龙群、马家沟组）。晚奥陶世中期，加里东运动使鲁西地区上升为陆，没有接受沉积，长期遭受风化剥蚀，因此缺失上奥陶统（上部）、泥盆系、志留系及下石炭统。

（2）华里西期（距今410～250Ma前）

晚石炭世鲁西地区位于滨海地带，加之地壳振荡频繁，海水反复进退，因此形成了滨海沼泽、潮坪等相间出现的海陆交互相沉积，而后地壳上升进入大陆发展阶段。泰山地区内因风化剥蚀作用，缺失此构造层。

3.中生代构造层

包括距今约2.5亿～2.05亿年的印支期和距今2.05亿～0.65亿年的燕山期。印支期地壳隆升并遭受剥蚀，因后期的岩浆侵位导致该时期的构造层缺失，燕山期岩浆作用强烈。中生代构造以断裂构造为主，如龙角山断裂、泰前断裂、中天门断裂、云步桥断裂等均在此时期形成。

（1）印支期（距今250～205Ma前）

早三叠世鲁西地块北缘产生陆相盆地，沉积了少量河湖相碎屑组合（石千峰群刘家沟组）。中三叠世聊考断裂以东地区处于上升剥蚀状态，以西在临清坳陷中沉积了河湖相碎屑岩（二马营组）。在距今279～182Ma前，鲁西地块西北缘有幔源基性岩浆侵位（济南超单元）。区内缺失此构造层。

（2）燕山期（距今205～65Ma前）

在环太平洋板块强烈俯冲作用下，地块裂解，形成各种断裂并伴随少量岩浆（闪长玢岩）侵入，由北东东和北西向两组断裂组成"X"型断裂体系，构成泰山断块凸起和泰莱断块凹陷，奠定了泰山山体的基础和雏形。

4.新生代构造层

主要为距今230万～78万年的喜马拉雅构造期。构造作用表现为张性断裂活动，泰前断裂强烈掀斜、新构造运动的差异性升降，并发生重力滑动。

二、主要地质构造特征

泰山的地质构造十分复杂，褶皱和断裂都比较发育，既有前寒武纪形成的构造，又有中新生代的构造，它们彼此叠加，相互改造，构成了极其复杂的构造面貌。

1.前寒武纪构造

由前寒武纪侵入岩和残留的泰山岩群组成的基底，经历了多期的构造变形作用。新太古代早期，在水平挤压下发生近水平塑性剪切流变，形成顺层的柔流小褶皱及各种片理、片麻理构造。新太古代晚期，在北东—南西向挤压下，发生韧塑性推覆和走滑剪切，形成大型宽缓褶皱、韧性剪切带和断裂。古—中元古代，以韧脆性变形作用为主形成剪切带和脆性断裂。由于各期构造变形的彼此叠加和改造，目前只残留有少量的构造形迹，其原来的构造全貌难以恢复。

（1）褶皱构造

基底褶皱主要表现在泰山岩群变质表壳岩系和望府山期英云闪长质变质侵入岩中。目前观察到的有无根钩状褶皱、柔流褶皱和条带构成的宽缓褶皱等3种类型。

在天平店北山的泰山岩群斜长角闪岩中，以及在栗杭的望府山条带状黑云斜长片麻岩中，均可见到许多各种形态的无根钩状褶皱。

在大河水库南岸的泰山岩群薄层片状细粒斜长角闪岩中可见其形态比较规则完整的紧闭小褶皱。在望府山岩体条带状黑云斜长片麻中更发育有众多由条带构成的各种柔流小褶皱。

在青山、安子崖等地，泰山岩群斜长角闪岩和望府山岩体条带状黑云斜长片麻岩一起形成较开阔的褶皱，褶皱倾没方向为北西向，倾伏角为10°～30°。

泰山岩群在泰安市东部的化马湾—雁翎关一带组成轴向北西的复式向斜构造。东翼地层出露齐全，西翼被变质变形岩体破坏，泰山一带残留的斜长角闪岩为西翼雁翎关组，东翼雁翎关组向西南倾斜，核部为柳杭组。

（2）韧性剪切带

泰山的韧性剪切带，是发生在构造体制从韧性变形向脆性变形转化的太古宙末期，属于一种中高温变形环境条件下的剪切变形。它是20世纪80年代以后在区内新发现的一种重要的构造型式。自北东至南西有毛家庄、和尚庄、常家庄、卧虎山等4条韧性剪切带（图2-15）。

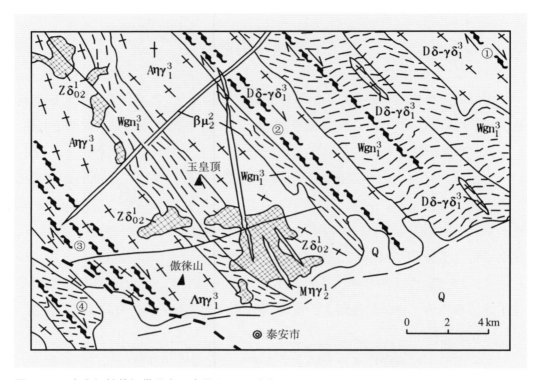

图2-15　泰山韧性剪切带分布示意图（据吕朋菊等，2002）

①毛家庄韧性剪切带；②和尚庄韧性剪切带；③常家庄韧性剪切带；④卧虎山韧性剪切带

　　毛家庄韧性剪切带　发育于泰山东北角，发生在线峪英云闪长岩中，宽约30米，北西向展布，糜棱面理近直立，拉伸线理近水平。原岩中没有包体，剪切带中也无脉体，韧性剪切构造岩中碎斑矿物组合与英云闪长岩的矿物组合相同，原岩与剪切构造岩具有相似的稀土配分模式，呈现出LREE轻度富集和弱的负铈异常。在仅仅30米的剪切带中就发育了两个强应变带和两个弱应变带。从表2-9、表2-10可以看出，剪切带内外化学成分差别较大，剪切带内岩石化学成分变化不大。应用O'Hara归纳的方法，对原岩与糜棱岩化岩石（初糜棱岩）、原岩与糜棱岩、糜棱岩化岩石（初糜棱岩）与糜棱岩做出成分变异等比线图。如图2-16a、b所示，糜棱岩化岩石及糜棱岩与原岩比较，K_2O、SiO_2呈增长趋势，MgO、CaO、Fe_2O_3等则减少，Al_2O_3、Na_2O、MnO位于等比线附近，以Al_2O_3为守恒，可以确定出相当于$C_i = 0.89C_i^0$的等比线，此线以上K_2O、SiO_2明显带入，其他组分位于此线之下，均有不同程度的带出。图2-16c则显示糜棱岩化岩石（初糜棱岩）与糜棱岩之间成分变化不大，基本位于等比线$C_i = C_i^0$附近（据王新社、庄育勋等，1999）。

第二章 安稳之基——地质特征与演化

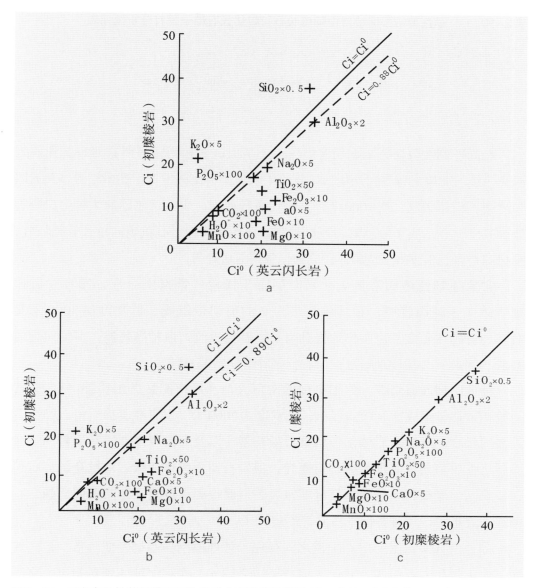

图2-16 毛家庄韧性剪切带岩石化学成分变异等比线图（据王新社、庄育勋等，1999）

表2-9 毛家庄韧性剪切带岩石化学平均成分表

岩性	样品数	SiO_2	TiO_2	Al_2O_3	Fe_2O_3	FeO	MnO	MgO	CaO	Na_2O	K_2O	H_2O^+	P_2O_5	CO_2
英云闪长岩（带外）	2	64.76	0.40	16.73	2.33	1.85	0.06	2.04	4.36	4.34	1.84	0.96	0.18	0.08
初糜棱岩	2	73.30	0.26	14.53	1.06	0.65	0.03	0.32	1.63	3.52	4.15	0.74	0.16	0.07
糜棱岩	5	72.92	0.25	14.96	1.07	0.65	0.03	0.40	1.58	3.56	4.15	0.82	0.16	0.08

089

表2-10　　　韧性剪切带糜棱岩中碎斑长石与粒化长石电子探针分析结果表

矿物成分	SiO$_2$	TiO$_2$	Al$_2$O$_3$	FeO	MnO	MgO	CaO	Na$_2$O	K$_2$O	总和	Si	Al^{IV}	Ti	Ca	Na	An
碎斑长石	60.14	<0.25	24.04	<0.16	<0.08		5.89	8.48	0.07	99.08	2.72	1.272		0.280	0.736	27.56
粒化长石	59.49	<0.25	24.08	<0.11	<0.13	0.18	6.23	8.56	<0.03	99.89	2.69	1.292	0.023	0.296	0.747	28.46

和尚庄韧性剪切带　北西向展布于大牛山口—和尚庄—明家滩—艾洼—兴隆庄一线。北段发育在大众桥岩体石英闪长岩中，南段发育于扫帚峪岩体英云闪长岩中，出露较宽，约1000米，为韧性右行剪切。中生代北西向大牛山口断裂叠加其上，在东店子除见其岩石被动割成薄板状构造、石英定向拉长等特征外，还见到它含有不少挤压透镜体，成为一条挤压破碎带。

常家庄韧性剪切带　呈北西向展布于横岭—常家庄一带，发育在傲徕山岩体二长花岗岩中，由多条几十米宽的剪切带组成，总宽度达2000米左右。岩石粒度变细，定向构造极其明显，石英拔丝构造相当普遍，剪切面理为310°～330°，拉伸线理近水平，右行平移剪切特征显著。

卧虎山韧性剪切带　位于泰山西南角大河水库南侧卧虎山和卧牛石一带，由数条剪切带组成，北西向展布，总宽度约2000米。发育在泰山岩群、卧牛石英云闪长岩、东近台岩体条带状英云闪长岩，以及虎山岩体二长花岗岩中。在不同岩性中剪切带表现虽有一定差异，但岩石切割成薄片状、颗粒变细、石英拉长定向、糜棱状结构等特征都非常显著，糜棱面理近直立，略倾向南西，拉伸线理近水平，具有右行平移剪切性质。

此外，在泰山望府山—上港之间存在一条规模巨大的韧性变形带，走向北西，由条带状岩石组成，有许多构造挤压透镜体，往东南延伸到泰安市化马湾一带，形成时间在距今2600Ma前左右。

（3）断裂构造

在古、中元古代发育的各种脆性断裂，主要表现为中天门期幔源型岩浆系列和红门辉绿岩沿脆性断裂侵入。如古元古代早期普照寺岩体细粒闪长岩沿脆性断裂系统呈网状侵入，中天门岩体石英闪长岩沿近东西向和北西向两组脆性断裂侵入。又如中元古代的红门辉绿玢岩脉和桃花峪辉绿岩脉呈岩墙状分别沿近南北向和北东向脆性断裂侵入。

2.中生代构造

泰山的中生代构造，以断裂构造为主。主要发育有北西向和北东东向两组，属于鲁西"X"型断裂体系中的两个重要组分。它们对泰山的形成及泰山的地貌格局起着主导性的控制作用（表2-11）。

表2-11 　　　　　　　　　　　　**泰山主要断裂特征简表**

断裂组	断裂名称	走向	倾向	倾角	结构面特征	其他特征
北西向	娄家滩断裂	320°	北东	80°	断层角砾岩、碎裂岩	形成沟谷，影像清晰
	大津口断裂	340°	南西	70°	断层角砾岩、片理化、断层泥	影像清晰
	大牛山口断裂	320°	南西	70°	断面缓波状、断层角砾岩、碎裂岩、挤压透镜体、铁化、硅化	形成沟谷，影像清晰
	歪头山断裂	320°	北东	62°	挤压面、擦痕、挤压透镜体	错切山头，影像清晰
	龙角山断裂	320°	南西	80°	碎裂岩、断层角砾岩、断层擦痕、蚀变	劈开山头，影像清晰
	樱桃园断裂	320°	南西	80°	断层角砾岩、破碎带	影像清晰
	大河水库断裂	310°	南西	85°	断层角砾岩、碎裂岩、断层泥、硅化、铁化	影像清晰
北东东向	泰前断裂	80°	南东	85°	断面舒缓波状、断层角砾岩、角砾压扁定向排列、碎裂岩、断层崖	地貌特征明显，影像清晰
	中天门断裂	75°	南东	80°	节理密集带、挤压透镜体	地貌特征明显，影像清晰
	云步桥断裂	80°	南东	85°	节理密集带、断层崖	地貌特征明显，影像清晰

（1）北西向断裂

该组断裂是在中生代近东西向水平作用下，利用原来前寒武纪北西向构造而形成发展起来的，兼有新老构造的特征，力学性质极其复杂，继承性明显。主要断裂有娄家滩断裂、大津口断裂、大牛山口断裂、歪头山断裂、龙角山断裂、樱桃园断裂、大河水库断裂等。断裂走向320°～340°，倾向多为南西，倾角60°～85°，产状比较稳定，连续性较好，断层带的宽度一般为50～100米。主断面常呈舒缓波状，常有花岗质岩脉和石英脉侵入其中，岩脉又遭受后期破坏形成断层角砾岩、扁豆体和片理化。断裂的两侧或一侧有糜棱岩或呈糜棱岩化。断裂的多期活动性明显，张、压、扭的特征均有。

娄家滩断裂　自北经西麻塔、娄家滩、至王家庄隐伏于第四系之下。沿320°方向延伸，倾向北东，倾角60°～80°。主要表现为张性形式，西部地段为倾向南西的压性断层，两侧均为望府山黑云斜长片麻岩。断层带宽约30米，由断层角砾岩、碎裂岩组成，蚀变强烈。在娄家滩东，见断裂东侧发育一组平行主断面的节理面和挤压透镜体，擦痕倾伏方向 100°，倾伏角 25°，具有左行压扭性质。

大津口断裂　自北向南经大津口至艾洼一带。切割条带状英云闪长岩、李家泉英云闪长岩，错断辉绿岩脉。断层走向 340°，断面倾向南西，倾角 50°～70°。断层带内断层角砾岩、片理化、断层泥、断层擦痕发育，硅化强烈，并见角砾被压扁和磨圆。断裂的多期活动性明显，兼有张、压、扭的性质。

大牛山口断裂　自大牛山口经和尚庄、豹家沟，过刘家庄水库为第四系覆盖，沿 310°～320° 方向延伸，宽约 40 米，主要发生在扫帚峪英云闪长岩及大众桥岩体石英闪长岩中，沿和尚庄韧性剪切带展布。断裂走向 320°，倾向南西，倾角 70°。断层带内发育角砾岩，角砾成分有糜棱岩、长英质角砾、硅铁质胶结，硅化、赤铁矿化显著。在东店子还见到断层带中发育的挤压扁豆体，有些地方在断裂中心部位见到断层泥。在和尚庄南将辉绿岩脉错切。

歪头山断裂　自北经歪头山、小明家滩，过扫帚峪为第四系所覆盖。断层带宽约 20 米，倾向 50°，倾角为 62°，挤压面和挤压透镜体发育，局部可见张性破碎带，地貌上将歪头山错切。

龙角山断裂　自北经龙角山、红门，过虎山为第四系所覆盖，沿 320° 方向斜贯全区，倾向南西，倾角 80°。断层带宽约 40 米，碎裂岩、角砾岩发育，蚀变强烈。地貌特征明显，把龙角山一劈为二。

樱桃园断裂　自西经北麻套、樱桃园，过王家庄隐伏于第四系之下，沿 320° 方向延伸，倾向南西，倾角 60°～80°，宽约 30 米，叠加在北西向韧性剪切带之上。断裂带内发育断层角砾岩，并有闪斜煌斑岩脉侵入，断层角砾岩又遭受切割，较为破碎。断裂多期活动性明显。

大河水库断裂　自西经黄草岭、大辛庄，至大河水库隐伏。沿 310° 方向延伸，发生在糜棱岩化二长花岗岩中。从断裂边部向中心为碎裂的二长花岗岩、碎裂角砾岩、硅质胶结角砾岩、断层泥。碎裂角砾岩的角砾成分复杂，主要为基性岩脉、石英脉。硅质胶结角砾岩的角砾多为糜棱岩、糜棱岩化二长花岗岩。断裂带硅化、赤铁矿化、碳酸盐化显著。

（2）北东东向断裂

该组断裂的总体走向为 70°～80°，倾向南东，倾角 80°～85°。主要有泰前断裂、中天门断裂、云步桥断裂等3条。它们平行展布呈阶梯式降落，形成泰山南坡三大台阶的自然景观。

纵观泰山的北西向和北东东向两组断裂发育情况，有以下的共同特点：

1）等距分布的规律比较明显；

2）断裂在前寒武纪的侵入杂岩中，常表现为节理密集带和碎裂岩带，以断层带的形式出现；

3）断裂具多期活动性，一直活动到现代；

4）断裂内部结构和力学性质都比较复杂，张、压、扭的特征都有，先张后压扭现象十分普遍；

5）以负地形出现，主断面不清楚，但断裂位置较容易确定。

3.重力滑动构造

在鲁西的广大地区，存在着由两个主滑脱层和9个次滑脱层、两个一级滑面和7个二级滑面及若干个三级滑面组成的多层次多级别重力滑动构造体系（吕朋菊等，1997）。泰山的重力滑动构造属于鲁西滑动构造体系下滑动系第一个主滑脱层中的重要组分（图2-17）。

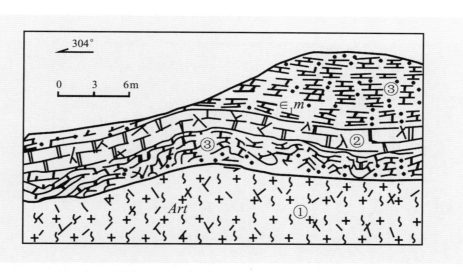

图2-17　张夏镇青杨东滑动构造剖面图（据吕朋菊等，2002）
①片麻状二长花岗岩；②中厚层含燧石条带白云质灰岩；③薄层泥质白云岩

（1）滑动构造的基本特征

滑动构造直接发育在不整合面上，滑动面就是不整合面。寒武、奥陶系为滑动系统，太古宇结晶基底为原地系统，呈上盘新下盘老的配置关系。滑动面产状比较平缓，呈缓波状，倾向北，倾角5°～10°。滑裂岩沿滑动面断续分布。滑裂岩的角砾成分主要是上覆寒武系底部灰岩的碎块，其次是下伏前寒武纪侵入岩的碎块，大小混杂，硅化强烈，质地比较坚硬。在灵岩寺见到的滑裂岩，其角砾成分主要是馒头组底部薄层泥质白云质灰岩并夹杂有少量下伏二长花岗岩的角砾，而且愈往下花岗岩角砾越多，磨圆度越好，此外，还有沿不整合面侵入的燕山晚期煌斑岩的碎块。

存在滑动构造所特有的碎屑岩墙。在馒头山，见寒武系馒头组含燧石条带白云质灰岩的碎屑岩直接插入下伏二长花岗岩中，同时还可见到下伏二长花岗岩挤入上覆灰岩小褶皱的核部。

滑动面上下盘的构造形态和构造变形程度显著不协调。上覆寒武系馒头组底部地层强烈变形，形成厚5～10米的揉皱破碎带，下伏结晶基底不参与滑动系统同步变形，仅发生挤压、破碎，形成碎裂岩，基本上保留原来的构造面貌。揉皱破碎带紧邻滑动面分布，具有一定的层位性，构造变形主要发育于不整合面上馒头组底部的中厚层含燧石条带白云质灰岩和薄层泥质白云质灰岩中，远离滑动面的岩层产状逐渐恢复正常。揉皱带的发育与岩石力学性质密切相关，薄层泥质白云质灰岩揉皱破碎强烈（图2-18），生成各种形态复杂的褶皱，而

图2-18　揉皱

图2-19 箱状褶皱

中厚层含燧石条带白云质灰岩只形成一些形态简单的宽缓褶皱。揉皱破碎带以褶皱为主，伴有众多的节理和小断层。褶皱的形态类型复杂多样，有宽缓的、紧闭的，有直立的、斜歪的、倒转乃至平卧的。此外，形态比较独特的箱状、隔挡式褶皱普遍发育，其中箱状背斜常常单独出现，很少连片产出（图2-19）。多数的褶皱轴面有规律地向北倾倒，具明显的指向性。

由于顺层滑动，使滑动面之上的寒武系馒头组底部有不同程度的地层缺失。一般缺失2~4个层位，缺失的最大厚度不超过10米。缺层程度的大小，在几十米至几百米的短距离范围内可以发生急剧变化，并且有自南向北缺层程度逐渐增大的趋势。

沿不整合面侵入的燕山晚期煌斑岩岩床，遭受滑动构造破坏，与围岩碎块同组成滑裂岩。

（2）滑动构造的成因机制

滑动构造形成的构造和岩性条件 中侏罗世以后，北西和北东东向两组断裂作用，形成泰山断块凸起。到古近纪，太平洋板块以近东西方向对中国东部强烈俯冲，使鲁西遭受东西向挤压的同时，产生近南北向的拉伸，致使泰山地区在新生代早期的南北向伸展作用十分显著，从而为此期间发生自南向北的重力滑动提供了有利的区域地质构造背景和巨大的区域动力来源。在近南北向伸展作用下，泰山断块凸起进一步掀斜，形成向北倾斜的单斜断块山系，为泰山地区滑动构造的发生提供了一个必不可少的原始斜坡和重力来源。控制泰山断块凸起的泰前断裂的多期活动性，以及区内新构造运动的间歇性上升活动，常引起地层持续地脉冲式颤动，成为发生重力滑动的一种诱发因素。上述中新生代的伸展作用背景、断块的掀斜活动、断裂多期活动的特点，在动力来源、重力斜坡、诱发因素等方面，为泰山地区重力滑动的孕育、发生和发展准备了十分理想的构造动力学条件。

泰山北侧寒武系和前寒武纪结晶基底间的角度不整合面，既是岩性差异悬殊的物性界面，又是一个构造不连续界面，是上下两套地层结合力最弱的薄弱面，加上不整合面上发育有能充当润滑层的粘土质岩层，因此，为泰山重力滑动提供了理想的岩性条件，不整合面是发生滑动的极为有利的层位。

滑动方向　泰山重力滑动的方向严格受断块产状所控制。作为滑动系统的寒武系—奥陶系，其地层产状总体向北倾斜，不整合面也是向北倾，呈一个向北倾斜的单斜构造，为滑动系统向北滑动提供了前提条件。

揉皱破碎带内的大多数小褶皱有规律地向北倾倒，指向性十分明显，为确定其向北滑动提供了可靠的依据。此外，滑面旁侧发育的各种节理、小断层等指向构造，也同样证明了其向北滑动的方向。

滑动时间　沿不整合面侵入的燕山晚期煌斑岩岩床，遭受滑动构造的破坏，其碎块成为滑裂岩的成分，从此推知泰山滑动构造发生在燕山晚期之后。古近纪是泰山断块凸起强烈掀斜、泰山大幅度抬升的时间，结合鲁西区域地质构造资料，泰山滑动构造形成时代定为古近纪初期。

泰山下古生界与前寒武纪结晶基底不整合面重力滑动构造的发现，说明重力构造的普遍性，并揭示了岩石圈具有层层剥离滑脱的性质。同时，为鲁西构造研究开辟了一个新的领域，增添了鲁西构造的新内容。可以预示，这种重力滑动构造类型，不仅在鲁西乃至中国东部都有存在的可能性。

4.新构造运动

泰山的新构造运动普遍而强烈，对泰山的山势和地形起伏及各种侵蚀地貌形成起着根本性的控制作用，对泰山的雄、险、奇、秀、幽、奥、旷等自然景观产生深刻而重大的影响。

（1）泰山新构造运动的主要表现

中生代形成的各组断裂在新生代重新活动，表现得十分活跃，发生强烈的张性活动。如泰前断裂是一条典型的活动断裂。

在古近纪，泰山的重力作用所发生的重力崩塌、重力滑动等现象十分显著。在泰山周围的下古生界与前寒武纪结晶基底不整合面上形成了非常典型的重力滑动构造。

泰山从古近纪开始发生大幅度抬升，形成了今日泰山的基本轮廓。据测算在近100万年的时间里，泰山的总上升量达500米左右，目前仍以0.5毫米/年的速度在继续抬升。

泰山在古近纪大幅度隆起遭受风化剥蚀的同时，其南侧的山前盆地不断下沉，接受了2000多米厚官庄组的山麓相砂砾岩快速沉积。

泰山的侵蚀切割作用十分强烈，其切割的最大深度可达500～800米，形成了各种侵蚀地貌和众多的深沟峡谷、悬崖峭壁、奇峰异景。

（2）泰山新构造运动的基本特点

新构造运动的方向以垂直升降为主。泰山的大多数断裂在新近纪都发生了比较强烈的张性活动，表现为正断层形式和特征。以北东东向泰前断裂为例，其北盘不断上升成为起伏的山地，遭受剥蚀，南盘不断下降成为盆地，接受沉积，其最大落差达2000余米，是一条具同生性质的活动断裂。泰山大幅度的不断隆起，垂直侵蚀切割作用强烈，深切河谷和陡崖奇峰发育，保留了三级夷平面等，均反映了泰山新构造运动垂直活动的特征。

新构造运动的阶段性和间歇性十分明显。泰山地区发育的三级夷平面、三折谷坡、三级阶地、三级溶洞和三叠瀑布等微地貌景观，以及谷中谷、扇中扇的现象，可以看出泰山的新构造运动经历过强烈上升阶段和相对稳定阶段的多次交替，带有脉动式振荡的性质。泰山自新近纪以来，至少有过3次较明显的上升。

新构造运动的差异性显著。主要表现在水平和垂直方向的新构造运动上升量的不等量性。从南北方向看，泰山南坡的上升量比北坡大，侵蚀强度南强北弱，地貌上南坡比北坡陡峻。从东西方向看，以大牛山口断裂为界，西部上升量大，侵蚀切割强，地形陡峻，东部上升量相对较小，侵蚀切割强度较弱，地形比较平缓。从分布的三级阶地、三级溶洞和三折谷坡的测算结果看，各级相对高差都有较大的变化，说明不同时间不同地点及同一地点不同时间地壳的上升量不等同。新构造运动这种差异性和不均衡性，对泰山复杂多变的地貌景观产生深刻的影响。

就泰山主体而言，规模巨大的北东东向泰前断裂活动，为泰山新构造运动的发展提供了直接动力来源，起到了直接的控制作用。

泰前断裂的多次活动性表现出新构造运动的阶段性和间歇性，该断裂沿走向落差大小变化控制着新构造运动东西方向上升量的差异，断裂的活动强度控制着新构造运动的上升幅度，断裂的掀斜作用控制着新构造运动的南北差异。

了解泰山形成及其自然景观和新构造运动的关系，掌握新构造运动的规律和特点，对进行泰山地壳变形研究，对泰山旅游资源的保护利用都有非常现实的指导意义。

三、区域地质发展史

本区的地质发展史分为两个主要的阶段：前寒武纪地质演化和显生宙地质演化。

1.前寒武纪地质演化

（1）新太古代早期绿岩陆壳形成与改造阶段

大约在2800Ma年以前，古老陆壳裂开，形成北西向的裂谷型海槽，在其中发育了由拉斑玄武岩、科马提岩等基性—超基性火山岩和碎屑岩组成的基性组合型绿岩建造，继而发生绿片岩相—低角闪岩相变质作用，形成泰山岩群。随后在距今2770～2700Ma前望府山期英云闪长岩侵位，它们一起在距今2700Ma前左右经历高角闪岩相变质作用和强烈的近水平塑性流变和滑脱–拆离构造变形作用改造，形成片麻状、条带状的层状岩系外貌，构成泰山的变质侵入岩，并在北东—南西向挤压下构成宽缓褶皱。此阶段的末期发生第一期北西向韧性剪切变形作用。

（2）新太古代晚期陆壳增生和初步克拉通化阶段

首先表现为幔源型的基性、超基性岩浆侵入作用，形成大辛庄的滑石透闪片岩、阳起片岩和蛇纹岩以及麻塔一带的角闪石岩，它们遭受高绿片岩相–低角闪岩相变质作用和构造变形作用。随后，在距今2613～2523Ma前期间发生大众桥期幔壳源混合型石英闪长岩–英云闪长岩系列的中酸性岩浆侵位，形成北西向展布的岩基和岩株。在此阶段末期发生第二期北西向韧性剪切变形作用。

（3）古元古代陆壳完全克拉通化和刚性陆壳张裂阶段

首先发生陆壳岩石重熔，形成傲徕山期壳源型二长花岗岩系列呈北西向展布的岩基（距今2561～2514Ma前），并遭受到构造变形的改造，形成北西向片麻理。之后发生第三期北西向韧性剪切变形作用。此后本区陆壳完全克拉通化。中天门期幔源型岩浆沿刚性陆壳中的北西向和近东西向两组网状脆性断裂系统侵入（距今2494Ma前）。而后在中天门期幔源岩浆底侵作用下，陆壳局部重熔，形成摩天岭二长花岗岩岩脉群（距今2493Ma前），同时发生第四期北西向韧性剪切变形作用。

（4）中元古代基性岩墙侵入阶段

刚性陆壳在北北东—南南西向挤压构造作用下，再次发生张裂，基性岩浆沿北北西和北东向两组断裂侵入，形成红门期的辉绿玢岩，并发育了特殊的"桶状构造"。

中、新元古代，泰山处于稳定隆升阶段，无沉积作用、岩浆作用和构造变形作用记录。

2.显生宙地质演化

（1）古生代稳定地台阶段

地壳以垂直升降为主。早古生代发生海侵，形成陆表海，接受寒武纪—奥陶纪的海相碳酸盐岩和碎屑岩沉积。中奥陶世末，地壳整体抬升为陆，没有接受沉积。至晚古生代中石炭世，地壳发生缓慢地沉降，接受了海陆交互相的含煤岩系沉积。此后，地壳上升进入陆地发展阶段。

（2）中生代地台活化阶段

在环太平洋板块强烈俯冲作用下，地块裂解，形成各种断裂并伴随少量岩浆（闪长玢岩）侵入，由北东东和北西向两组断裂组成"X"型断裂体系，构成泰山断块凸起和泰莱断块凹陷，奠定了泰山山体的基础和雏形。

（3）新生代地壳隆升阶段（喜马拉雅期）

从古近纪开始，北东东向的泰前断裂发生强烈掀斜，泰山大幅度抬升并遭受剥蚀，形成了泰山的基本轮廓，南侧的泰莱盆地接受了古近纪山麓相洪积物的快速沉积（图2-20）。新构造运动普遍强烈，进一步塑造了泰山的自然景观面貌。此外，在泰山北侧形成了掀斜断块式的不整合面重力滑动构造。

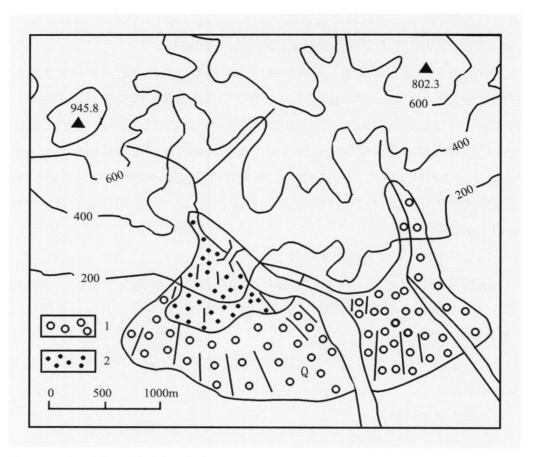

图2-20　泰山山前大众桥南扇中扇地形（据张明利等，2000）

1—砾石层；2—砂石层

第五节　泰山之沧海桑田

　　泰山在长期的演变过程中，经受了泰山运动、加里东运动、华里西运动、燕山运动和喜马拉雅运动等5次大地壳运动的强烈变革，经历了地壳发展历史太古宙、元古宙、古生代、中生代和新生代等5个主要阶段的改造，真可谓几度沉浮、几经沧桑。今日的泰山不是太古宙的古老隆起，而是一个中新生代的掀斜断块凸起，燕山运动奠定了山体的基础，喜马拉雅运动改造了山体的基本轮廓，著名的泰前断裂活动塑造了泰山今天的自然景观面貌。

相对地质年代			同位素地质 年龄（Ma）	生物演化	
宙(宇)及代号	代(界)及代号	纪(系)及代号		生物演化事件（Ma）	代表种类
显生宙(宇)PH	新生代(界)Cz	第四纪(系)Q	1.8或2.6	←人类开始制造石器(2.6)	人
		新近纪(系)N	23.03	←人类出现(4.5)	
		古近纪(系)E	65.5	←恐龙灭绝(65)	哺乳动物
	中生代(界)Mz	白垩纪(系)K	145.5		恐龙
		侏罗纪(系)J	199.6	←哺乳动物出现(200)	
		三叠纪(系)T	251.0	←生物大灭绝(251)	鱼石螈(两栖类)
	古生代(界)Pz	二叠纪(系)P	299.0		
		石炭纪(系)C	359.2		甲胄鱼
		泥盆纪(系)D	416.0	←动物登陆(400)	
		志留纪(系)S	443.7	←植物登陆(420)	震旦角石
		奥陶纪(系)O	488.3		三叶虫
		寒武纪(系)Є	542.0	←原始脊椎动物出现(520)	
元古宙(宇)PT	新元古代(界)NP	震旦纪(系)Z	680		
		南华纪(系)Nh	850	←后生动物出现(800)	
		青白口纪(系)Qb	1000	←后生植物出现(900)	腔肠动物 (埃迪卡拉动物群)
	中元古代(界)MP		1600		
	古元古代(界)PP		2500	←真核细胞生物出现(1900)	丝状细菌
太古宙(宇)AR			4000	←菌藻类化石记录(3500)	
冥古宙(宇)HD			4600	←生命起源(3800)	

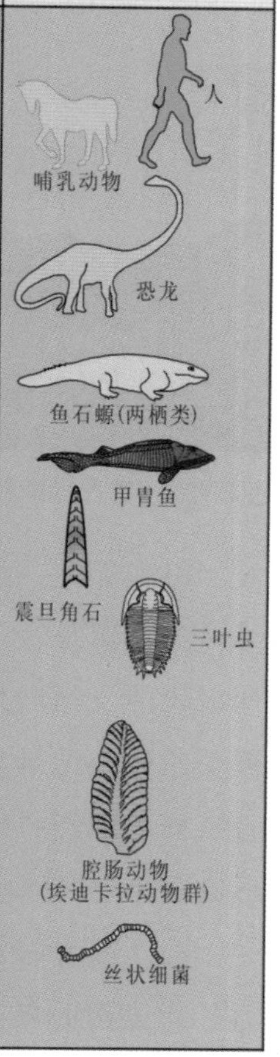

图2-21　国际地质年代表

一、地球历史之演变

地球走过了46亿年漫长的岁月，一直处于不停的运动之中，虽然有相对平静的时期，但却经历了沧海桑田的巨变，地球的面貌不断发生改变。

细菌、藻类、硬壳生物、脊椎动物、两栖类、爬行类先后出现。强势的恐龙是中生代的统治者，在恐龙灭绝后的新生代，哺乳类逐渐繁盛，最后演化成现代人类，这一连串精彩故事都埋藏在珍贵的化石里。让我们细心发掘，重新探索地球生命的演化历程吧（图2-22～35）！

1.冥古宙（46亿～40亿年前）

有些科学家称为地球的天文时期，或地球的前地质时期，或前太古宙，或原太古宙。这一时期地球历史包括原始地壳、原始陆壳的性质和形成及原始生命的形式和出现等复杂的问题。

图2-22　冥古宙景观复原图

图2-23　太古宙景观复原图

2.太古宙（40亿～25亿年前）

太古宙是古老的地史时期。从生物界看，这是原始生命出现及生物演化的初级阶段，当时只有数量不多的原核生物，如细菌和低等蓝藻，它们只留下了极少的化石记录。从非生物界看，太古宙是一个地壳薄、地热梯度陡、火山—岩浆活动强烈而频繁、岩层普遍遭受变形与变质、大气圈与水圈都缺少自由氧、形成一系列特殊沉积物的时期。

3.元古宙（25亿～5.4亿年前）

元古宙时藻类和细菌开始繁盛，是由原核生物向真核生物演化、从单细胞原生动物到多细胞后生动物演化的重要阶段。叠层石始见于太古宙，而古元古代时出现的第一个发展高潮。在中国北部的串岭沟组中发现属于17亿～16亿年前的丘阿尔藻的化石，这是已发现的最老的真核细胞生物。元古宙晚期，无脊椎动物偶有发现。

图2-24　水母生物景观复原图

图2-25　埃迪卡拉动物群复原图

4.古生代（5.4亿～2.5亿年前）

（1）寒武纪（5.42亿～4.88亿年前）

寒武纪是现代生物的开始阶段，是地球上现代生命开始出现、发展的时期。寒武纪以三叶虫繁盛为特征，常被称为"三叶虫的时代"。在寒武纪的初期，各类生物大量出现，常称为寒武纪生物大爆发。

图2-26　寒武纪生物大爆发示意图　　　　图2-27　奥陶纪生物复原图

（2）奥陶纪（4.88亿～4.43亿年前）

奥陶纪是地史上大陆地区遭受广泛海侵，火山活动和地壳运动比较剧烈的时代，也是气候分异、冰川发育的时代。奥陶纪是海生无脊椎动物真正达到繁盛的时期，出现了大量的软体动物角石等动物。在距今4.4亿年前的奥陶纪末期，发生地球史上第一次物种灭绝事件，约85%的物种灭亡。

（3）志留纪（4.43亿～4.16亿年前）

随着大陆面积显著扩大，生物界也发生了巨大的演变，半索动物笔石大量繁盛。志留纪后期出现大面积海退，植物也开始登上陆地，从此改变了陆地荒凉的景观。后期动物也开始登陆。

图2-28　志留纪景观复原图

（4）泥盆纪（4.16亿～3.59亿年前）

早期裸蕨繁茂，中期以后蕨类和原始裸子植物出现。无脊椎动物除珊瑚、腕足类等继续繁盛外，还出现了原始的软体动物菊石和昆虫。脊椎动物中的甲胄鱼、盾皮鱼、总鳍鱼等空前发展，故泥盆纪又有"鱼类时代"之称。在距今约3.65亿年前，发生了地球史上第二次物种灭绝事件。

图2-29　泥盆纪生物景观复原图

（5）石炭纪（3.59亿～2.99亿年前）

石炭纪时陆地面积不断增加，气候温暖、湿润，陆生生物空前发展。大规模的蕨类植物发展为成煤创造了条件，是重要的成煤时期，陆地上有两栖类动物活动。

图2-30　石炭纪生物景观复原图

（6）二叠纪（2.99亿~2.51亿年前）

随着构造运动的加剧、陆地面积的进一步扩大、海洋范围的缩小，蕨类植物、两栖类和原始的爬行类繁盛。在该阶段的末期发生了第三次生物大灭绝，是有史以来的最大生物灭绝事件，90%的海洋生物和70%的陆地脊椎动物灭绝。

图2-31　二叠纪生物景观复原图

5.中生代（2.5亿~0.65亿年前）

（1）三叠纪（2.5亿~1.99亿年前）

这是爬行动物和裸子植物崛起的时期。气候较为干旱，后期转湿热，称霸一时的恐龙开始繁盛，原始的哺乳动物开始出现。在该阶段的末期发生了第四次生物大灭绝，约有76%的物种灭绝。

图2-32　三叠纪生物景观复原图

（2）侏罗纪（1.99亿～1.45亿年前）

这是一个恐龙统治的时代，各种草食性恐龙大量发展，体型巨大。陆生的裸子植物发展到极盛期，翼龙类和鸟类出现。

图2-33　侏罗纪生物景观复原图

图2-34　白垩纪生物景观复原图

（3）白垩纪（1.45亿～0.65亿年前）

这一时期地球变得温暖、干旱。开花植物出现，各类恐龙继续发展，天空中有翼龙类，肉食性恐龙达到空前繁盛，统治着陆地。在该阶段的末期发生了第五次生物大灭绝，大部分恐龙消失，小型兽脚类恐龙演化成现代的鸟类。

6.新生代（0.65亿年前至现今）

新生代是地球历史上最新的一个地质时代，以哺乳动物和被子植物的高度繁盛为特征，后期人类出现，并发展至今。气候发生了剧烈的变化，冷暖交替，冰川扩展，并形成了两极冰盖。

图2-35　新生代生物景观复原图（注：此节图片来自网络）

二、泰山形成的年代与阶段

泰山是怎样形成的？它有多大年龄？长期以来，泰山形成有20多亿年的说法，在山东省内外广为传播。在19世纪80年代山东省报刊发表的有关文章中，也有泰山形成于距今约25亿年和40亿年前的说法。

吕朋菊（1984）从地质的角度对泰山的形成进行研究，认为泰山不是一个古隆起，而是晚期形成的一个断块凸起，今日的泰山不是形成于太古宙，其年龄没有20亿年。其雏形始于中生代或新生代初（距今1亿年左右），其基本轮廓形成于新生代中期，其年龄从雏形算起，只有1亿年左右，如从基本轮廓形成算起，才不过3000万年。他提出，泰山的变质岩形成于太古宙，岩石的年龄为25亿年左右，是对的；但是泰山的形成和组成泰山的岩石的形成，不是一回事，两者不能混为一谈。

泰山作为地壳发展某一阶段的产物，它的形成经历了一个漫长而复杂的演变过程，大体上可分为古泰山形成、海陆演变、今日泰山形成3个阶段（图2-36）。

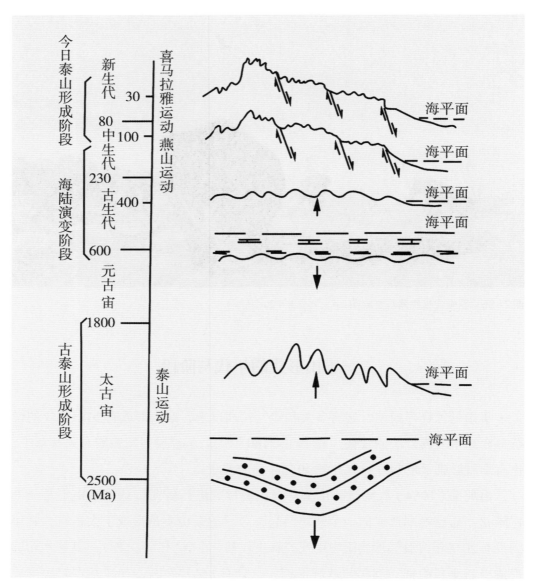

图2-36　泰山形成演变阶段示意图（吕朋菊，1984）

1.古泰山形成阶段（距今2500Ma以前）

大约在新太古代初期，即距今2800Ma前，古老陆台裂开，形成巨大的凹陷带（海槽），沉积了巨厚的超基性—基性火山岩和杂砂质火山碎屑岩（泰山岩群）。在距今2500Ma前后，鲁西地区发生过一次强烈的造山运动（泰山运动或五台运动），原先沉积的岩层褶皱隆起形成巨大的山系，古泰山就是这些山系的一部分，耸立在海平面之上，同时伴随着岩层的褶皱隆起，产生了一系列断裂及大量中酸性岩浆的侵位和区域变质作用，从而逐渐形成了今日见到的表壳变质岩系和分布广泛的闪长岩、花岗岩类的古老侵入杂岩体。同位素年龄为2500～3000Ma。

2.海陆演变阶段（距今600～200Ma前）

耸立在海平面上的古泰山，经过1800～1900Ma的长期风化剥蚀，地势渐趋平缓。古生代初期，华北广大地区大幅度下降，海水侵入，古泰山也随之沉没到海平面以下。整个华北包括鲁西在内，当时是一片汪洋大海，于是在古泰山的"泰山杂岩"风化剥蚀面上，沉积了一套近2000米厚的海相地层，即寒武系—奥陶系的石灰岩和页岩。

中奥陶世末，在加里东运动影响下，鲁西和整个华北又缓慢地整体上升为陆地，缺失了晚奥陶世、志留纪、泥盆纪、早石炭世的沉积。及至中石炭世初，发生过短暂的升降交替，鲁西处于时陆时海的环境，在中奥陶统的风化剥蚀面上，沉积了中、晚石炭世的海陆交互相含煤地层。而后鲁西又持续上升，进入大陆发展阶段。在此段时间，泰山地区的地势高差不大，基本上是丘陵地形。

3.今日泰山形成阶段（距今100～30Ma前）

中生代晚期（距今100Ma前左右），在燕山运动影响下，泰山南麓产生了数条NEE向高角度正断层，其中最南面一条，就是泰前断裂。处于断裂北盘的古泰山，一方面不断掀斜抬升隆起，另一方面又遭受各种风化剥蚀，最后在山体的高处，把原来覆盖在古老泰山杂岩上的2000米厚的沉积盖层全部剥蚀掉，先前形成的"泰山杂岩"才又得以重新出露于地面，从而开始形成今日泰山的雏形。

新生代期（距今70～60Ma前），在喜马拉雅运动的影响下，泰山继续大幅度抬升，到新生代中期（距今30Ma前左右），今日泰山的总体轮廓基本形成。经过后来的长期风化剥蚀，以及各种外力地质作用的改造，才逐渐地形成今日泰山的面貌景观。

三、泰山的形成演化模式

泰山作为一个年轻的断块山系，是泰山山前断裂北盘于新生代不断掀斜抬升的结果。其雏形始于中生代末或新生代初，基本轮廓形成于新生代中期，年龄仅30Ma左右，是新生代构造运动的产物。新构造运动对在泰山的形成过程中起着决定性作用，与泰山的各种地貌景观有着密切的成生联系（张明利等，2000）。

中生代末期，在燕山运动的影响下，在泰山南麓产生数条NEE向断裂，其中最南面的一条就是泰山山前断裂。泰山山前断裂北盘的古泰山，一面不断隆起抬升，一面遭受风化剥蚀，最后把原来覆盖在山体高处的古老变质岩之上的寒武纪—奥陶纪沉积盖层全部剥蚀掉，使2000Ma以前形成的变质杂岩得以出露地表，从而开始形成今日泰山的雏形。新生代期间，在喜马拉雅构造运动的影响下，泰山沿山前断裂带继续大幅度抬升，直至新生代中期，即距今30Ma左右，今日的轮廓才基本形成。后来在各种外营力作用下，不断遭受侵蚀、切割和风化，才逐渐塑造成今日雄伟壮丽的泰山地貌景观（吕朋菊等，1995）（图2-37）。

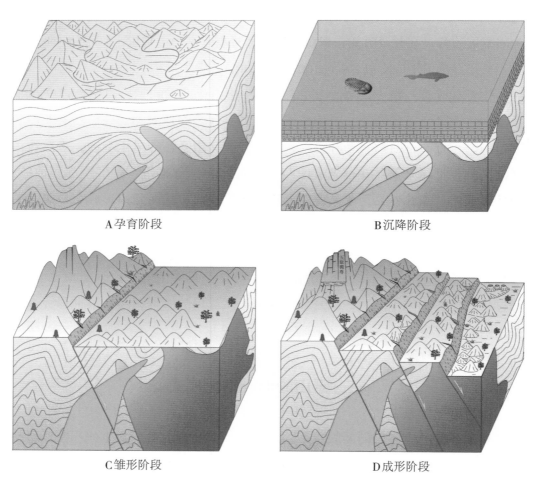

A孕育阶段   B沉降阶段

C雏形阶段   D成形阶段

图2-37 泰山形成演化模式图

第六节 矿产资源

　　泰安市矿产资源丰富，具有储量大、品位高、分布较广的特点，在地域或品种搭配上比较合理。现已探明的地下金属、非金属和稀有贵重金属矿藏有煤、铁、铜、钴、金、铝土、石英石、蛇纹石、石膏、岩盐、钾盐、自然硫、钾长石、石棉、水泥石灰岩、花岗岩、大理石、陶土、耐火粘土等50个品种，占全省固体矿产储量的50%左右。其中硫为全省所独有。而泰山不仅有雄伟的山势、众多的文物、秀丽的风光、古老的岩石，还蕴藏着比较丰富的矿产资源。泰山及其周围，迄今已经发现的矿产种类（含亚矿种）达63种，占山东省发现矿种总数的42%。按照矿产大类划分，其中能源矿产4种，金属矿产14种，非金属矿产43种，水气矿产2种。目前，已查明有资源储量的矿产41种，约占已发现矿种总数的65%，约占山东省查明有资源储量矿产总数的40%。按矿产大类划分，能源矿产3种，金属矿产7种，非金属矿产29种，水气矿产2种（图2-38）。

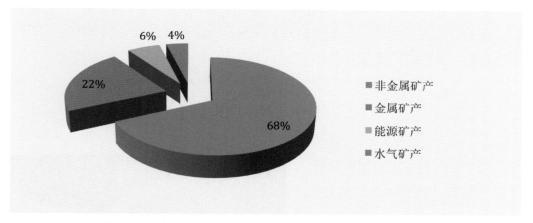

图2-38　泰安市各类矿产比例图

　　作为第一能源的煤炭，储量丰富，分布在泰山周围的肥城、新汶、莱芜和宁阳等4个煤田，是山东省的主要煤产地之一。接触交代型的铁矿，分布在泰山的东麓及其南侧，其富铁矿石量多质优，是山东省最大的富铁矿产地，为泰山地区黑色冶金工业发展提供了雄厚的物质基础。泰山南部的大汶口一带，埋藏有全国闻名的石膏、石盐、自然硫的沉积型大型矿床，为建立现代化学工业基地准备了充足的资源。盛名国内外的优质建筑石材，使泰山成为建材工业之乡。作为工艺美术原料的大汶口"燕子石"（图2-39）、张夏镇"木鱼石"（图2-40），在全国享有盛名。

图2-39　大汶口"燕子石"　　　　　　　　图2-40　张夏镇"木鱼石"

　　泰山矿产资源的形成和分布，与泰山的演化过程密切相关。根据矿产的成因和形成条件，分为沉积矿产、外生矿产和变质矿产。在太古代的泰山杂岩中，形成多种多样的建筑石材，以及麦饭石、长石、石英岩等变质矿产。在古生代时期，形成煤、铝土、石灰石等沉积矿产。中生代形成了富铁矿、铜、钴、重晶石等内生矿产。新生代形成了石膏、石盐及自然硫等沉积矿产。现将泰山地区主要的矿产简介如下：

一、沉积矿产

　　煤　分布在泰山南部的肥城、新汶、莱芜、宁阳等4个煤田中，成煤时代为石炭纪—二叠纪，可采煤层主要位于石炭系太原组和二叠系山西组，储量丰富，煤质好（图2-41），多为优质的气、肥煤。

　　铝土　多分布在泰山南面的　　　　　图2-41　煤

新泰、宁阳等地，产出在石炭纪—二叠纪的煤系地层中，储量近400万吨。

耐火粘土 多分布在泰山东麓的莱芜和南面的新泰等地，产出在石炭纪—二叠纪的含煤地层中，常作为煤层的顶、底板或夹层出现。

石盐 分布在泰山南麓大汶口盆地内，是古近纪沉积形成的矿床（图2-42），矿层产出在古近系官庄组的中部，含矿层多达几十层，总厚度达百余米，含矿面积大，储量丰富，约80亿吨。

图2-42 石盐

石膏 分布在泰山南麓大汶口盆地内，是古近沉积形成的矿床，矿层产出在古近系官庄组的中上部。矿体呈层状，似层状，大透镜体状。石膏含量较富。矿石主要由石膏组成（图2-43），含少量硬石膏及白云石、方解石，矿石类型有块状石膏、条带状石膏、雪花状石膏、角砾状石膏及纤维状石膏等。含矿面积广，矿层多，厚度大，储量丰富，达300多亿吨，为国内特大型优质矿床。

图2-43 石膏

图2-44 自然硫

自然硫 分布在泰山南麓大汶口盆地朱家庄一带，成矿时代为古近纪，矿层产出在古近系官庄组的中上部，常与石膏矿层呈互层状产出，矿层薄而层数多，可划分为3个矿带，期间为两个泥灰岩带所间隔（图2-44）。

含硫品位不等。矿石结构以晶质结构为主，其次为隐晶质结构。矿石类型有自然硫页状泥灰岩型、自然硫泥灰岩型，以及自然硫石膏型、自然硫油页岩型、自然硫砂岩型等。含矿面积达160多平方千米，储量40多亿吨，居全国第

图2-45　石灰石

灰岩和水泥灰岩（图2-45）。

一位，是我国首次发现的沉积型自然硫特大型矿床。

石灰石　在泰山主要山体的周围均有分布，产出在寒武纪—奥陶纪的碳酸盐岩地层中，面积广，储量大，且裸露地表，易于开采，是理想的建筑材料，其中质量好且达到工业要求的石灰石，可作为熔剂

"**木鱼石**"　是寒武系下部的一种紫红色含粉砂质泥岩，在泰山周围寒武纪的地层中都有分布，目前多处开采制作各种工艺品。

"**燕子石**"　分布在大汶口等地，产出在上寒武统崮山组中，是一种含三叶虫化石的泥质灰岩，目前多处开采，用来制作各种工艺品。

二、内生矿产

铁　有两种矿床类型：一是接触交代型铁矿，二是沉积变质型铁矿。接触交代铁矿床，主要分布在泰山东麓莱芜一带，是中生代的中偏基性闪长岩和碳酸盐接触交代的产物，铁矿石的有用矿物主要是磁铁矿，其次是褐铁矿、赤铁矿，并伴有铜、钴、金等有益组分，可供综合利用，矿石的品位一般含铁50%以上，属富铁矿石，储量达9亿吨左右，是山东省富铁矿石的最主要来源，具有十分重要的工业价值。沉积变质铁矿床，分布泰山西麓的东平一带，产出在前寒武纪的变质岩系中，矿石的有用矿物主要是磁铁矿，但颗粒较细，含硅酸铁较多，品位较低，含铁量约为30%，属贫铁矿石，需经选矿才能利用。

硫铁　分布在新泰羊流一带，储量约104万吨。

花岗岩　多产出在泰山杂岩的老岩体中，分布广，类型多，储量丰富，如羊栏沟、大地村等处属于花岗

图2-46　"泰山青"花岗岩

岩大类的"泰山红"，麻塔、大王庄等处属于煌斑岩、辉绿岩的"泰山青""莱芜青"，黄前一带的属于石英闪长岩类的"泰山青"，它们都是闻名省内外的优质石材（图2-46）。

　　石英岩　多产出在泰山杂岩的石英脉内，呈脉状，主要矿产地有大辛庄、大王庄等，可做陶瓷和玻璃原料，大辛庄的石英岩，质量高杂质少，是制造优质光学玻璃和提取单晶的优质原料（图2-47）。

图2-47　石英岩　　　　　　　　　图2-48　蛇纹石

　　蛇纹石　分布在泰山西南麓的界首一带，是泰山杂岩中超基性岩蚀变的产物（图2-48），具有一定规模，可作为镁磷肥的原料。

图2-49　长石

　　长石　多分布在徂徕山一带，产出在泰山杂岩的伟晶岩脉中内，储量约40万吨（图2-49）。

　　麦饭石　分布在泰山南麓大河水库北侧及辞香岭等地，产出在泰山杂岩中的古老花岗质岩体内（图2-50）。

图2-50　麦饭石

第三章
见微知著——地质研究和意义

从距今29~28亿年前（新太古代初期）组成的泰山岩群，到现在我们所看到的山体，泰山几经沉浮，几度沧桑，成为地球早期演化的窗口。在漫长复杂的演化过程中所形成的一些地质构造，具有极其重要的科学研究价值。例如，莲花山科马提岩是我国唯一公认的、具有鬣刺结构和枕状结构的太古宙超基性喷出岩，是研究早前寒武纪花岗岩–绿岩带和探索地球早期历史奥秘的重要依据；张夏寒武系标准剖面，因地层发育齐全而典型，是华北地壳演化历史早古生代阶段的重要地质记录，至今仍是国内外进行相关对比的经典剖面；泰山岩群、多期次的岩浆侵入体、寒武纪地层等众多典型的地质遗迹和地貌景观，是地壳发展五大历史阶段的缩影和最好例证。

第一节　地质研究历史及成果

泰山的地质研究历史较早，最早可以追溯到19世纪的中后期，19世纪末期为国内外地质学者所重视，J.Bergeren（1899）、H.Monko（1903）、C.Airaghi（1902）等人曾描述过其寒武纪地层中的一些三叶虫化石。

1868年，德国学者李希霍芬至泰山考察泰山地质，研究泰山杂岩。所著《中国》一书中，记载泰安各县矿产甚悉。

1903年，美国地质学家B.维里斯（B·Willis）和E.布莱克威尔德（E·Blackweider）在张夏、崮山等地测量了地层剖面，采集过化石，对地层作了初步划分。他认为泰山一带变质岩以火成岩为主，命名为"泰山杂岩"，属太古宇。其研究成果于1907年正式发表，将张夏、崮山一带的寒武纪地层自下而上划分为馒头页岩、张夏灰岩、崮山页岩、炒米店灰岩。

1907年，维氏等发表《泰山杂岩》论文，为地质学界所认同。

1913年，美国古生物学家毕可脱研究了张夏、崮山一带寒武纪地层中古生物化石。

1923年起，我国著名的地质学家孙云铸教授对张夏、崮山的寒武系进行了长达20余年的研究，对寒武纪地层作了详细划分，并划分了三叶虫化石带。

1935年，冯景兰、王植等对泰山进行地质路线考察，划分了不同期次的岩浆旋回。

1936年3月，山东省政府建设厅张会若、何德行等调查并撰写了《新泰莱芜蒙阴泰安宁阳汶上六县矿产调查报告》，介绍了六县的煤、金、长石、滑石、石膏、云母等矿的地质构造及矿产等。

1939～1943年，日本地质学家远腾隆次、小林真一等相继研究了张夏、崮山地区寒武纪地层中的古生物化石，并将泰山地区的岩浆旋回划分为"泰山期"。

1953年，卢衍豪、董南庭两位教授重新观察了张夏、崮山一带的寒武系剖面，其中最重要的是把B.维里斯和E.布莱克威尔德所划的馒头页岩自下而上再分为馒头组、毛庄组、徐庄组，并把前两个组置于下寒武统，把后一个组归入中寒武统，炒米店灰岩再分为凤山组和长山组，将张夏、崮山地区的寒武系确定为7个地层单位和17个三叶虫化石带。

1958～1988年，国家测绘局航测队对泰山进行航空摄影，先后5次拍摄黑白、彩色航空图片。1958～1965年，山东地质局地质队开始在泰山进行1：5万地质测量，把泰山古代变质岩系作了划分，命名为"泰山群"。

1958～1961年，北京地质学院在泰山地区进行1：20万区域地质调查，将泰山变质岩命名为太古宙泰山岩群，自下而上划分为万山庄组、雁翎关组、山草峪组等。

1959年10月15日～17日，中国科学院副院长李四光和苏联古生物学家、通讯院士沃罗格金，考察泰山馒头山、崮山寒武纪标准剖面，并采集标本。同年，位于泰山北侧的张夏寒武纪地层剖面在全国地层会议上被正式定为华北寒武系标准剖面。同年，陈汉斌在《山东师范学院学报》第2期发表了《泰山植物垂直分布》；A.舒勒等在《地质科学》第3期发表文章《泰山中部的冰川现象》。

1960～1962年，山东地质局805队开展包括泰安南留幅等23幅1：5万区调联测。

1962～1965年，原国家地质部和北京地质学院对泰山进行1：5万的地质调查。

1963～1965年，山东地质局805队进行1：5万泰安幅区调，将泰山变质岩称为"泰山杂岩"，划分为望府山组、扫帚峪组、唐家庄组、孟家庄组、冯家峪组等5个岩组。同时，中国地质科学院程裕淇等，山东地质局805队郑良峙、张成基等人开展变质岩专题研究，确立了雁翎关组、山草峪组层序，恢复了原岩，并进行变质岩的岩石学研究。

1977年，程裕淇等在《地质矿产研究》第3期发表文章《山东新泰雁翎关一带泰山群变质岩系的初步研究》。

1978年以后，泰山的地质研究工作，进入了一个以专题研究为主的深入发展阶段，以中国地质科学院的庄育勋、徐惠芬，山东区域调查队的王世进，山东地质矿产局的曹国权、董一杰，山东科技大学的吕朋菊等学者的研究成果为代表。他们的研究成果主要是：重新厘定了泰山群的层序，将前寒武纪侵入岩主要划分为燕山期的TTG质花岗岩、五台期的英云闪长岩–变闪长岩类杂岩体、吕梁期傲徕山二长花岗类等，并找到各期次侵入岩的接触关系，测试了同位素地质年龄，建立了鲁西地区早前寒武纪地质演化事件表。

1978年，应思淮等发表《泰山杂岩的岩组分析》一文，出版《华北新块的形成与发现》一书。1980年，应思淮研究员对泰山变质岩进行了专题研究，并出版专著《泰山杂岩》。

1981～1984年，山东矿业学院吕朋菊教授对泰山的形成进行了专题研究，并发表了《泰山形成及其年龄》一文，刊载在《山东矿业学院学报》第1期。

1982年，日本学者泽田瑞穗出版《中国的泰山：世界圣城别卷1》，程裕淇等出版《山东太古代雁翎关变质火山–沉积岩》一书。

1982～1985年，山东区域调查队郑良峙、王世进等人进行了鲁西泰山群专题研究，新建柳杭组，置于雁翎关组和山草峪组之上。

1982～1985年，中国地质科学院朱振华填制了泰山山前1：2.5万地质图，完成硕士论文，并发表《泰山太古宙岩浆杂岩体的岩石化学和地球化学特征》学术论文。

1982～1987年，山东地质矿产局第一地质队马云顺、翟颖川等对鲁西太古宙绿岩带含矿性进行专题研究。

1983年，董一杰等出版图书《泰山地质旅游指南》，由山东省地质局、山东省地质学会编印；《泰山地质旅游》一书由山东省地质学会编印。

1983～1986年，法国雷恩大学江博明等、中国地质科学院沈其韩等、山东地质矿产局董一杰等对中国太古宙地壳演化进行专题研究，认为泰山杂岩的大部分为变质侵入岩（灰色片麻岩），称之为"望府山片麻岩"，取得大量地球化学和同位素年龄资料。

1984年，赵世英等进行红门"桶状构造"的专题研究，并发表《泰山红门"桶状构造"成因的探讨》论文，认为"桶状构造"是一种新类型环状节理。中国地质学家在第27届国际地质学大会上，以"中国泰山辉绿玢岩涡柱构造"为题，发表论文摘要，引起国际地质学家的关注。

1986～1987年，北京大学谢凝高等进行泰山风景名胜区资源综合考察评价及其保护利用研究。

1986～1990年，山东区域调查队王世进等进行1∶20万泰安、新泰幅修测。同期，中国地质科学院徐惠芬、山东地质一大队董一杰等人对山东鲁西太古宙绿岩带和鲁西太古代地层等进行专题研究，系统总结了泰山岩群的分布、层序、变质作用的特点，并出版专著《鲁西花岗岩-绿岩带》。

1987年，联合国教科文组织把泰山列为世界自然与文化遗产，泰山的地位和影响发生了历史性的变化。

1987年，朱振华在《岩石矿物学杂志》第3期上发表《泰山太古宙岩浆杂岩体的岩石化学和地球化学特征》一文。

1988年，山东地质矿产局在泰安市郊区马庄及肥城县（今肥城市）边院镇一带，探明一座大型岩盐矿，矿床面积36.44平方千米，盐段厚度23.48～345.68米。

1988年，江博明等在《中国地质科学院地质研究所所刊》第18卷发表《中国太古代地壳演化——泰山杂岩及长期亏损地幔新地壳增生的证据》。

1989年，欧阳贵等在《遥感信息》第3期发表《泰山及其邻区遥感信息提取及断裂影像特征》。

1989～1990年，山东矿业学院吕朋菊教授等对泰山周围重力滑动构造进行专题研究，发表了《泰山周围太古宇与古生界不整合面上滑动构造的发现》论文，刊载在《地质论评》第5期。

1990年，山东地质矿产局第一地质大队董一杰等发表《泰山地区太古宙杂岩体的地球化学特征》论文。

1990年，李寿深发表《风景资料遥感制图的特点——以泰山为例》，刊载在《遥感信息》第4期。

1990年，王石进在《中国区域地质》第2期发表《鲁西地区泰山群地层划分及其原岩特征》论文。

1990～1993年，山东地质矿产局曹国权等人出版《鲁西早前寒武纪地质》专著。

1991年，中国地质科学院程裕淇、徐惠芬在《中国地质》第4期发表《对新泰晚太古代雁翎关组中科马提岩类的一些新认识》一文。王致本、王玫玲发表论文《徂徕山——新甫山地区太古宙杂岩体地质》，刊载在《山东地质》第2期。

1992年，邓幼华、许洪泉等在《山东地质》第2期发表《鲁西西部长清界首一带的泰山群——界首绿岩带简介》。

1992年，泰山东南麓莱芜圣井村南山岭发现罕见的泰山整体三叶虫化石，身长8.8厘米，宽4厘米，全身淡红色，头部像飞蛾，有眼有颈，身似蜈蚣，有腿脚44条，尾似飞燕，羽翅清晰可见。

1992年7月27日，山东地质矿产局在新泰汶南镇周家沟发现恐龙腿骨化石，长52厘米，宽26厘米，厚10厘米，略呈弧形弯曲。

1993～1996年，原地质矿产部地质研究所、山东第一地质矿产勘查院进行泰安市幅、南留幅1：5万区域地质调查。

1994年，泰山东南麓于新泰洙泗之滨图层里，发现一枚远古马牙化石，为古马牙臼齿的下部，长6.5厘米，宽3.3厘米，周长9.6厘米。经中国科学院古脊椎大动物和古人类研究所专家鉴定，该化石为新生代第四纪马牙化石。

1994～1995年，吕朋菊教授就泰山新构造运动的进行专题研究，发表了《新构造运动与现今泰山的形成及地貌景观》论文，并对泰山地质地貌进行总结，撰写《泰山大全》之地质地貌篇。

1995年，中国地质科学院庄育勋等、山东地质矿产局第一地质大队张富中等就《泰山地区新太古代—古元古代地壳演化研究的新进展》发表论文。

1996年，山东省第四地质矿产勘查院正式出版了专著《山东省岩石地层》。

1997年，中国地质科学院庄育勋等、山东地质矿产局第一地质大队任志康等人在《岩石学报》发表论文《泰山地区早前寒武纪主要地质事件与地壳演化》。

1997年，经地质勘查，泰城及近郊发现5条第四纪活动断层，其中泰山山前断裂属晚更新世晚期活动断裂。同年，山东省地质矿产局第一地质队做1：5万仲宫幅、大王庄幅、野雪幅、博山幅区域地质调查。

1998年，山东地质勘查局地质调查研究院吕发堂等就其研究成果发表《泰山地区晚太古代"框架侵入岩"的地质特征及稀土地球化学演化》论文，刊载在《中国区域地质》第1期。

1999年，中国地质科学院王新社等、山东地质矿产局第一地质大队任志康等发表《泰山地区太古宙末韧性剪切作用在陆壳演化中的意义》论文。

2000年，中国地质科学院地质力学所张明利等发表《新生代构造运动与泰山形成》论文，刊载在《地质力学学报》第2期。

2001年，卢衍豪、朱兆玲在《古生物学报》第3期发表《山东长清张夏中寒武统徐庄阶三叶虫》一文。

2002～2003年，山东科技大学吕朋菊等、泰山风景区管委会牛健等人进行泰山地质地貌特征及地学价值评价专题研究，并发表《泰山的地学价值及其意义》论文。

2004年3月～2006年12月，中国地质大学（北京）田明中、武法东、张建平及山东科技大学吕朋菊等，在收集前人大量的研究成果后，对泰山周围的地质、地貌、生态环境、地质遗迹等进行了深入细致的调查研究，提交了申报中国国家地质公园和世界地质公园的综合考察报告、申报光盘等一系列材料，编制了世界地质公园规划，并出版了《岩岩泰山》地质公园画册。

2005年，泰安市人民政府和中国地质大学（北京）相关代表参加了世界地质公园推荐评审会，并顺利通过评审。

2006年9月18日，泰山地质公园顺利通过联合国教科文组织考察，成为泰山世界地质公园，泰山的地位和影响力发生了历史性的变化，其知名度空前提高。在这种大好形势的鼓舞和促进下，有关地质科研院校和地质部门的专家教授，应用新的地质理论和观点及现代科学技术手段，在前人工作的基础上，对泰山开展了各种专题研究，有了不少新的发现和突破性进展，如太古宇的泰山岩群分布、侵入杂岩体的特征，前寒武纪地壳演化、韧性剪切带、重力滑动构造、新构造运动和泰山形成演变等方面，都取得了许多有重要价值的科研成果，大大地提高了泰山的地质研究水平。

2010年9月，泰山世界地质公园接受联合国教科文组织评估专家的现场评估考察，顺利通过第一次中期评估工作。

2014年7月，泰山世界地质公园接受联合国教科文组织评估专家的现场评估考察，顺利通过第二次中期评估工作。

2018年8月，泰山世界地质公园第三次中期评估，提出泰山世界地质公园扩园申请，将黄前镇、下港镇全部纳入世界地质公园范围。

图3-1　1992年11月，中国地质科学院院士程裕淇、沈其韩、董申保等在泰安参加科马提岩研讨会

图3-2 1995年10月,程裕淇院士、中国地质科学院赵逊教授等陪同国际地科联(IUGS)秘书长罗宾·布雷特先生考察泰山岩群变质岩

图3-3 2005年10月,天津地质矿产研究所陆松年研究员、山东科技大学吕鹏菊教授等考察泰山变质岩

图3-4　2004年9月，泰山申报国家地质公园，中国地质大学（北京）田明中、武法东、张建平
　　　　教授及团队、山东科技大学吕朋菊教授野外考察

图3-5　2005年8月，泰山申报世界地质公园，中国地质大学（北京）田明中、武法东、张建平
　　　　教授及团队野外考察

图3-6　2005年10月，泰安市人民政府代表参加世界地质公园推荐评审会

图3-7　2006年8月，联合国教科文组织评估专家到泰山进行世界地质公园现场评估考察

图3-8　2007年4月，科马提岩的两位发现者、南非地质学家Viljoen兄弟，专程到泰山考察，进一步确认其为典型的科马提岩

图3-9　2009年9月，中国地质调查局专家组考察泰山变质岩

图3-10　2012年10月，美国、德国、澳大利亚、加拿大等国地质学家与中国地质科学院地质研
　　　　究所等单位的地质专家考察泰山变质岩

图3-11　2014年7月26日～29日，联合国教科文组织评估专家到泰山世界地质公园进行第二次
　　　　中期评估考察

图3-12　2018年8月1～4日，联合国教科文组织世界地质公园评估专家对泰山世界地质公园进
　　　　行第三次评估和扩园申请评估

图3-13　2018年8月1～4日，联合国教科文组织世界地质公园评估专家对泰山世界地质公园进
　　　　行第三次评估和扩园申请评估

一、地质研究成果

表3-1 泰山地质研究工作简表

序号	时间（年）	单位或作者	主要成果	备注
1	1868	李希霍芬	将泰山地区变质岩命名为"泰山系"	引自《泰安市志·泰山》
2	1903~1907	B.维里斯、E.布莱克威尔德	认为泰山地区变质岩以火成变质岩为主，称为"泰山杂岩"，形成时代为太古宙，并称为"泰山纪"	美国地质学家
3	1907	B.维里斯	发表论文《泰山杂岩》	引自《近现代济南科技大事记》
4	1923~1943	孙云铸	详细划分张夏、崮山一带的寒武纪地层	出版专著
5	1936	张会若、何德行	《新泰莱芜蒙阴泰安宁阳汶上六县矿产调查报告》	引自《民国时期总书目·自然科学·医药卫生》
6	1939~1943	远腾隆次、小林真一等	将泰山地区的岩浆旋回划分为"泰山期"	日本地质学家
7	1953	卢衍豪、董南庭	将张夏寒武系划分为7个地层单位和17个三叶虫化石带	1959年被全国地层会议正式定为华北寒武系标准剖面
8	1958~1961	北京地质学院	进行1：20万区调，将泰山变质岩命名为太古宙泰山群，自下而上划分为万山庄组、雁翎关组、山草峪组等	未正式出版
9	1958~1965	山东地质局地质队	开展1：5万地质测量，将泰山古代变质岩命名为"泰山群"	
10	1959	陈汉斌	发表论文《泰山植物垂直分布》	《山东师范学院学报》第2期
11	1959	A.舒勒等	发表论文《泰山中部的冰川现象》	《地质科学》第3期
12	1963~1965	山东地质局805队	进行1：5万泰安幅区调，将泰山变质岩称为"泰山杂岩"，划分为望府山、扫帚峪、唐家庄、孟家庄、冯家峪等5个岩组	正式出版
13	1963~1965	程裕淇等、山东地质局805队	开展变质岩专题研究，确立了雁翎关组、山草峪组层序，恢复了原岩	出版专著
14	1977	程裕淇等	发表论文《山东新泰雁翎关一带泰山群变质岩系的初步研究》	《地质矿产研究》第3期

（续表）

序号	时间（年）	单位或作者	主要成果	备注
15	1978	应思淮等	发表论文《泰山杂岩的岩组分析》	引自《华北新块的形成与发现》一书
16	1980	应思淮	出版专著《泰山杂岩》	
17	1981~1984	吕朋菊	发表论文《泰山形成及其年龄》	《山东矿业学院学报》第2期
18	1982	泽田瑞穗	出版《中国的泰山：世界圣城别卷1》	日本学者
19	1982	程裕淇等	出版《山东太古代雁翎关变质火山–沉积岩》一书	
20	1982~1985	山东区调队郑良峙、王世进等	进行鲁西泰山群专题研究，新建柳杭组，置于雁翎关组和山草峪组之上	内部报告
21	1982~1985	朱振华	填制泰山山前1：2.5万地质图，发表论文《泰山太古宙岩浆杂岩体的岩石化学和地球化学特征》	出版《岩石矿物学杂志》
22	1982~1987	山东地质矿产局第一地质队	进行"鲁西太古代绿岩带含矿性"专题研究	内部报告
23	1983	董一杰等	出版《泰山地质旅游指南》	山东省地质局、山东省地质学会编印
24	1983~1986	法国雷恩大学、中国地质科学院、山东地质矿产局	将泰山杂岩称为"望府山片麻岩"，取得大量地球化学和同位素年龄资料	《中国地质科学院地质所所刊》第18期
25	1984	赵世英等	发表论文《泰山红门"桶状构造"成因的探讨》	《山东矿业学院学报》第1期
26	1986	中国科学院地质所	发表《泰山杂岩的REE研究初报》	《岩石学报》第2期
27	1986~1990	山东区调队	进行1：20万泰安、新泰幅修测	正式出版
28	1986~1990	中国地质科学院、山东地质一大队	出版专著《鲁西花岗岩–绿岩带》	
29	1987	朱振华	发表《泰山太古宙岩浆杂岩体的岩石化学和地球化学特征》	《岩石矿物学杂志》第3期
30	1988	山东地质矿产局	在泰安市郊区探明一座大型岩盐矿，面积36.44平方千米	引自《泰安年鉴·自然资源管理》
31	1988	江博明等	发表论文《中国太古代地壳演化——泰山杂岩及长期亏损地幔新地壳增生的证据》	《中国地质科学院地质研究所所刊》第18卷
32	1989	欧阳贵等	发表论文《泰山及其邻区遥感信息提取及断裂影像特征》	《遥感信息》第3期

（续表）

序号	时间（年）	单位或作者	主要成果	备注
33	1989~1990	吕朋菊等	发表论文《泰山周围太古宇与古生界不整合面上滑动构造的发现》	《地质论评》第5期
34	1990	董一杰等	发表论文《泰山地区太古宙杂岩体的地球化学特征》	《山东地质》
35	1990	李寿深	发表论文《风景资料遥感制图的特点——以泰山为例》	《遥感信息》第4期
36	1990	王世进	发表论文《鲁西地区泰山群地层划分及其原岩特征》	《中国区域地质》第2期
37	1990~1993	曹国权等	出版专著《鲁西早前寒武纪地质》	地质出版社
38	1991	程裕淇、徐惠芬	发表论文《对新泰晚太古代雁翎关组中科马提岩类的一些新认识》	《中国地质》第4期
39	1991	王致本、王玫玲	发表论文《徂徕山—新甫山地区太古宙杂岩体地质》	《山东地质》第2期
40	1992	邓幼华、许洪泉等	发表论文《鲁西西部长清界首一带的泰山群——界首绿岩带简介》	《山东地质》第2期
41	1991	王世进	发表论文《鲁西地区前寒武纪侵入岩期次划分及基本特征》	《中国区域地质》第4期
42	1992~1994	山东地质矿产局	在莱芜发现罕见的整体三叶虫化石、新泰发现恐龙腿骨化石、新泰发现第四纪马牙化石	
43	1993	王世进	发表《鲁西地区早前寒武纪地质构造》	《中国区域地质》第3期
44	1993~1996	中国地质科学院地质研究所、山东第一地质矿产勘查院	进行泰安市幅、南留幅1∶5万区域地质调查	已正式出版
45	1994~1995	吕朋菊	发表论文《新构造运动与现今泰山的形成及地貌景观》，撰写《泰山大全》之地质地貌篇	《山东矿业学院学报》
46	1995	中国地质科学院、山东地质矿产局第一地质大队	发表论文《泰山地区新太古代—古元古代地壳演化研究的新进展》	《中国区域地质》第4期
47	1996	山东省第四地质矿产勘查院	出版专著《山东省岩石地层》	地质出版社
48	1997	中国地质科学院、山东地质矿产局第一地质大队	发表论文《泰山地区早前寒武纪主要地质事件与地壳演化》	《岩石学报》第3期
49	1998	中国地质科学院	发表论文《关于新泰雁翎关地区新太古代雁翎关组的两个地质问题》	引自《华北地台早前寒武纪地质研究论文集》

（续表）

序号	时间（年）	单位或作者	主要成果	备注
50	1998	山东省地质科学实验研究院	出版专著《鲁西地区绿岩带型金矿地质特征及成矿预测研究》	山东省地勘局
51	1998	山东地勘局地质调查研究院吕发堂等	发表论文《泰山地区晚太古代"框架侵入岩"的地质特征及稀土地球化学演化》	《中国区域地质》第1期
52	1999	中国地质科学院、山东地质矿产局第一地质大队	发表论文《泰山地区太古宙末韧性剪切作用在陆壳演化中的意义》	《中国区域地质》第2期
53	2000	中国地质科学院地质力学所张明利等	发表论文《新生代构造运动与泰山形成》	《地质力学学报》第2期
54	2001	卢衍豪、朱兆玲	发表论文《山东长清张夏中寒武统徐庄阶三叶虫》	《古生物学报》第3期
55	2002~2003	吕朋菊、牛健等	发表论文《泰山的地学价值及其意义》	《山东科技大学学报（自然科学版）》第2期
56	2003	山东省第四地质矿产勘查院	出版专著《山东省区域地质》	山东省地图出版社
57	2004	山东省地质调查院	进行淄博市幅1：25万区域地质调查	已正式出版
58	2004	中国地质大学（北京）田明中、武法东、张建平	调查研究泰山的地质遗迹、生态环境和自然资源，成功申报泰山国家地质公园	
59	2005	中国地质大学（北京）田明中、武法东、张建平	提交一系列世界地质公园申报材料，编制泰山世界地质公园规划，出版《岩岩泰山》地质公园画册等	

二、地质保育历史

泰山是中国的神山，历代帝王倍加保护，常派重臣在本地区任职，严守泰山，或派要员专管泰山。早在春秋战国时期就有专门掌管泰山的岳牧。《史记》："周公封伯禽于鲁使，主泰山之祀。"《岱览》："鲁北枕泰山，为兖州之牧伯，叙泰山之岳牧当自齐鲁始。而其见于春秋史记者不可胜书。"为加强对泰山的管理，秦汉时设济北郡、泰山郡，有太守之职管理和保护泰山地区；汉武帝封泰山时割赢、博二县以供泰山，逐改奉高县，专门封禅告祭泰山而服务；

东汉时除设泰山太守之外，还有"山虞长"之职，专门负责掌管泰山山林，历代沿袭，仅是官名不同而已。宋代除州官、县令必兼管泰山外，又有掌岳令、掌岳掾（副职）之职。明清时有泰山守、泰山权守（临时代职）之职专管泰山。同时知府、知州、知县均把管好泰山作为主要任务之一。中华人民共和国成立前设"泰安县政府保管委员会""泰安县古物保管委员会"等。

中华人民共和国成立后设"泰山古物保管委员会""泰山管理处""泰山管理局""泰安市园林局、文物局"等；1984年设"泰安市文物风景管理局"；1985年设"泰安市泰山风景名胜区管理委员会"，对泰山进行综合管理。

由于历代设专门机构或专职官员管理泰山，所以在历史上除兵荒马乱时，均对泰山精心保护，并屡加修葺。先秦帝王封山时，为防止伤害泰山的土石草木，将车轮包上蒲草爬山，唐玄宗封泰山时，他以"灵山清洁"，怕人多而污染泰山，逐下令"不欲人多"，仅携少数侍臣祭封泰山。历代皇帝在兴盛时均有诏令：不准在泰山上砍柴放牧。据《宋史·卷七》载，宋真宗封泰山礼毕后，首先诏令："泰山四面七里之内，不准樵采，并给近山二十户，以奉神祠。"同时在社首山、徂徕山也禁止樵采。《泰山志·封禅篇》云：宋真宗封泰山时"凡两步一人，彩绣相间，树当道者不伐"。皇帝对泰山一草一木视为灵物。元代至元二十九年（1292）因邑人山民或游人香客常在王母池梳洗，污染溪水，泰安州官便下禁令："诸人无得于池上下做秽，如违决杖八十，当职准此。"为家喻户晓，众人皆知，又与县令合行发榜，昭示州县内，并将禁约刻于王母池东崖上，以告众者。清光绪十六年（1890）《泰山秦刻石》被盗，知县毛蜀云令全城戒严，搜查数日，失而复得。

为了保护泰山，历代帝王对泰山文物估计屡加拓修。特别帝王封禅后或国家有大政典、大喜庆均拓修泰山祠庙。清康熙皇帝为使泰山僧道改善膳宿，加强责任心，便诏令从泰山香税及泰安田赋中取数百金给寺庙主持，让其"晓夜尽心，兼可时加修葺，以壮往来观瞻"。乾隆皇帝为迎接皇太后八十大寿，于乾隆三十五年（1770）将岱庙殿宇廊庑全行拆除重建，使其焕然一新。每当泰山失修或遇灾害、战乱而遭破坏后，皇帝及其地方官员均全力修复。清康熙七年（1668）郯城大地震后，泰山古建筑遭到严重破坏，岱庙大殿的墙根都被震坍，山东布政施天裔奉敕重修，历时十年才大功告成。雍正七年（1729）泰安署巡抚费金吾奏称："庙宇盘道倾圮，应加修葺。"皇帝即令内务府郎中丁皂保、赫达塞奉敕督工，敬谨修理，让其"务使庙貌辉煌，工程坚固，速行告竣，以辅朕为民报享之至意，特谕钦此"。丁皂保全面整修泰山，并重建岱宗坊，补植五大夫松，竣工后立碑告喻天下。期间战乱不断，晋军据泰城，战火纷飞。泰山文物及古建筑遭到严重破坏，国民党山东省政府主席拨专款全面整修泰山，并将整修之记刻于云步桥南的东崖上，以记晋军之罪。同时，他又电令泰山各处："嗣后除奉命准刊外，无论何人不准题字、题诗。"中华人民共和国建立后，为保护泰山，发布政令，建立健全机构，多次拨款，进行修复。

1987 年，泰山被联合国教科文组织列为世界首例文化与自然双遗产；2005 年，山东泰山地质公园被国土资源部批准为第四批国家地质公园；2006 年，泰山地质公园通过联合国教科文组织专家评审，入选世界地质公园网络名录。泰山世界地质公园隶属中国政府，受《中华人民共和国宪法》《中华人民共和国环境保护法》，及其他相关法律的保护。地质公园边界明确，保护对象具体。泰山地质公园的管理部门承担开发和管理地质公园的法律责任，包括地质遗迹保护、科普宣传和推动地质旅游等。地质公园占地为国有土地，这样的法律构架确保了泰山地质公园的持续发展。

根据泰山世界地质公园内地质遗迹和地质地貌景观的科学价值与观赏价值，实行分区分级保护的原则，将地质公园范围内及其周边有关地区，划分为特级、一级、二级、三级共4个级别的保护区，明确了分级保护、科学管理的具体要求。

特级保护区（核心保护区）：泰山世界地质公园内属于需要特殊保护的众多地质景观、原始生态环境和人文景观进行特殊保护，以保证其生态环境、景观资源的完整性和原始性。主要包括红门地质遗迹景区的醉心石、经石峪，中天门地质遗迹景区的中天门岩体及其球形风化，南天门地质遗迹景区内的仙人桥、拱北石等极其珍贵的地质遗迹，在其一定范围内划定为特级保护区。

一级保护区：主要是特殊地质遗迹分布区和受人类活动影响比较大的区域。该区域内的地质遗迹不允许人为破坏，不允许增加与景观不协调或破坏景观的设施与人工建筑。主要包括后石坞地质遗迹景区的大天烛峰、小天烛峰、石海、石河及鲤鱼背等，桃花峪地质遗迹景区的一线天、彩石溪及黄石崖等，红门地质遗迹园区的辉绿玢岩岩脉及桶状构造、中天门岩体中的望府山岩体残余包体、岱庙及蒿里山等，中天门地质遗迹景区的扇子崖、中天门断裂露头等，南天门地质遗迹景区的玉皇顶岩体中的望府山岩体残余包体、月观峰的望府山岩体等区域重要的地质遗迹所在的区域。

二级保护区：主要是典型的地质遗迹分布区和受人类活动影响较小的区域。二级保护区内可建设少量的服务基础设施。但是，设施的建设风格要与景观有密切的关系，禁止建设与景观无关的设施。二级保护区在各地质遗迹景区内分布面积都较广，除道路两侧的林地及规划为游人服务区的用地之外，其他区域基本上都被划分为二级保护区。

三级保护区：主要指地质遗迹景观外围的环境保护协调区，区域内局部分布有小区域地质景观、村镇居住区、旅游服务区及林地、农用地。加强绿化及环境建设，对区内的采石、砍伐林木、开山取石应严格加以控制，已建"三废"污染的企业应尽快拆除、搬迁，应严格防止对水体、水源和大气的污染，结合农林业的可持续发展战略，调整种植结构，区内农田应限制化学肥料的使用，避免对地下水资源造成破坏。

三、地质保育成果

1.典型地质遗迹保护

1）中国地质大学（北京）编制了《泰山国家地质公园规划（2013～2025）》，作为地质公园保护及管理的依据，已由泰安市人民政府颁布实施。

2）地质公园管理机构建立了地质公园（地质遗迹）巡查制度，在典型地质遗迹分布区有专职工作人员负责地质遗迹保护工作，主要其职责有：巡逻检查进入园区采矿等一切破坏地质公园景观资源的活动，防火、阻止游客破坏地质遗迹和生态环境的行为。

3）为避免游客对地质遗迹造成破坏，地质公园内已经在重要地质遗迹点建立了防护围栏（图3-14）、保护栈道（图3-15）等，并在重点保护地段设立了警示牌（图3-16）。

图3-14　防护围栏

图3-15　保护栈道　　　　　　　　　　图3-16　警示牌

2.生态环境保护

泰山森林覆盖率85%、植被覆盖率达90%以上，素有"山岳公园"之称。几十年来，大面积的山林绿化，烘托出泰山的雄伟壮丽，保护了泰山的生态环境。

1948年鲁中南泰历林场初建时，仅有树木460万棵，其中黑龙潭林区成林面积占10%，盘路林区成林面积占25%，摩天岭林区成林面积占6%。据1950年12月华东地区农林部山东林业调查队调查，新中国成立前泰山的天然林仅见于山前海拔1000米以上的对松山及山后的后石坞；而1000米以下，除普照寺附近有人工幼龄侧柏林及散生的栋树、毛白杨及沿山阶正道两旁的侧柏大树之外，没有其他的树木。1951年3月，泰安专署发出封山造林指示，党政军在泰山义务植树。1956～1961年，泰山林场大搞冬季造林运动。经过五六十年代的封山育林和大规模的群众性植树造林，在短短几年内使山林由3000亩猛增到20万亩，泰山的森林覆盖率达到80%，再现了"齐鲁青未了"的生机。泰山林业管理部门本着"先绿化后提高"的原则，从东北、西北购进大批优质树种，如黑松、赤松、华山松、落叶松、红松、樟子松、白皮松、黄柏等，大面积育苗造林。经过几十年的努力，泰山林木蓄积年增长0.3万立方米。

近年来，泰安市政府及泰山管理部门坚持贯彻落实科学发展观，践行绿色发展理念，努力建设美丽生态泰山，正逐步由人工林向近天然林发展，成为一座巨大的生态屏障和重要的种质资源库。随着旅游业的快速发展，人与自然、人与社会的矛盾日渐突出，特别是生态保护工作形势依然严峻，林业、动植物、水、泰山石、土地等资源存在不同程度的污染或破坏现象，相关部门也存在职能交叉、职责错位、责任模糊、机制缺失、投入不足、保护不力等问题，亟须出台地方性法规予以规范。

2017年8月25日，泰安市十七届人大常委会第4次会议审议了《泰安泰山生态保护条例（草案）》（一次送审稿）[以下简称《条例（草案）》]，这是泰安市获得立法权后制定的第一部实体性的法规，旨在加强泰山生态环境保护，科学利用泰山资源，推进生态文明建设，实现经济社会可持续发展。

《条例（草案）》适用于泰山景区内的从事林木、泰山石、水资源等生态环境保护工作及其他与生态环境相关的活动。在对泰山古树名木的保护上，《条例（草案）》明确了泰山景区管委会应当对古树名木定期进行普查、检测，登记造册，建立保护档案的职责；对列入世界遗产名录的唐槐、汉柏、望人松等特别珍稀的古树名木，提出了定期检测，实行一树一策、一树一档的保护措施；明确了对树势较弱的古树名木及时进行专家会诊，通过扩穴、支撑、吊拉等措施进行复壮的补救。在泰山石保护上，《条例（草案）》规定严禁开采泰山石等破坏景观、植被、地形、地貌的行为；严禁在大津口乡、黄前镇、下港镇等辖区河道内非法采石；完善泰山石保护标志和禁采警示标志，有效保护泰山山石资源。在水资源保护上，《条例（草案）》明确提出在泰山景区内，除家庭生活等少量取水外，任何单位和个人未经许可不得打井取水、非法经营山泉水的规定。在对泰山泉水哺育的珍贵山区淡水鱼赤鳞（螭霖）鱼的保护上，《条例（草案）》规定严禁任何单位和个人擅自捕捉杀害、驯养繁殖、出售收购、运输携带野生赤鳞（螭霖）鱼；养殖、繁育泰山赤鳞鱼应当按照国家法律法规规定的审批程序进行。

《条例（草案）》还对违规进入非开放区、封闭轮休区，对违规调运松类植物及其制品、破坏野生赤鳞（螭霖）鱼等行为创设了行政处罚；对私自开采泰山石、违规倾倒垃圾污物等行为设置对应的法律责任。

3.历史文化遗址保护

在泰山的历史文化遗址保护管理方面，早在中华人民共和国成立之前，人民政府就非常重视：1949年7月，山东省人民政府致函鲁中南第一行政专员公署，同意成立泰山古代文物管理委员会。1949年9月，鲁中南泰山专员公署发布"布告"，指出"泰山为中国的名山之一，有许多历史遗迹、林泉胜景可供游览，对学术研究亦有重要意义，但由于过去军阀破坏、日寇摧残，以及蒋匪军劫掠，遭受严重损害。为了保护残存的名胜古迹，如唐槐、汉柏、李斯篆、金刚经、古庙铜像等，除本署成立泰山古代文物管理委员会负责管理外，尚望大家负责切实保护……今后倘有人损毁破坏，一经察觉或被告发，定予严惩不贷"。中华人民共和国成立之后，1949年11月30日，泰山专署又发出《关于保护古迹名胜及征集古代文物的通知》，要求各地将征集的文物送到泰山古代文物管理委员会收藏保管。1953年，泰安专署再次发出保护文物的通知。1953年，国家拨款3.6亿元，整修岱庙天既殿、东御座等主要建筑8处，修整碧霞祠、南天门及关帝庙东西配殿。1954年，整修岱庙各院环境，彩绘东御座全院建筑，重修万仙楼，整修续建西路（今天外村路）盘道，并添置服务设施，修建王母池至黑龙潭水库环山公路。1956年8月，山东省泰山管理处成立，维修岱宗坊、彩绘王母池七真殿、蓬莱阁；勾抹砌复斗母宫；大规模整修壶天阁、中天门、五松亭等，并翻建部分门楼、水池及辅助设施，安放散落的神像。1957年，泰安县进行文物大普查。1961年，泰安县专署邀请书画家等人临攀岱庙壁画。经过连续十几年的辛勤工作，使泰山初步显现了往日的雄姿。

"文革"期间，泰山遭到严重的破坏，但也受到了重点保护。1968年撤销泰山管理处，于1970年组建泰山管理委员会（后改为泰山文物风景管理局）。周恩来总理曾多次批示保护好泰山。1970年2月，周总理在反映泰山砍伐林木、乱打山石及砸毁擂鼓石的人民来信上批示"请杨得志同志派得力人员查办此事"。2月11日，山东省革命委员会党的核心领导小组就此发出《关于认真做好文物、山林保护管理的通知》，并与泰安地革委组成联合检查组查处此事，制止了滥伐林木、乱打山石和毁坏文物古迹的歪风邪气。

中华人民共和国成立后，人民政府分别于1957年、1973年、1980年、1987年组织了4次文物普查。

1957年，对文物藏品进行普查，清点整理了瓷器2068件、陶器310件、铜器

312件、玉器126件、字画601件、帛卷11件、画册30件、法帖263件、拓片676件、漆器118件、岱庙祭品219件（包括景泰蓝鎏金法轮等125件、银珐琅57件、银法罐37件）、砚石31件、小铜神103件、支架268件、宫灯44件、杂器（包括木器、雕刻、刺绣、大理石桌凳、彩瓷花盆、钱币等）79件，共计件5259件。

1958年，继续整理文物藏品，将其分类、登记、编号、上架进橱。书籍分经、史、子、集4类，计有经部502部、5918本，史部613种、12847本，子部332种、2653本，集部1316部、10372本，另有杂书2280种、4157本，共计5043种、35947本。字画分精、佳、可、普4类，计有精品50种、100幅，佳品84种、167幅，可品125种、253幅，普品191种、375幅，共450种、895幅。同时整理了碑帖81种、2234份，历代法帖224种、427册，名人手卷13种、13轴，书画册页29种、33册，新裱经石峪《金刚经》一部、唐《纪泰山铭》一部，修补明代铜狮一对。

1973年进行文物复查，审定推荐了大汶口遗址、岱庙、碧霞祠、经石峪《金刚经》刻、无字碑、唐摩崖等第一批省级重点文物保护单位。

1980年4月至1983年8月，组织专门人员对泰山的古建筑、历代碑刻、摩崖刻石、库存文物等逐件清查、核对、鉴定、定级。经核实，泰山存有较完整的古建筑群25处、石牌坊12座、摩崖碑碣2516处、灵岩寺墓塔167座、库藏文物6795件、古字画330幅、古籍图书3025册、百年以上的古树名木近万株，其中300年以上的一级古树3300多株，分属17科23个树种。

1956年，国家投资53.6万元全面整修泰山。1978年加强文物规范化管理，完成了第一批省级重点文物保护单位的"四有"（有保护范围、有标志说明、有记录档案、有保护组织）工作。1980～1990年，各级政府先后投资1000多万元，对泰山文物古迹进行整理和修复；岱庙内恢复碑廊；新建文物库房，对库藏文物和文献典籍进行重新整理和分类，建立一级文物档案和文物分类账目；收购、鉴定了一大批社会流散文物；对泰山现存碑碣和刻石，全部立档描红涂漆；整理30万字的泰山刻石资料，对唐摩崖和部分古建筑贴金或彩绘；改善和更新文物保护设施，对经石峪大字、碧霞祠铜碑、御碑亭和岱庙铜狮等重点文物设置石栏或铁栏，古建筑普遍装备避雷和消防设施，天贶殿檐部用铜网遮挡，岱庙、普照寺库房及各文物展室安装防盗报警设施等。地方政府及泰山管理部门先后制定了《关于文物古迹安全保护措施》《关于加强文物保护管理的具体规定》

图3-17　修复人文景观

《文物库房管理制度》《图书库房管理制度》《关于泰山古建筑消防措施办法》等规章制度，使泰山的文物管理工作走上法制化、科学化道路。

现如今，泰山范围内的历史文化遗址由泰山风景名胜区管理委员会进行专门的保护和管理。依据国家文物保护法对公园内的人文景观进行保护性修复（图3-17）；加强普查，逐个登记在案，根据其具体情况分期、分重点进行有针对性的维修和保护。

第二节　细数家珍——地质遗迹

地质遗迹，是指在地球漫长的演化过程中，由于地质作用形成的有观赏和重要科学研究价值的地貌景观、地质剖面、构造形迹、古生物化石遗迹、岩石及其典型产地、有特殊意义的水体资源、典型的地质灾害遗迹等。泰山地区丰富的地质遗迹记载着过去、现在，预示着未来，表现出多元性，无法复制，不能再造，是野外地质考察、普及地质知识、增强环境意识、体现传统文化、陶冶情操的理想场所（田明中等，2012）。

一、地质遗迹的类型

地质遗迹分类是地质遗迹研究的基础，需要从理论上进行研究，其目的在于如实反映地质遗迹特征，为地质遗迹调查、研究、规划、保护、开发地质公园和科学管理提供依据（陈安泽，2003）。由于地质遗迹是内力地质作用和外力地质作用的产物，地质作用的多样性也就决定了地质遗迹的多样性。

目前，国内对地质遗迹的分类仍处在积极的探索和完善阶段（李烈荣等，

2002）。以地质景观来讲，其分类有两种（赵汀等，2009）：一种是从地质遗产保护出发，它强调地质科学的系统性，并考虑旅游业的需要；另一种是从旅游业应用出发来划分，它强调其有观赏价值的地质景观，对地质科学的系统性注意不够。但这两类划分从总体上看有其一致性，它们划分的种属都是相互包容的，而不是相互排斥的，只是侧重点不同而已。

　　泰山有着漫长的地质演化历史、复杂的地质构造，是中国太古宙—古元古代地质研究的经典地区之一，拥有众多重要而典型的地质遗迹。泰山地质公园地质遗迹的类型主要有：典型的前寒武纪地质遗迹、闻名的地层遗迹、壮观的构造遗迹、多彩的水文地质遗迹和丰富的地质地貌遗迹。本书根据《国家地质公园规划编制技术要求》（国土资发〔2016〕83号）中"地质遗迹类型划分表"并结合泰山地质公园的实际情况，将泰山的地质遗迹划分为地质（体、层）剖面、地质构造、古生物、地貌景观、水体景观和环境地质遗迹景观6大类、11类、16亚类，具体划分方案见表3-2。

表3-2　　　　　　　　　　　　泰山地质公园主要地质遗迹类型

大　类	类	亚　类
一、地质（体、层）剖面	1.地层剖面	（1）区域性标准剖面
	2.岩浆岩体（剖面）	（2）侵入岩
		（3）残余包体
		（4）岩体的侵入接触关系
二、地质构造	3.构造形迹	（5）中小型构造
三、古生物	4.古动物	（6）古无脊椎动物
四、地貌景观	5.岩石地貌景观	（7）侵入岩地貌景观
		（8）可溶岩地貌景观
	6.流水地貌景观	（9）流水侵蚀地貌景观
		（10）流水堆积地貌景观
	7.构造地貌景观	（11）构造地貌景观
五、水体景观	8.泉水景观	（12）冷泉景观
	9.河流景观	（13）风景河段
	10.瀑布景观	（14）瀑布景观
六、环境地质遗迹景观	11.地质灾害遗迹景观	（15）崩塌遗迹景观
		（16）滑坡遗迹景观

二、地质遗迹的科学意义

泰山的地学内容极为深广，特别是在以科马提岩为特征的、基性—超基性火山沉积岩为主的泰山岩群和距今2730～1800Ma之间多期次侵入岩为代表的前寒武纪地质方面，以及寒武系标准剖面、新构造运动与地貌等方面，都具有全国和世界意义的巨大地学价值，是一个天然的地学博物馆。

泰山是中国太古宙—古元古代地质研究的经典地区之一，地质研究历史悠久、地质现象丰富，是建立华北太古宙—古元古代地质演化框架的标准地区。因此，泰山太古宙—古元古代地质演化的研究对揭示花岗岩-绿岩带的形成演化历史，查明中国东部太古宙—古元古代陆壳裂解、拼合、焊接的机制及地球动力学过程都有着十分重要的科学意义。

泰山北侧的张夏寒武纪标准地层剖面的建立在地质学史上占有重要地位，至今仍是国内外进行相关对比的经典剖面，具有极高的科学价值。

泰山因其独特的大地构造位置，在新构造运动的影响下，形成众多典型而奇特的地质地貌遗迹，历来为中外地质学家所关注。它更是被赋予了中国独一无二的民族精神和文化生命，成为人类宝贵的双遗产（文化遗产和自然遗产）。而其中的自然遗产的物质基础是亿万年来留下的众多地质地貌遗迹。

1.地球历史及地层学

泰山的形成经历了一个漫长而复杂的演化过程，经受了阜平运动、五台运动、吕梁运动、四堡运动、加里东运动、华里西运动、燕山运动和喜马拉雅运动等多次大地壳运动的强烈变革，经历了太古宙、元古宙、古生代、中生代和新生代等5个主要地质历史阶段的改造。中生代的燕山运动奠定了山体的基础，新生代的喜马拉雅运动建造了山体的基本轮廓，新构造运动及地球的内外地质动力又进一步塑造了泰山今日的自然景观面貌。泰山的形成演变过程是地壳发展五大历史阶段的缩影，通过对保留下来的新太古代早期形成的泰山岩群和新太古代—古元古代形成的TTG质花岗岩、变闪长岩类杂岩体、二长花岗岩、寒武纪地层等众多典型的地质遗迹和地貌景观的研究，可以加深对华北地壳演化历史的认识。同时，泰山的形成演变模式对研究类似情况的山系形成也有极大的指导意义。

泰山出露的地层主要有新太古代的变质表壳岩系泰山岩群，以及其北侧张夏、崮山一带的古生界寒武系、山南盆地中的新生界等沉积地层。泰山岩群基性火山沉积岩为太古宙绿岩带的典型代表。它是地幔高度部分熔融的产物，是地球早期富镁原始岩浆的代表。科马提岩的发现，对证实超基性岩的岩浆成因具有重要意义。在世界上，也只有在南非、澳大利亚西部、芬兰、美国、加拿大的太古宙绿岩中有科马提岩出露。由于科马提岩的形成具有异常的高热梯度，国际上有一种流行的观点认为，科马提岩的成因与地幔柱的存在有关，因此具有极高的科学价值。

泰山的古生代地层，以其北侧的张夏寒武纪地层标准剖面为代表，在1959年全国地层会议上正式定为华北寒武系标准剖面，是我国区域地层划分对比和国际寒武纪地层对比的主要依据，是我国乃至世界有关寒武纪研究的重要地区，对我国华北地区的寒武纪地层划分对比有重要的指导作用，在地质学史上占有重要的地位。

2.岩石学

泰山主体主要由新太古代至古元古代侵入岩组成，有少量新太古代早期形成的变质表壳岩泰山岩群残留。

泰山岩群主要岩性为科马提岩、斜长角闪岩和透闪片岩、阳起片岩，其次为角闪变粒岩、黑云变粒岩，为经角闪岩相–绿片岩相变质作用形成的变质岩系。

太古宙—古元古代的侵入岩是泰山分布最广的地质体，占泰山主体面积的95%以上。侵入岩的岩性以中酸性为主，岩石类型以英云闪长岩类、二长花岗岩类和闪长岩类为主。它们都不同程度地遭受后期构造变形和变质作用的改造。侵入岩的形成演化机制复杂，岩浆成因类型有幔源型、壳源型、幔壳源混合型3种，岩浆活动具明显多旋回性和多期次性的演化特征。根据岩石类型、分布特点和同位素年龄资料，可划分出6期侵入岩和15个主要岩体。

它们各自的形成演化特征，以及被后期构造变形和变质作用改造的特点，在华北有广泛的代表性，对研究华北太古宙—古元古代地壳形成演化有着普遍的指导意义。

3.古生物学

中国三叶虫化石是早古生代的重要化石之一，是划分和对比寒武纪地层的重要依据。早在19世纪末，美国、日本等国家的地质学家曾在张夏、崮山一带进行过寒武系的地质考察，测量了剖面，采集过化石，并对地层进行了初步划分。我国的地质学家孙云铸教授，自1923年起对张夏寒武系进行了长达20多年的研究。1953年卢衍豪、董南庭教授对该剖面做了进一步划分，将寒武系划分为7个地层单位和17个三叶虫化石带。因此，它对于研究华北早古生代的古气候变迁、生物演化和古生态变化都具有重要的意义。

图3-18　三叶虫化石

左图为兰氏毕雷氏虫（*Bailiella lantenoisi*），右图为锥形长山虫（*Changshania conica*）

泰山地区寒武纪地层发育和出露都良好，其中上寒武统凤山组、长山组和崮山组，中寒武统张夏组、徐庄组及下寒武统毛庄组都含有丰富的三叶虫化石（图3-18），尤其是张夏组，三叶虫化石最为丰富。泰山地区的寒武系地层是馒头裸壳虫［*Psilostracus mantoensis*（Walcott）］、中华莱德利基虫（*Redlichia chinensis* Walcott）、蒿里山虫（*Kaolishania* sp.）等三叶虫化石的原产地和命名地。

凤山组富含索克虫（未定种）（*Saukia* sp.）、济南虫（未定种）（*Tsinania* sp.）、平边章氏虫（*Changia* sp.）、褶盾虫（未定种）（*Ptychaspis* sp.）、满苏虫（未定种）（*Mansuyia* sp.）、蒿里山虫（未定种）（*Kaolishania* sp.）和蝴蝶虫（未定种）（*Blackwelderia* sp.）等三叶虫化石。

长山组富含东方满苏氏虫（*Mansuyia orientalis*）、泰安泰山虫（*Taishania taianensis*）、泰安依达明虫（*Pagodia taianensis*）、依达明虫（未定种）（*Pagodia* sp.）、前庄氏虫（未定种）（*Prochuangia* sp.）、长山虫（未定种）（*Changshania* sp.）和小伊尔文虫（未定种）（*Irvingella* sp.）等三叶虫化石。

崮山组富含潘氏蝙蝠虫（*Drepanura premesnili*）、克氏光壳虫（*Liostracina krausei*）、山东虫（未定种）（*Shantungia* sp.）、蝴蝶虫（未定种）（*Blackwelderia* sp.）、蝙蝠虫（未定种）（*Drepanura* sp.）、裂尾缘虫（未定种）（*Kolpura* sp.）、德氏虫（未定种）（*Damesella* sp.）和帕氏德氏虫（*Damesella paronai*）等三叶虫化石。

张夏组富含德氏虫（未定种）（*Damesella* sp.）、帕氏德氏虫（*Damesella*

paronai）、拱曲光滑北山虫（未定种）（*Liopeishania* sp.）、沟颊虫（未定种）（*Solenoparia* sp.）、双耳虫（未定种）（*Amphoton* sp.）、青地虫（未定种）（*Aojia* sp.）、叉尾虫（未定种）（*Dorypyge* sp.）、李三虫（未定种）（*Lisania* sp.）、李氏叉尾虫（*Dorypyge richthofeni*）、小裂头虫（未定种）（*Crepicephalina* sp.）、长方形后小无肩虫（*Metanomocarella rectangulla*），卢氏虫（未定种）（*Luia* sp.）和切尾虫（未定种）（*Koptura* sp.）等三叶虫化石。

徐庄组富含兰氏毕雷氏虫（*Bailiella lantenoisi*）、原附节虫（未定种）（*Proasaphiscus* sp.）和光滑孙氏虫（*Sunaspis laevis*）等三叶虫化石，毛庄组富含刺山东盾壳虫（*Shantungaspis aclis*）和馒头裸壳虫（*Psilostracus mantoensis*）等化石。

其中蒿里山虫为大家熟知的一种三叶虫化石，因其发现于蒿里山地区的石灰岩中而命名，是晚寒武世的标准化石之一。化石为桃仁大小的硬甲虫。泰山沉积岩主要出露于泰山周边，如蒿里山、陶山，反映了泰山海陆演化时期的环境。蒿里山虫是寒武纪地层的标准化石之一，是远古海洋中的生物，距今有5亿多年的历史。

时过境迁，过去的古生物已荡然无存，只剩下满山的青松翠柏。然而，三叶虫化石却记录着亿万年的地史沧桑。对于研究华北早古生代的古气候变迁、生物演化和古生态变化都具有重要的意义。

4.构造学

泰山的地质构造十分复杂，既有太古宙—古元古代形成的构造，又有中新生代发育的构造。它们彼此叠加，构成了极其复杂的构造面貌。

泰山的太古宙—古元古代地质构造以发育有多期的褶皱、断裂及韧性剪切带为主要特征。对它们的成因机制研究是前寒武纪地质研究的重要内容之一。其中泰山韧性剪切变形作用表现尤为突出，它在泰山地壳演化中具有加深陆壳的作用，是陆壳克拉通化的标志性构造事件。另外，中元古代辉绿玢岩中发育的国内外罕见的"桶状构造"，具有很高的科学价值。

从区域构造看，新生代以来，太平洋板块以近东西方向对欧亚板块的强烈俯冲，使泰山地区在近南北向伸展作用下，北东东向泰前断裂发生强烈掀斜活动，泰山大幅度抬升，致使泰山的新构造运动表现得十分普遍和强烈，它们对泰山的形成及地貌格局起着主导性的控制作用。泰山周围的下古生界和太古宙—古元古代结晶基底不整合面上形成的重力滑动构造也与新构造运动有密切的关系。

5.地貌学

泰山的各种地貌类型和地貌景观，记录着各种内外地质作用（地壳升降、断裂活动、流水侵蚀作用、风化剥蚀作用）共同综合作用的发展历史。

特别是在新构造运动的影响下，泰山的垂直侵蚀切割作用十分强烈，地势差异显著，造就了泰山拔地通天的雄伟山姿，形成了不同类型的侵蚀地貌及许多深沟峡谷、悬崖峭壁和奇峰异境，塑造了众多奇特的微型地貌景观，如三叠瀑布、谷中谷等。因此，泰山是研究新构造运动及其形成地貌景观的理想地区。

泰山北侧的馒头山和崮山及肥城陶山一带，发育有典型的崮形地貌（方山地貌），主要受区域构造抬升、侵蚀切割及山体岩层构成等因素影响，显现出构造地貌的明显特征。因此，它既具有较高的构造地貌研究价值，又具有独特的景观地貌观赏价值。

6.沉积学

泰山地区是中国华北陆台上较典型的新太古代花岗岩–绿岩区，绿岩带模式具有多旋回火山–沉积旋回特征。据同位素等年龄测定结果和地质接触关系特征判断，形成于新太古代早期，距今2800Ma左右，绿岩形成在大洋—大陆之间的过渡性古构造环境，属于弧后盆地和岛弧环境。因此对研究我国古老陆台形成演化，揭示和探索地球早期演化历史，均具有重要的科学意义。

古生界寒武系—奥陶系的沉积地层以灰岩、页岩为主。其中以北侧张夏、崮山一带地层出露好，地层发育齐全，它是研究华北早古生代地壳演化、地壳升降、海平面变化及层序划分和层序特征的理想地区，也是研究华北早古生代岩相古地理、沉积环境和沉积作用过程的经典地区。

7.水文地质学

泰山山泉密布，河溪纵横，河溪以玉皇顶为分水岭，河溪在主峰周围呈辐射状分布。由于泰山地形高峻，河流短小流急，侵蚀力强，河道多受断层控制，因而多跌水、瀑布，谷底基岩被流水侵蚀多呈穴状，积水成潭，容易形成潭瀑交替的景观。

泰山地区的地下水类型为裂隙水、岩溶水、孔隙水，由于山体主要为花岗岩类–片麻状英云闪长岩和二长花岗岩类及变闪长岩类杂岩，蓄水性和透水性弱，故地下水量很少，主要富水岩层为半风化的花岗片麻岩及断层破碎带和后期侵入的岩浆岩脉状裂隙水，地下水无统一的水力坡度。因裂隙构造发育，所以裂隙泉分布极广，形成具有医疗价值和饮用价值的矿泉水。本区地热水属沉积断陷型，不同的断块热储层不同，储热层主要为下、中、寒武统灰岩。断裂构造是控制地热水生成的关键因素，补给来源于大气降水。

泰山水文地质条件的研究，有助于加深对泰山地区的构造演化特征及其地貌的发育过程的认识，对于深入研究泰山地区地热资源具有重要的意义。

8.人文历史价值

泰山文化昌盛，与其地质地貌特点有着极其重要的关系。泰山突兀于平原之上，相对海拔1400米以上，古代的帝王及文人雅士均以此乃天下最高峰也，后为历代传承。另外，构成泰山95%以上的变质岩系，由于地质历史复杂，构造作用明显，其断裂、断层、节理面非常发育，成为历代文人墨客纵情书画、题词抒情的对象，从而孕育了独特的泰山文化，被郭沫若先生誉为"中华文化史的缩影"。

泰山历史悠久，精神崇高，文化灿烂，泰山的历史文化是整个中华民族历史文化的缩影。这是泰山区别于中国乃至世界上任何名山的特征所在。

大汶口文化、龙山文化的发现证明泰山及其周围地区是中国古文化的摇篮之一。历代帝王封禅和朝拜泰山，载入史册的从秦始皇开始，先后有12位皇帝到泰山登封告祭，这是世界上独一无二的精神文化现象（图3-19）。帝王封禅大典的兴起，促使泰山宗教相继发祥，更是融道教、佛教、儒教于一体。与此同时，

图3-19　天贶殿

文人雅士观光览胜，吟诗作文。从春秋时期的孔子到建安七子之一的曹植，再到李白、杜甫、苏轼、党怀英、元好问、萧协中、姚鼐，近现代的郭沫若、徐志摩等，他们登临泰山，吟诗作赋，留下大量传世佳作，成为中华民族文化宝库的重要组成部分。泰山的古建筑融绘画、雕刻、山石、林木为一体，具有特殊的艺术魅力，是顺应自然之建筑典范，以及代表中国历代最高书法艺术的石刻等，是任何名山无可比拟的，都是中国乃至世界历史文化不可多得的瑰宝。

9.美学及生态价值

泰山，这座古老的圣山，我们的祖先世世代代从美的角度理解，按美的需求塑造着泰山，给后人留下美的财富。泰山美离不开它的自然特征。泰山自然景观的主要特征是山体高大、雄伟，有一种"壮美""阳刚之美"，与海拔很低的齐鲁平原丘陵的高低大小对比之下，显示一种"拔地通天"的气势。同时，由于泰山山体高大，气候垂直变化明显，随季节天气变化，自然景色千姿百态，幻象丛生，形成旭日东升、云海玉盘、碧霞宝光、盛夏冰洞等十大自然景观。

泰山不是纯自然的存在，不同于一般的自然风光，作为历代帝王的登临胜地，经过历代精心营造，泰山大量的人文景观进一步烘托和渲染了泰山本身的万千气象。

美在于整体。中国古代美学思想中很早就提出"和"这个美学范畴，所谓"和"就是多样统一所形成的整体和谐。泰山美充分显示了"中和美"，其主要表现是人文景观与泰山的气势、地貌、风度、格调极其和谐一致，具有高度的内在统一性。

泰山地处暖温带半湿润季风气候区，具有独特的地理位置和气候条件。泰山海拔1545米，垂直梯度变化明显，其相对高度在1300米以上，使山麓到山顶的气候及在它影响下的其他生态因子具有明显的垂直变化，自然条件较好，野生动植物资源丰富。

泰山有丰富多彩的生物资源，生态系统类型多样，结构复杂，过渡性强，互补依赖性强。同时，泰山土壤环境、大气环境、水文环境状况良好。植被覆盖率高达90%，其中森林覆盖率为85%。在植被的组成上，以森林为主，种类丰富，区系古老，古树名木众多，植被类型多种多样，构成了泰山自然生态环境的基础和主体，发挥着净化空气、保持水土、保护物种等功能，同时又是自然景观的主要组成部分，与其他景观有机结合，使泰山雄中显秀，增加了景观色彩与层次。

10. 教学与研究价值

泰山因其所处的特殊大地构造位置，漫长的地质演化历史，复杂的地质构造，保留有许多重要而典型的地质遗迹，分布有众多奇特的地质地貌景观，历来为中外地质学家及地质部门所瞩目，其科研工作从1868年起到现在，拥有近150年的地质研究历史。

1868年德国地质学家李希霍芬考察泰山，将泰山地区的古老结晶岩系命名为"泰山系"，之后，美国的地质学家B.维里斯和E.布莱克威尔德、古生物学家毕可脱，我国的地质学家孙云铸、冯景兰、王植等相继对泰山地区进行考察研究。

1949年中华人民共和国成立后，泰山的地质研究工作进入了全面系统的研究阶段，中国科学院、中国地质科学院、北京大学、原北京地质学院、山东科技大学、山东省地质局、山东省区调队、中国地质科学院地质研究所、山东省地质调查院等一批科研、教育和生产单位在该区均做了大量的工作，取得了许多重要的研究成果，泰山已经成为国内外重要的教学研究基地。

三、地质遗迹资源综合评价

1. 景观独特的世界前寒武纪地质研究窗口

泰山，以古老的前寒武纪"泰山杂岩"而闻名，历来为中外地质学家所瞩目，其研究程度和研究水平都比较高，积累有丰富的地质资料和科研成果。泰山地区前寒武纪的绿岩建造和泰山岩群变质表壳岩系，多期次形成的侵入岩、构造变形、变质作用及其形成的各类变质岩、韧性剪切带，都是泰山在前寒武

图3-20　泰山脚下

纪漫长的地壳演化过程中保留下来的极为宝贵而重要的地质遗迹。它们各自的形成演化特征及最后组建的泰山前寒武纪地壳形成演化基本框架，在全国都有广泛的代表性。加之泰山山体雄伟高大，众多奇特的地貌景观，自然景色更是千姿百态、幻象丛生，堪称景观独特的前寒武纪地质研究窗口。

2.重要的前寒武纪地质与寒武纪地层研究区域

泰山地区是中国前寒武纪地质研究的经典地区之一，又是鲁西前寒武纪地质研究历史最悠久、地质现象最丰富的地区，是建立鲁西前寒武纪地质演化框架的标准地区，也是国际前寒武纪研究的知名地区，是研究前寒武纪多期次岩浆活动、多期次构造变形作用和变质作用、多期次韧性剪切变形及它们演化的理想地区。它以发育花岗岩-绿岩型陆壳而明显有别于太古宙华北地质省和华南地质省，因此它又成为研究我国古老陆台形成演化的窗口，成为探索地球早期历史奥秘的实验室。曾被在北京召开的第30届国际地质大会和第15届国际矿物学大会选定为地质考察路线，成为国内地质院校的实习基地。同时，张夏馒头山的寒武纪地层标准剖面又是我国区域地层对比和国际寒武纪地层对比的主要依据，其地层发育齐全，并含有丰富的三叶虫等古生物化石，是我国寒武纪地层研究的重要区域。

图3-21　瞻鲁台

3.研究新构造运动及其形成地貌景观的理想地区

　　泰山的形成经历了一个漫长而复杂的演变过程，在长期演变过程中，经受了泰山运动、加里东运动、华里西运动、燕山运动和喜马拉雅运动等5次大地壳运动的强烈变革，经历了地壳发展历史太古宙、元古宙、古生代、中生代和新生代等5个主要地质历史阶段的改造。中生代的燕山运动奠定了山体的基础，新生代的喜马拉雅运动建造了山体的基本轮廓，新构造运动又进一步塑造了泰山今日的自然景观面貌。

　　泰山的新构造运动，主要受北东东向泰前断裂所控制，与断块的掀斜抬升有关。在新构造运动的影响下，泰山的侵蚀切割作用十分强烈，地势差异显著，地形起伏大，地貌分界明显，地貌类型繁多，侵蚀地貌特别发育。泰山的总体地势呈北高南低、西高东低的特征，泰山主峰呈南陡北缓的态势。新构造运动造就了泰山拔地通天的雄伟山姿，形成了不同类型的侵蚀地貌及许多深沟峡谷、悬崖峭壁和奇峰异景，塑造了众多奇特的微地貌景观，如三级夷平面、三折谷坡、三级阶地、三级溶洞、三叠瀑布等。此外，泰山不断间歇性抬升，形成了诸如壶天阁的谷中谷、后石坞的石海和石河、岱顶的仙人桥和拱北石等许多奇特怪异的地貌景观，为雄伟的泰山增添了不少奇观异境，构成了泰山雄、奇、险、秀、幽、奥、旷兼有的综合景观。因此，泰山是研究新构造运动及其形成地貌景观的理想地区。

图3-22　彩石溪

第四章
岩岩泰山——典型地层与岩石

泰山地处华北平原的东侧，泰山岩群是华北最古老的地层之一，是鲁西中新生代泰山断块凸起的重要组成部分。其中的科马提岩是迄今中国唯一公认的具有鬣刺结构的太古宙超基性喷出岩；泰山地区是建立区域太古宙—古元古代地质演化框架的标准地区，对揭示花岗岩-绿岩带的形成演化历史，查明中国东部太古宙—古元古代陆壳裂解、拼合、焊接的机制及地球动力学过程都有着十分重要的科学意义；泰山北侧的张夏寒武纪标准地层剖面的建立在地质学史上占有重要地位，至今仍是国内外进行相关对比的经典剖面；泰山因其独特的大地构造位置，以及在新构造运动的影响下形成的众多典型而奇特的地质地貌遗迹，历来为中外地质学家所关注。

第一节 大地"年轮"——典型地层

泰山的地层主要包括两类：一类是古老的变质岩类，即泰山岩群；另一类是海洋沉积的寒武纪的碳酸盐岩地层剖面，这一剖面是华北地区寒武系标准剖面，地层中含丰富的三叶中化石。奥陶系在本区多被断层切断，掩埋于泰山的山前盆地中，形成溶洞。

一、太古宇泰山岩群剖面

　　新太古代早期（距今 2900～2800Ma）形成的泰山岩群变质表壳岩系，原岩为一套典型的绿岩建造，原岩建造可能形成于 2800～2711Ma 之间。岩性主要为斜长角闪岩，其次为黑云变粒岩、角闪变粒岩、阳起片岩、透闪片岩等，其原岩为超基性、基性火山岩和火山凝灰岩绿岩建造。宏观上具层状或似层状、层组状（间夹不同宽度的侵入岩），以及由薄层黑云变粒岩、角闪变粒岩和斜长角闪岩交替出现构成的微层状构造。斜长角闪岩，新鲜面为黑绿色，风化后呈灰绿色直至灰褐色，中细粒结构，薄片状构造，蚀变后可变为蛇纹岩。

　　卧虎山出露的泰山岩群以层状产出，特征明显，连续性较好，厚度比较大，人工剖面最好，露头宽度达 500 米以上，呈北西向展布，走向为 320°～340°，与区域构造线方向基本一致，是观察研究泰山岩群和绿岩带的最理想剖面（图 4-1）。剖面上部为灰绿色细粒斜长角闪岩，为绿岩建造；中部为灰黑色中粒斜长角闪岩；下部为黑云变粒岩。总厚度约 150 米，岩石表面风化严重。岩层产状为 245°∠85°，两组节理走向分别为 35° 和 315°。

图4-1　卧虎山泰山岩群剖面

二、张夏寒武纪地层剖面

泰山北侧张夏、崮山地区，寒武纪地层发育和出露良好，研究历史悠久，1959年在全国地层会议上正式定为华北寒武系标准剖面。该标准剖面把寒武系划分为下、中、上统共7个地层单位，即下统的馒头组、毛庄组，中统的徐庄组、张夏组，上统的崮山组、长山组、凤山组。它们分别位于张夏和崮山一带的馒头山、虎头崖、黄草顶、唐王寨和范庄等地。其中张夏馒头山是馒头组、毛庄组和徐庄组的剖面（图4-2），崮山虎头崖—黄草顶是张夏组的剖面，崮山唐王寨是崮山组和长山组的剖面，崮山范庄是凤山组的剖面。其中，馒头组富含蝴蝶虫（*Blackwelderia* sp.）、蝙蝠虫（*Drepanura* sp.）等三叶虫化石；长山组含庄氏虫（*Chuangia* sp.）等三叶虫化石；凤山组含济南虫（*Tsinania* sp.）等三叶虫化石，以及海百合茎和腕足类化石。

图4-2　馒头山张夏寒武纪地层标准剖面

剖面描述

现将张夏馒头山剖面、崮山虎头崖—黄草顶剖面、崮山唐王寨剖面、崮山范庄剖面等4个实测自然剖面详述如下：

崮山范庄剖面：

上覆地层下奥陶统冶里组（O_1y）

19.绿灰色薄层微晶白云岩夹灰色薄—中层残余竹叶状灰质白云岩。

3.93米

——整合——

上寒武统凤山组（∈₃f）

18.黄灰色薄层微晶白云质灰岩，顶部为厚约35厘米的灰色中厚层白云质竹叶状灰岩。

1.81米

17.灰色中厚层云斑泥晶灰岩夹灰色中层白云质竹叶状灰岩，前者层面具虫迹构造。

1.20米

16.灰色中—薄层云质条带（云斑）泥晶灰岩与灰色中层白云质竹叶状灰岩互层，下部具泥质条带泥晶灰岩，及亮—泥晶砂屑竹叶状灰岩残留扁豆体，云斑泥晶灰岩虫迹构造发育。

6.04米

15.灰色中薄层云斑（云质条带）泥晶灰岩，夹灰色中层泥晶竹叶状灰岩，偶夹灰色中厚层具小型交错层理的砾屑灰岩，云斑泥晶灰岩层面虫迹构造发育，局部具生物扰动层。

8.75米

14.灰色（杂以褐红色）中薄层云质条带泥晶灰岩，夹云斑含球粒泥晶灰岩，偶夹灰色中薄层泥—亮晶鲕粒砂屑灰岩。云斑含球粒泥晶灰岩的层面虫迹构造发育，局部具生物扰动层，产海百合茎化石。

8.07米

13.灰色（杂以褐红色）中厚层云斑藻球粒泥晶灰岩夹云斑凝块石灰岩，产三叶虫，公主杂索克虫 *Quadraticephalus* sp.。

17.28米

12.灰色（杂以褐灰色）中厚层云斑泥晶灰岩，夹浅灰色中—厚层泥—亮晶藻砂屑凝块石灰岩，产海百合茎化石。

10.05米

11.灰色（杂以黄灰色）中厚层云质条带藻球粒泥晶灰岩夹灰色薄层藻砂屑灰岩及少量砂屑砾屑灰岩，鲕粒砂屑灰岩，产三叶虫 *Saukia* sp.、*Mareda* sp.、*Tsinania* sp.。

19.05米

10.灰色（杂以灰黄色）厚层云质条带藻球粒泥晶灰岩，夹灰色薄—中层泥晶砾屑灰岩及泥晶砂屑灰岩，藻球粒泥晶灰岩层面具虫迹构造，砂屑灰岩具不明显的斜层理，产三叶虫 *Tsinania* sp.、*Changia* sp.、*Quadraticepnalus* sp.、*Ptychaspis* sp.。

15.26米

9.灰色薄—中层泥晶砾状藻凝块灰岩与泥—亮晶鲕粒砂屑灰岩互层，前者层面具虫迹构造，局部夹生物扰动层，后者具平缓波状层理及小型交错层理。

4.98米

8.灰色（风化面灰褐色）中层泥晶—微晶鲕粒灰岩，具小型交错层理及平缓波状层理。　　　　　　　　　　　　　　　　　　　　　　　1.53米

7.灰色薄—中层云质条带球粒泥晶灰岩夹亮晶含生物碎屑竹叶状灰岩，球粒泥晶灰岩具虫迹构造。　　　　　　　　　　　　　　　　　　5.29米

6.灰色薄层泥纹泥晶灰岩夹灰色中薄层泥—亮晶含生物碎屑砂屑竹叶状灰岩，泥纹泥晶灰岩具微细水平层理，产三叶虫 *Tsinania* sp.、*Mareda* sp.。　15.45米

5.灰色中厚层微晶—亮晶鲕粒灰岩夹硅质交代的生物碎屑灰岩，后者具单向斜层理，产三叶虫 *Tsinania* sp.。　　　　　　　　　　　　　2.22米

4. 灰色薄层含球粒泥晶灰岩夹灰色薄—中层亮晶生物碎屑竹叶状灰岩、生物碎屑砾屑灰岩及生物碎屑砂屑灰岩，产三叶虫 *Tsinania* sp.、*Canens* sp.、*Ptychaspis* sp.。　　　　　　　　　　　　　　　　　　　　9.76米

3. 灰色中厚层泥—亮晶含生物碎屑鲕粒灰岩夹亮晶鲕粒生物碎屑灰岩，两者均含少量竹叶状灰岩、砾屑及砂屑，局部具单向斜层理，产三叶虫 *Tsinania canens*、*Ptychaspis* sp.、*Mansuyia* sp.、*Pagedia* sp.及腕足类。　　3.12米

——整合——

长山组（$\in_3 c$）

2.深灰色薄层含生物碎屑微晶灰岩，顶部为厚约30厘米的鲕粒灰岩，产三叶虫 *Mansuyia orientalis*。　　　　　　　　　　　　　　　　　2.29米

1.灰色（杂以黄褐色）块状云斑叠层藻礁灰岩。　　　　　　　　2.50米

崮山唐王寨剖面：

上覆地层上寒武统凤山组（$\in_3 f$）

19.灰色中厚层泥—亮晶生物碎屑鲕粒灰岩，底部为约30厘米厚的泥—亮晶生物碎屑砂屑灰岩，产三叶虫 *Ptychaspis* sp.、*Tsinania* sp.。　　1.23米

——整合——

长山组（$\in_3 c$）厚70.60米

18.深灰色薄层含生物碎屑微晶灰岩，具黄灰色云质条带，平缓波状层理及缝合线构造，产三叶虫 *Taishania taianensis*，*Mansuyia orientalis*，*Pagodia taianensis*。　　　　　　　　　　　　　　　　　　　　　　2.46米

17.灰色（杂以黄褐色）块状云斑叠层藻礁灰岩，礁顶凸凹不平，自下而上

依次覆有灰色中—厚层泥—亮晶砾屑藻砂屑灰岩、亮晶藻砂屑鲕粒灰岩及云斑含鲕粒叠层石灰岩，叠层藻礁灰岩的叠层石柱体粗大，密集丛生。　　4.95 米

16. 灰色（杂以褐黄色）云斑叠层藻礁灰岩，产三叶虫 *Pagodia* sp.。　　3.60 米

15. 灰色块状云斑叠层石灰岩（藻灰泥丘），及其潮渠沉积物—黄灰色薄层泥质条带泥晶灰岩，泥—亮晶砾屑砂屑灰岩及亮晶砂屑竹叶状灰岩。叠层石呈不明显的柱状体，产三叶虫 *Pagodia* sp.、*Prochuangia* sp.。　　5.30 米

14. 灰色中厚层泥晶竹叶状灰岩与灰色中薄层泥纹–泥质条带泥晶灰岩互层，竹叶状灰岩之上的泥晶灰岩层面具不规则状舌形波痕。　　2.62 米

13. 浅灰色块状叠层石灰岩（藻灰泥丘），及其潮渠沉积物—浅褐灰色中厚层含砾屑及竹叶状泥—亮晶砂屑灰岩。叠层石呈不明显柱状，柱体间填隙物具白云石化。　　2.22 米

12. 灰色（杂以灰黄色）薄层泥纹—泥质条带泥晶灰岩，夹灰色中层泥晶竹叶状灰岩，近底部夹一层厚约35厘米的含叠层石砾屑灰岩，泥晶竹叶状灰岩之上的粉屑灰岩层面具不规则舌状波浪。　　5.20 米

11. 灰色、紫灰色中薄—中厚层泥晶竹叶状灰岩与黄灰色薄层泥灰岩互层，夹灰色薄板状具虫迹构造的泥质条带泥晶灰岩，顶为厚约30厘米的深灰色生物碎屑灰岩。产三叶虫 *Taishania* sp.。　　5.94 米

10. 灰色中薄层泥晶竹叶状灰岩，夹紫灰色中厚层具紫红色氧化圈泥晶竹叶状灰岩，灰色薄层泥晶灰岩及少量绿灰色、紫红色页岩，偶夹灰色中薄层生物碎屑灰岩。灰色泥晶灰岩之上的粉屑灰岩具不规则状舌形波痕，泥晶灰岩层面具虫迹构造，产三叶虫 *Changshania* sp.、*Irvingella* sp. 及球接子。　　9.65 米

9. 绿灰色灰质页岩与灰色薄板状泥晶灰岩互层，夹灰色中薄层泥晶–亮晶含生物碎屑竹叶状灰岩及少量紫红色页岩。薄板状泥晶灰岩具虫迹构造，产三叶虫 *Changshania* sp. 及球接子。　　15.53 米

8. 褐灰色中层亮晶含海绿石生物碎屑灰岩，局部具有不明显的斜层理，产三叶虫 *Chuangia* sp.。　　1.25 米

7. 紫灰色中层亮晶含生物碎屑竹叶状灰岩，夹灰色中层泥—亮晶竹叶状灰岩，含生物碎屑砂屑鲕粒灰岩，前者竹叶状灰岩具紫红色氧化圈，排列紧密，扁平面与层面平行、斜交或垂直，灰色竹叶状灰岩之上的粉屑灰岩具不规则状舌形波痕，砂屑鲕粒灰岩局部具斜层理，产三叶虫 *Chuangia convoluta*。　　1.83 米

——整合接触——

崮山组（∈₃g）厚51.86米

6.灰色中薄层泥—亮晶竹叶状灰岩，黄灰色薄层泥纹—泥质条带泥晶灰岩夹紫灰色中层具氧化圈泥晶竹叶状灰岩，及薄层生物碎屑灰岩。竹叶状灰岩的顶面凹凸不平，具微冲刷构造，竹叶大小混杂，扁平面与层面平行、斜交或垂直，其上的粉屑灰岩层面具不规则状舌形波痕，泥纹—泥质条带泥晶灰岩层面具干裂纹，与竹叶状灰岩相间出现，产三叶虫 *Drepanura premesnili*、*Liostracina krausei*、*Shantungia* sp.、*Blackwelderia* sp.及球接子。　　　　　6.63米

5. 灰色薄层亮—泥晶砂屑砾屑灰岩夹泥晶灰岩，偶夹黄绿色页岩及灰色中薄层泥—亮晶含生物碎屑，砾屑鲕粒灰炭。砂屑砾屑灰岩之上的粉屑灰岩具平缓波状条理，层面具波痕，砾屑鲕粒灰岩具斜层理，二者层面多不平整，具缝合线构造。产三叶虫 *Drepanura* sp.、*Blackwelderia* sp.、*Kolpura* sp.及球接子。

17.24米

4.灰色（杂以灰黄色）薄层泥质条带泥晶灰岩，疙瘩状—链条状泥纹泥晶灰岩与黄绿色页岩互层，夹灰色中薄层泥晶竹叶状灰岩及泥晶砾屑灰岩。　　7.27米

3.黄绿色页岩夹黄灰色薄层泥质条带泥晶灰岩，疙瘩状—链条状泥纹泥晶灰岩及灰色中薄层亮—泥晶含生物碎屑砂屑竹叶状灰岩，局部竹叶具紫红色氧化圈。产三叶虫 *Blackwelderia* sp.。　　　　　13.44米

2.灰色中薄层含生物碎屑泥晶准竹叶状灰岩与黄绿色页岩互层，夹黄灰色中薄层泥—亮晶砾屑灰岩，薄层疙瘩状—链条状泥质条带—泥纹泥晶灰岩，产三叶虫 *Blackwelderia* sp.、*Damesella* sp.、*Toinistion* sp.、*Monkaspis daulis*。

7.82米

——整合接触——

下伏地层中寒武统张夏组（∈₂z）

1.灰色厚层泥—亮晶生物碎屑鲕粒灰岩，含少量海绿石。鲕粒构成不规则条带，具缝合线构造，产三叶虫 Damesella sp.。　　　　　1.12米

崮山虎头崖—黄草顶剖面：

上覆地层上寒武统崮山组（∈₃g）

25.灰色中层泥晶准竹叶状灰岩，泥—亮晶砾屑灰岩夹黄灰色薄层泥质条带泥晶灰岩，疙瘩状—链条状泥纹泥晶灰岩及黄绿色页岩。产三叶虫 *Blackwelderia* sp.、*Toinistion* sp.、*Monkaspis daulis*、*Damesella paronai*。 5.00米

——整合接触——

中寒武统张夏组（∈₂z）厚198.60米

24.灰色厚层泥—亮晶含生物碎屑藻屑灰岩，具缝合线构造，产三叶虫 *Yabeia laevigata*，*Damesella paronai*。 4.58米

23.灰色中厚层藻凝块灰岩夹叠层石灰岩，及含生物碎屑核形石藻球粒灰岩，其中藻球粒灰岩、叠层石灰岩及藻凝块灰岩依次交替出现，构成韵律，上部产三叶虫 *Liopeishania* sp.。 14.40米

22.灰色中厚层叠层石灰岩，上部夹一层厚约50厘米的含生物碎屑鲕粒灰岩。 5.16米

21.灰色厚层亮晶—泥晶鲕粒灰岩，具缝合线构造，与下伏云斑藻凝块灰岩的接触面凹凸不平，产三叶虫 *Solenoparia* sp.。 2.95米

20.灰色（杂以黄褐色）厚层云斑藻凝块灰岩，夹深灰色中厚层亮晶含海绿石生物碎屑鲕粒灰岩，产三叶虫 *Orandioeulus* sp.、*Redlichaspis* sp.。 6.32米

19.灰色（杂以黄褐色）厚层云斑—云质条带藻凝块灰岩夹灰色厚层藻球粒凝块石灰岩，下部夹含生物碎屑鲕粒灰岩，上部夹含生物碎屑砂屑灰岩及叠层石灰岩，藻凝块灰岩具不明显的干裂纹，产三叶虫 *Amphoton* sp.、*Paralevisia* sp.、*Levisia* sp.、*Aojia* sp.、*Menocephalites* sp.、*Dorypyge* sp.、*Lisania* sp.。

22.50米

18.灰色厚层亮晶含藻砂屑鲕粒灰岩，产三叶虫 *Dorypyge richthofeni*。

23.05米

17.灰色（杂以黄褐色）厚层云斑—云质条带凝块石灰岩夹浅灰色中厚层亮晶藻砂屑灰岩。 16.83米

16.灰色中厚层含生物碎屑藻凝块灰岩与褐灰色中—厚层云斑藻凝块泥晶灰岩不等厚互层，两者均具缝合线构造，产三叶虫 *Crepicephalina* sp.、*Metanomocarella rectangulla*，*Solenoparia* sp.。 5.42米

15.浅绿灰色（杂以黄褐色）中薄层云斑—云质条带藻凝块灰岩，夹浅灰色中厚层叠层石灰岩及云斑含生物碎屑藻凝块灰岩，三种岩性或交替出现，或不等厚互层，产三叶虫 *Crepicephalina* sp.、*Dorypyge* sp.、*Luia* sp.、*Solenoparia* sp.。

13.55米

14.灰色（杂以黄褐色）厚层含生物碎屑泥晶鲕粒灰岩，具有缝合线构造，产三叶虫*Koptura* sp.。 4.07米

13.浅褐色厚层云斑含生物碎屑藻凝块灰岩，具缝合线构造。 2.71米

12.灰色厚层亮晶藻鲕粒灰岩，下部夹中厚层砾屑鲕粒灰岩，上部夹亮晶藻屑凝块石灰岩，产三叶虫*Solenoparia* sp.、*Lisania* sp.、*Koptura* sp.。 13.00米

11.灰色块状泥晶—亮晶砂屑鲕粒灰岩。 2.34米

10.灰色（微带褐红色）厚层亮晶砂屑藻鲕粒灰岩。 11.15米

9.灰色厚层泥晶—亮晶砂屑鲕粒灰岩。 6.59米

8.灰色（杂以浅褐红色）云斑泥晶灰岩，含凝块石及藻球粒等。 11.62米

7.灰色厚层泥晶—亮晶鲕粒灰岩，产三叶虫*Dorypyge richthofeni*，*Liopeishania* sp.。 9.72米

6.灰色厚层泥晶—亮晶藻凝块鲕粒灰岩，具缝合线构造，产三叶虫*Inouyella* sp.、*Proasphiscus* sp.。 2.26米

5.灰色中厚泥晶—亮晶鲕粒灰岩，偶夹绿灰色页岩。 5.09米

4.灰色中层微晶（泥晶）鲕粒灰岩夹少量黄绿色页岩。 3.96米

3.深灰色中薄层含海绿石微晶鲕粒灰岩，产三叶虫*Liaoyangaspis* sp.、*Proasapiscus* sp.。 2.83米

2.黄绿色页岩。 0.30米

——整合接触——

下伏地层徐庄组（∈₂x）

1.紫红色页岩夹少量黄绿色页岩，产三叶虫*Bailiella lantenoisi*、*Proasaphiscus* sp.。 8.31米

张夏馒头山剖面：

上覆地层中寒武统张夏组（∈₂z）

35.灰色中厚层泥晶含海绿石鲕粒灰岩，产三叶虫*Liaoyangaspis* sp.。 0.30米

34.黄绿色泥页岩。 0.30米

——整合接触——

徐庄组（∈₂x）厚73.12米

33.暗紫红色纸片状页岩，夹少量绿灰色页岩。顶部产三叶虫*Bailiella*

lantenoisi。　　　　　　　　　　　　　　　　　　　　　　　　10.30 米

32. 灰色薄层含海绿石含生物碎屑微晶—泥晶灰岩夹灰绿色页岩。产三叶虫 *Proasapniscus* sp.。　　　　　　　　　　　　　　　　　　　　2.28 米

31. 灰色厚层泥晶—亮晶含海绿石砂屑鲕粒灰岩，底部具较多的竹叶状灰岩，产三叶虫 *Poriagraulos abrota* 及球接子、瓣鳃类。　　　　　　3.80 米

30. 紫灰色页岩为主，自下而上夹有褐灰色中层含砾灰质砂岩、灰色中厚层生物碎屑鲕粒灰岩、含竹叶状鲕粒灰岩、赤红色鲕状赤铁矿层、灰色中厚层鲕粒竹叶状岩。底部产三叶虫 *Sunaspis laevis* 及腕足类。　　　　8.13 米

29. 紫灰色含粉砂页岩为主，下部夹绿灰色含粉砂页岩、灰褐色薄—中层含海绿石细砂岩、灰质粉砂岩及粉砂质微晶灰岩，中部夹深灰色中层亮晶生物碎屑鲕粒灰岩、亮晶鲕粒生物碎屑灰岩及泥晶—亮晶鲕粒砂屑灰岩，夹层多具斜层理。产三叶虫芮城盾壳虫（未定种）*Ruichengaspis* sp.、晋南虫（未定种）*Jinnania* sp.。　　　　　　　　　　　　　　　　　　　25.99 米

28. 灰色厚层亮晶含砾屑鲕粒灰岩，具单向斜层理及缝合线构造，产三叶虫 *Ruichengaspis* sp.。　　　　　　　　　　　　　　　　　　　　1.81 米

27. 灰紫色含粉砂页岩夹薄层—凸镜状粉屑灰质白云岩及灰质粉砂岩。凸镜体中富产三叶虫化石，多呈碎片保存，灰质粉砂岩具缓倾角的小型交错层理，下部产三叶虫 *Ruichengaspis* sp.、*Daopingia* sp.。　　　　　　19.26 米

26. 赤红色中层泥晶—亮晶含生物碎屑鲕粒灰岩，具缝合线构造，层面具波痕，产三叶虫、中条山盾壳虫（未定种）*Zhongtiaoshanaspis* sp. 及腕足类。

　　　　　　　　　　　　　　　　　　　　　　　　　　　　　0.55 米

——整合接触——

下寒武统（∈₁*mz*）毛庄组厚 39.03 米

25. 灰色中层亮晶含生物碎屑鲕粒砂屑灰岩，具缝合线构造。　　0.26 米

24. 灰色中层亮晶含生物碎屑核形石灰岩。　　　　　　　　　0.22 米

23. 灰褐色厚层亮晶含生物碎屑鲕粒砂屑灰岩，具缝合线构造。　0.80 米

22. 紫红色纸片状页岩，微含粉砂及云母片，偶夹灰绿色页岩。　13.94 米

21. 暗紫色含粉砂页岩夹亮晶生物碎屑灰岩、泥—亮晶含生物碎屑砂屑灰岩、粉砂质灰岩及灰质粉砂岩凸镜体或其薄层，灰质粉砂岩层面具波痕。产三叶虫 *Shantungaspis aclis*、*Psilostracus mantoensis* 及软舌螺 *Hyolithes* sp.。　　4.88 米

20.灰色厚层泥—亮晶含生物碎屑鲕粒灰岩，产三叶虫 *Shantungaspis aclis*、
Psilostracus mantoensis。　　　　　　　　　　　　　　　　　　0.65米

19.暗紫色含云母粉砂质页岩，夹灰色—浅紫灰色中薄层—凸镜状亮晶生物
碎屑灰岩，泥—亮晶生物碎屑砂屑灰岩，底为厚约40厘米的灰色亮晶生物碎屑
灰岩。产三叶虫 *Shantungaspis aclis*，*Psilostracus mantoensis*，小眼小姚家峪虫
Yaojiayuella ocellata 及瓣鳃类。　　　　　　　　　　　　　　17.96米

——整合接触——

馒头组（$\in_1 m$）厚119.09米

18.砖红色纹层状含粉砂云泥岩（鲜红色易碎页岩）夹紫红色薄层具小形楔
状交错层理的含粉砂泥云岩。　　　　　　　　　　　　　　　　14.49米

17.黄灰色薄层含粉砂微晶—泥晶白云岩，上部夹杂色纹层状含粉砂云泥
岩，泥质白云岩层面具不规则状泥裂纹，底部含较多砾屑。　　　　3.90米

16.灰紫色中厚层含粉砂粉晶泥质白云岩，底为紫红色纹层状含粉砂云泥
岩，前者具小型交错层理。　　　　　　　　　　　　　　　　　　7.22米

15.褐灰色薄—中层微晶含泥白云岩，具微细水平纹理，层面偶见微冲刷构
造，下部夹黄绿色及紫红色页岩。　　　　　　　　　　　　　　　6.84米

14.灰色厚层微晶—泥晶灰质白云岩，底部为黄灰色薄层泥云岩，灰质白云
岩具密集的显微水平层理，偶见微冲刷构造，薄层泥云岩层面具干裂纹。 2.50米

13.紫红色页岩偶夹灰绿色页岩，含少量灰质及粉砂。　　　　　　3.40米

12.浅褐灰色中—厚层（微晶）砂屑灰质白云岩，顶为厚约1米的叠层灰质
白云岩，砂屑灰质白云岩具人字形层理、束状层理及小型槽状交错层理，叠层
石灰质白云岩的藻纹层呈相连的半球状、孤立的半球状或波纹状。　　3.40米

11.灰紫色纹层状含粉砂云泥岩（含粉砂页岩）偶夹薄层含粉砂泥晶-微晶泥
云岩。　　　　　　　　　　　　　　　　　　　　　　　　　　10.00米

10.下部浅褐黄色薄—中层泥晶含云泥质灰岩夹薄层生物碎屑灰岩，上部浅
紫灰色中厚层微晶—泥晶微含粉砂泥质白云岩。　　　　　　　　12.57米

9.紫红色纹层状泥晶—微晶含粉砂泥云岩，偶夹灰绿色页岩及灰色薄层云
质泥灰岩。　　　　　　　　　　　　　　　　　　　　　　　　3.85米

8.灰色中层微晶—泥晶白云岩夹薄层微晶灰岩，具微细水平层理。 2.20米

7.灰黄色薄层泥晶泥云岩夹少量绿灰色页岩，底部可相变为灰色链条状含生

物碎屑泥晶灰岩、泥云岩具微细层理或呈纹层状，产三叶虫 *Redlichia chinensis*。

8.46 米

6.紫红色纹层状含粉砂云泥岩，顶底为灰黄色薄层泥晶粉砂泥云岩，后者具石盐假晶印痕。

15.22 米

5.灰色薄层夹中层球粒—泥晶含泥灰质白云岩，顶部为厚约1米的含燧石结核灰质白云岩，前者含少量石英粉砂，后者具断续的微细水平层理，燧石结核黑灰色、饼砾状、切穿层理，断续分布。

5.87 米

4.煌斑岩脉（岩床）近脉围岩具轻微蚀变现象。

7.38 米

3.褐灰色中厚层含燧石条带粉屑（粉晶）白云岩具微细水平层理，局部具束状层理，下部具缝合线构造，上部含较多砂屑，燧石条带灰黑色，具密集的显微水平层理。

4.43 米

2.灰黄色薄层含泥灰质白云岩，含少量石英粉砂，具微细水平层理。

2.36 米

～～角度不整合接触～～

三、寒武系上统长山组剖面

蒿里山位于泰山脚下老长途汽车站的东侧，是一个矮小的山丘。此处出露的岩石为寒武系上统长山组的石灰岩。剖面位于蒿里山的西南坡，这个剖面出露较好，化石丰富，在石灰岩层面上含有似桃仁大小的三叶虫，是晚寒武世的标准化石之一，因它最早在蒿里山发现，故命之为蒿里山虫。此处的三叶虫属群多属 *Kaolishannia* 带中的重要分子（钱义元，1994）。蒿里山这个矮小的山丘，过去的文物古迹已荡然无存，只剩下满山的翠柏，然而，它却记录着5亿多年的地史沧桑。

第二节　岩浆活动记录——侵入岩体

泰山的侵入岩体主要包括4个时期。最古老的岩体是距今27亿年的望府山岩体、大众桥期的麻塔岩体和大众桥岩体。傲徕山期是公园内分布最为广泛的岩体，形成于25亿年前，玉皇顶岩体和虎山岩体都属于这一时期的产物。中天门期的侵入岩为普照寺岩体和中天门岩体，这一时期的侵入体是泰山最年轻的侵入岩，形成于距今18亿年前。以上这4期的多种岩体相互穿插、包裹，关系极为清楚，是研究泰山乃至鲁西地区岩浆活动期次和演化关系极其重要的证据。

一、望府山期侵入岩

望府山岩体是约27亿年前侵入的中酸性岩浆岩经变质作用而形成的，深色矿物为角闪石和黑云母，浅色矿物为长石和石英，深色和浅色矿物交替呈条带状出现，构成了奥妙无穷的各种图案，是泰山地质公园中年龄最老、图案最美的岩石。

望府山期侵入岩包括望府山英云闪长质变质侵入岩和扫帚峪岩体片麻状英云闪长岩。望府山期侵入岩形成后又经角闪岩相变质作用和强烈构造变形作用改造，变质为条带状角闪斜长片麻岩、条带状黑云斜长片麻岩。

江博明等（1988）指出，这些似层状、条带状灰色片麻岩属英云闪长质侵入岩经变质变形作用改造而成，并称之为望府山片麻岩。在泰山十八盘的西侧、升仙坊、龙门、月观峰、栗杭水库等处，可见望府山岩体的露头及望府山期岩体和其他岩体穿插关系（图4-3）。望府山岩体的条带状黑云斜长片麻岩在外力的作用下发生破裂，后期的岩浆沿着两组垂直节理的方向侵入到片麻岩当中，将岩体切成了豆腐块状。栗杭水库、千叶石莲等处，可以看到望府山岩体因塑性变形而形成的揉皱现象。在岱顶可以看到望府山岩体在玉皇顶岩体中的残余包体。

扫帚峪岩体为细粒片麻状英云闪长岩，新太古代早期中酸性岩浆侵入形成的岩体，经变质变形作用改造，具片麻

图4-3　望府山岩体

状构造，糜棱岩化显著。主要分布在扫帚峪至刘家庄水库一线。在泰山东侧可见扫帚峪岩体侵入望府山岩体的侵入关系。

二、大众桥期侵入岩

大众桥期侵入岩包括麻塔岩体的粗粒角闪石岩、大众桥岩体的片麻状石英闪长岩、卧牛石岩体的片麻状英云闪长岩、线峪岩体的片麻状英云闪长岩和李家泉岩体的片麻状英云闪长岩。在公园内主要出露麻塔岩体和大众桥岩体。

麻塔岩体为新太古代晚期超基性岩浆侵入形成的岩体，岩石呈绿黑色，角闪石晶体粗大，特征醒目。岩体分布在东北部麻塔、官地等地。主要呈小岩株、岩瘤或透镜体侵入到望府山变质侵入岩中，总体延伸方向为北西向，多被后期伟晶岩脉切割成团块状。在红湾村南可以看到麻塔岩体露头。

大众桥岩体主要见于大众桥、北部摩天岭等地，常见其在傲徕山期二长花岗中呈孤岛状巨型包体或沿望府山条带状片麻岩中顺"层"产出，分布比较局限。在大众桥可以看到普照寺细粒闪长岩呈岩脉状侵入大众桥岩体片麻状石英闪长岩中（图4-4）。在环山公路北可见该岩体所含的望府山条带状片麻岩包体。

图4-4 大众桥岩体（浅色）与普照寺岩体（深色）的侵入接触关系

三、傲徕山期侵入岩

泰山地质公园分布较广的另一种岩石——二长（肉红色的钾长石，白色的斜长石）花岗岩，这类岩石被命名为傲徕山岩体，形成于距今约25亿年前。其特征是颜色浅，矿物颗粒均匀，经常穿插到其他岩石中，从而形成条带状的花纹图案，是著名泰山石的另一种类型。

　　傲徕山期侵入岩包括玉皇顶粗斑片麻状二长花岗岩、虎山中粗粒片麻状黑云母二长花岗岩、傲徕山中粒片麻状黑云母二长花岗岩和调军顶细粒片麻状黑云母二长花岗岩。

　　玉皇顶岩体的岩性为粗斑片麻状二长花岗岩，呈带状沿北西向展布于傲徕山二长花岗岩与望府山条带状片麻岩之间，分布比较局限（图4-5）。岩体内有大小不等的望府山条带状黑云斜长片麻岩众多残留体。岩体主要出露于泰山主峰一带，在十八盘西侧可以看到玉皇顶岩体与望府山岩体的穿插关系。

图4-5　玉皇顶岩体

　　虎山岩体为中粗粒片麻状黑云母二长花岗岩，主要分布于中部的虎山，西部的董家庄、天平店等地，沿北西向展布。常见岩体中含大量望府山条带状片麻岩包体，被普照寺细粒闪长岩侵切。在虎山公园可以看到虎山岩体的露头，新鲜面为淡白色，风化后呈浅褐色，中粗粒，具明显的片麻状构造，片麻理延伸方向约325°，节理产状为320°∠28°。

　　傲徕山岩体为中粒片麻状黑云母二长花岗岩，主要分布在中西部的傲徕山、老平台、龙角山、横岭一带，沿北西向展布，呈岩基状产出，并侵入望府山条带状片麻岩和大众桥片麻状石英闪长岩，含望府山条带状黑云斜长片麻岩和大众桥石英闪长岩及斜长角闪岩的包体，在普照寺、傲徕峰等地均见普照寺闪长岩、中天门石英闪长岩侵入并捕虏傲徕山岩体。

调军顶岩体为细粒片麻状黑云母二长花岗岩，主要分布在黄石崖、调军顶一带和黄崖山等地，沿北西向展布，呈岩基状产出。在后石坞下索道东侧50米，可以看到露头为灰白色细粒二长花岗岩。

四、中天门期侵入岩

中天门期侵入岩包括普照寺岩体的细粒闪长岩和中天门岩体的石英闪长岩。

普照寺岩体为细粒闪长岩，主要分布在普照寺一带，呈小岩株状和脉状产出。多存在于中天门石英闪长岩岩体的边部，呈网脉状穿切于望府山、大众桥、傲徕山等岩体中，并被中天门石英闪长岩截切。在大众桥可以看到普照寺细粒闪长岩呈岩脉状侵入大众桥岩体片麻状石英闪长岩中。

中天门岩体为黑云石英闪长岩，分布于中部的中天门、龙角山及西北部的桃花峪和房家庄等地，呈岩株状沿北西向展布。此岩体穿切和捕虏望府山、大众桥、傲徕山等岩体，被摩天岭细粒二长花岗岩岩脉穿切。在中天门可以观察中天门岩体中粒黑云石英闪长岩，具中粒结构，块状构造。

第三节　泰山之基——典型岩石

代表泰山地区最为典型的岩石为泰山岩群，其中的一种岩石是最为罕见的岩石类型——科马提岩。科马提岩是在高温环境下在海底喷发的火山岩，结构特殊。辉绿岩是泰山地区时代最新的侵入岩，广泛穿插于早先形成的各时期侵入岩体中。

一、古老地基——泰山岩群

28亿年前，泰山地区还处于远古的海洋里。当时海底火山喷发频繁，形成很厚的火山–沉积岩系，命名为"泰山岩群"，是泰山最古老的岩石，中国最古老的地层之一。它记录了自太古宙以来近30亿年漫长而复杂的演化历史，是泰山早期孕育阶段的物质基础。

　　泰山岩群主要分布于泰山山体底部，是形成年龄约28亿年的片麻岩，受后期岩浆活动的影响，被岩体、岩脉穿插，形成了条带状片麻岩，常呈残余体被包裹在后期侵入的岩体中。岩性主要为斜长角闪岩，黑灰色，中细粒结构，条带状构造，矿物成分主要为普通角闪石和斜长石，岩体中的条带曲折多姿。其质地坚硬，基调沉稳、凝重、浑厚，常被人们作为奇石欣赏（图4-6）。

图4-6　壮观秀丽的泰山岩群

二、海底火山——科马提岩

　　赋存于古老泰山岩群中的科马提岩是迄今我国唯一公认的具有鬣刺结构的太古宙火山岩，是地球早期富镁原始岩浆的代表，由大约1700℃的地幔中超基性岩浆喷发而形成，是海底火山喷发的重要证据。我们由此得知，现在地幔温度比27亿年前下降了300℃。科马提岩是一种罕见的岩石，仅在世界上少数几个国家出露的古老地层。

图4-7　泰山地区的科马提岩

　　泰山地区的科马提岩岩性多为透闪阳起片岩、滑石蛇纹岩等，它们最厚达380多米，出露在石河庄附近，其中还发现了科马提熔岩的喷发冷凝单元（旋回）。在雁翎关组和柳杭组中均发育了典型的科马提岩，其中尤以雁翎关组最为发育。科马提岩和拉斑玄武岩密切共生，伴随有中酸性火山-沉积岩（图4-7）。

三、岩浆谢幕——辉绿玢岩

　　泰山的岩浆活动在距今18亿年时进行了最后的谢幕，这一时期留给泰山的产物就是分布于泰山红门一带的辉绿玢岩。玢岩是岩浆岩的一种，产出状态一般规模较小，以细小的结晶矿物为主要特征。泰山地区的玢岩多为墨绿色，被称为辉绿玢岩，主要由斜长石和辉石两种矿物组成，新鲜面呈黑绿色，风化面呈浅黄褐色，具辉绿结构、块状构造，质地十分坚硬（图4-8）。辉绿玢岩是泰山最年轻的侵入岩，它的年龄为17.6亿年。

图4-8　辉绿玢岩露头

　　辉绿玢岩沿北北西向断裂呈岩墙状侵入于古老的侵入岩中，岩脉产状比较稳定，总体走向为北北西350°，倾向南西，倾角80°左右，延伸很远，从红门直达和尚庄北，岩脉长度达12千米以上。脉体宽度变化较大，在红门处宽约60米，在斗母宫仅20米，在和尚庄约10米。

　　值得指出的是，一般都是以辉绿玢岩岩墙群出现，而在泰山只出现了一条辉绿玢岩岩脉和一条辉绿岩岩脉，延伸十几千米，据现有资料，可能是华北陆块在距今18～16亿年前裂解的产物，而且标志着华北古陆壳的固结形成。脉体两侧常伴有正长花岗岩，标志着前期构造岩浆旋回的结束。因此，它是泰山地区的关键性地质事件，具有极高的科学研究价值。

四、各类代表——其他岩石

1.长城岭伟晶岩脉

岩脉是后期岩浆沿早先形成的岩石裂隙或层面毫无规律的穿插并冷凝结晶形成的，伟晶岩脉是矿物颗粒粗大的岩脉。根据岩脉的切穿关系可判别岩石形成的早晚顺序和岩浆活动的规律，据岩脉中的矿物和颗粒大小可判别矿物结晶时的温度及来源。

图4-9　伟晶岩脉

在玉皇顶岩体中有浅色的岩脉穿插。组成岩脉的矿物颗粒粗大，晶形完好，可见肉红色板状钾长石和灰白色石英两种矿物（图4-9）。由于岩脉的时代要晚于被穿插的岩体，因而伟晶岩脉形成的时期要在玉皇顶岩体形成之后。

2.岩脉的穿插关系

岩脉沿破裂面穿插于约25.6亿年前形成的虎山岩体中。岩脉的矿物结晶颗粒粗大，形成的时间晚于虎山岩体。两组岩脉呈"X"形交叉。岩脉的形成与地质运动有密切的关系，它可以判断岩脉与被穿插岩体形成的相对时间顺序（图4-10）。

图4-10　岩脉的穿插关系

第四节　期次佐证——残余包体

早先形成的岩石被后期的岩浆（岩）包裹后，早期的岩石面貌和物质成分，没有发生变化，地质学家把被包裹的岩石称为"残余色体"。泰山各时期的侵入岩中都有各种早期岩石的残余包体。

一、泰山岩群残余包体

先期形成的岩体被后期侵入的岩浆侵吞和包裹后，早先的岩石面貌没有发生改变的部分称为"残余包体"。该处包体为约28亿年前形成的泰山岩群（深色）以透镜状的形式，被约27亿年前形成的片麻

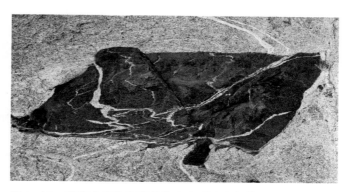

图4-11　望府山岩体包裹的泰山岩群残余包体

岩望府山岩体（浅色）包裹，两者岩性差异明显（图4-11），接触界线清晰，显示了泰山岩群形成年代早于望府山变质侵入岩体，由此可判别出岩石形成的新老关系。

二、玉皇顶岩体中的残余包体

玉皇顶岩体的（25.5亿年）粗斑二长花岗岩包裹有望府山岩体（27亿年）的条带状角闪斜长片麻岩残余碎块，据此可知望府山岩体形成早于玉皇顶岩体（图4-12）。

图4-12　玉皇顶岩体中的残余包体（望府山岩体）

三、中天门岩体中的残余包体

在中天门岩体中有傲徕山岩体和普照寺岩体的残余包体。中天门岩体为青灰色，属于中性侵入岩。傲徕山岩体的包体为浅黄灰色，普照寺岩体为黑灰色。各种岩体的岩性不同，色调分明，界限清晰，特征明显，形成年代的先后关系也十分清楚（图4-13）。

图4-13 中天门岩体中的残余包体

第五节 岩体的侵入接触关系

当不同时期的侵入岩接触，后期的岩浆（岩）侵入到早先形成的岩石之中或边缘，地质学家把这种岩石的接触关系称为"侵入接触关系"。在泰山，这种侵入接触关系相当普遍，它们的存在为确定泰山岩浆活动规律和期次提供了科学依据，地质学家依据这种特殊关系确定岩石形成的先后顺序。

一、两期岩体的侵入接触关系

1.红门辉绿玢岩与中天门岩体的侵入接触关系

红门黑绿色辉绿玢岩（年龄17.6亿年），呈40～80厘米宽和2米长的楔状脉体，侵入中天门岩体青灰色中粒石英闪长岩（年龄25亿年），两者接触边界清晰，表明中天门岩体形成早于辉绿玢岩（图4-14）。

图4-14　红门辉绿玢岩与中天门岩体的侵入关系

2.中天门岩体与望府山岩体的侵入接触关系

形成于约25亿年前的中天门岩体，侵入到距今约27亿年前的望府山片麻岩中，侵入接触界线清楚，侵入特征明显。望府山片麻岩形成年代早于中天门石英闪长岩，其先后关系一目了然（图4-15）。

图4-15　中天门岩体与望府山岩体的侵入接触关系

3.虎山岩体与傲徕山岩体的侵入接触关系

在石门南侧,可以看见距今约25.6亿年前形成的虎山岩体和距今约25亿年前形成的傲徕山岩体之间的侵入接触关系,接触界线平直。石门的形成与傲徕山岩体中的垂直节理有直接的关系(图4-16)。

图4-16 虎山岩体与傲徕山岩体的接触关系

二、三期岩体的侵入接触关系

1.泰山岩群、望府山岩体与傲徕山岩体的侵入接触关系

在该点出露了3种特征显著的岩体,从北往南依次为泰山岩群、望府山岩体和傲徕山岩体,年龄由老到新,颜色由深变浅,其中望府山岩体中的条带构造最为发育。3种岩体的接触面产状均平直,接触界线明显(图4-17)。

2.大众桥岩体、傲徕山岩体与普照寺岩体的侵入接触关系

这里出露的主要是暗灰色的大众桥岩体,浅黄或浅灰色的傲徕山岩体侵入其中,傲徕山岩体又被黑灰色的普照寺岩体所侵入。这三种岩体的颜色和岩性不同,相互接触的界线也很清晰,形成的时代先后关系明显:大众桥岩体形成的时代最早,其次为傲徕山岩体,最晚的是普照寺岩体(图4-18)。

图4-17　泰山岩群、望府山岩体与傲徕山岩体的侵入接触关系

图4-18　大众桥岩体、傲徕山岩体与普照寺岩体的侵入接触关系

三、五种岩体的侵入接触关系

泰山由5个时期的岩石构成，这里发育最为齐全的岩石露头，可以同时看到5个时期形成的岩体，称为泰山岩石的"五世同堂"。颜色最深的是28亿年前的片麻岩，最浅的是伟晶岩脉。不同时代和期次的5个岩体相互关系清楚，早期形成的岩体被后期形成的岩体包裹或穿插，岩体的岩性和颜色差异显著，易于辨认，侵入和包裹界面清晰，彼此形成的先后关系明显。根据这些岩石的特征和穿插关系，可以判断：形成最早的是①，其次是②，接着为③，然后侵入④，最晚的是⑤（图4-19）。

图4-19　五种岩体的侵入接触关系——"五世同堂"
①斜长角闪岩残余包体；②派生岩脉；③长英岩脉；④二长花岗岩侵入体；⑤伟晶岩脉

第六节　大地精华——泰山玉

　　泰山被尊为五岳之首，有"天下第一山"的美誉，象征着天赐吉祥、地位权力和人们对国泰民安的祈福，2000年来一直是帝王参拜的对象，泰山已成为帝王封禅祭拜天地、祈福苍生的神山。泰山石广为世人所知，自古被认为是镇宅辟邪的佳选，而玉为石之精华，因此泰山玉作为泰山之精华，更被尊为镇山之宝。

　　泰山玉是商业名称，按国标GB/T16552珠宝玉石名称，命名为蛇纹石玉。泰山玉的开发自20世纪七八十年代开始，起步较晚，但是其早在大汶口文化时期就已经被广泛认识和使用。起初，泰山玉是作为生产钙、镁、磷肥的原料，以及钢厂冶炼的添加剂，后来随着开采深度的增加，发现了质地细腻的矿石，可以作为玉器工艺品的原料，泰山玉这一宝物才被世人所见。

一、泰山玉的地质背景

　　1.成矿区域地质背景

　　泰山玉矿区位于山东省泰安市岱岳区粥店街道石腊村，鲁西台背斜北缘的泰山凸起。本区地层由第四系和太古宇泰山群山草峪组组成，变质作用强烈，构造复杂，岩浆活动频繁。

　　除第四系外，区内主要由太古宇和下古生界两大构造层组成，为典型的地台型建造，基底为泰山杂岩，盖层主要为寒武系和奥陶系的一套海相地层，其余皆缺失。

　　2.构造

　　泰山玉矿区位于鲁西台背斜，泰山–徂徕山–蒙山复背斜的北部西翼，为泰山西麓、冯家峪倒转向斜的轴部。区内断裂比较发育，并具多次活动的特点，按生成顺序基本上可分为3期：早期断裂为与成矿有关的泰山期岩浆活动所产生的断裂，呈明显的张性特征；第二期断裂活动与前期的有明显的继承性，性质相同，多为后期长英脉充填，脉体的两侧蛇纹岩都具有明显的片理化现象；第三期主要有北西向和北东向两组断裂，北西向一组与前两期断裂产状一致，但倾角略陡，北东向一组倾向南东，倾角80°左右，这两组断裂多被辉绿岩和煌斑岩充填，同时切割矿区所有地层和岩浆岩，对矿体有破坏作用。矿区内最为明显的是燕山运动的构造形迹，表现为大量的酸性岩脉穿插于蛇纹岩岩体之中，蛇纹岩体受挤压而形成揉皱。

二、泰山玉矿床的地质特征

区内共有蛇纹岩矿体4个，赋存于太古界泰山群山草峪组的二辉橄榄岩中，呈脉状、透镜状和不规则状产出，具有同一的延展方向，膨大收缩及分支现象明显。矿石品质变化较大，主要影响因素是后期岩脉的破坏和矿体中含有大小不一的围岩捕虏残留体。矿体围岩为泰山群雁翎关组斜长角闪岩和东近台单一条带状英云闪长岩，大多数矿体长600～800米，厚度一般为50～60米。矿体总体走向320°，倾向南西，倾角60°～70°，随地层产状变化而变化，局部地段相向而倾。

三、岩石学特征

1.泰山玉分类

关于泰山玉的分类，国内目前尚无统一方案。根据玉石的颜色、花纹将泰山玉分为三类：

1）泰山碧玉：碧绿色至暗绿色，叶片状结构，块状构造，常见黑色磁铁矿斑点及零星黄铁矿颗粒，半透明至微透明，蜡状光泽至油脂光泽。

2）泰山墨玉：新鲜面为黑绿色，抛光面为墨黑色，叶片状结构，块状构造，含有较多的磁铁矿，不透明，蜡状光泽至油脂光泽。

3）泰山花斑玉：淡黄绿色至深墨绿色，叶片状结构，花斑状构造，间有白色菱镁矿斑块，常见黑色磁铁矿斑点，半透明至微透明，蜡状光泽至油脂光泽。

2.泰山玉的结构

泰山玉结构的主要特征是蛇纹石的颗粒非常细小，均呈隐晶质结构，除一些斑晶外，肉眼看不到颗粒的界限。在偏光显微镜下观察，按矿物的形态，将其结构分为两种类型（图4-20）：

1）叶片状变晶结构：蛇纹石呈叶片状，颗粒比较粗大，为早期结晶的蛇纹石，粒度一般为0.15～1.2毫米。

2）鳞片状变晶结构：晚期结晶的蛇纹石颗粒往往比较细小，为鳞片状，在低倍镜下无法看清颗粒边界。

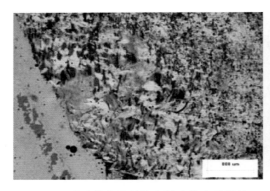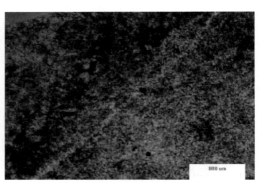

图4-20　叶片状变晶结构和鳞片状变晶结构
左图为叶片状变晶结构；右图为鳞片状变晶结构，正交偏光

按粒度相对大小可分为：

1）等粒变晶结构：蛇纹石矿物的颗粒大致相等，呈等粒状均匀相嵌分布。这种结构多见于质量较好的泰山碧玉中（图4-21a）。

2）不等粒变晶结构：蛇纹石矿物的颗粒大小不等，混杂排列呈不等粒状结构，多见于质量较差的玉石中（图4-21b）。

3）斑状变晶结构：组成泰山玉的矿物明显可分为两种，晶体大小相差悬殊，一种是大晶体呈斑晶，主要为菱镁矿；一种是细小的晶体组成基质，主要为叶片状蛇纹石。这种结构主要见于泰山花斑玉中（图4-21c）。

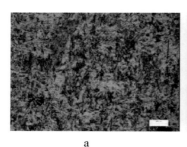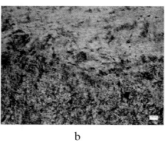

a　　　　　　　　　　b　　　　　　　　　　c

图4-21　泰山玉在正交偏光下的特征
a—等粒变晶结构；b—不等粒变晶结构；c—斑状变晶结构

3.泰山玉的构造

泰山玉的构造较为单一，可分为两种：

1）块状构造：是泰山玉中最常见的构造，玉石中的矿物成分分布较均匀，无定向排列，呈均一的致密块体（图4-22a）。

2）花斑状构造：玉石中的白色菱镁矿集合体与绿色蛇纹石集合体相互交织在一起，形成花斑状构造。泰山花斑玉即为这种构造（图4-22b）。

a—块状构造　　　　　　　　　　　　　b—花斑状构造

图4-22　泰山玉的构造

四、矿物学特征

1.主要矿物组成

根据偏光显微镜下的薄片观察，泰山玉的矿物成分主要为蛇纹石，不同种类泰山玉的蛇纹石含量相差较大。碧玉含量最高，可达99%以上；墨玉一般在85%～90%之间；花斑玉中蛇纹石含量变化最大，低至70%，高可达90%。按晶体颗粒间结合方式及颗粒大小，泰山玉中的蛇纹石主要有两种形态，即叶片状集合体和细脉状集合体，对应蛇纹石形成的两个期次。叶片状蛇纹石为第一期，形成最早，分布最广，粒度大致在0.15～1.2毫米之间；细脉状蛇纹石为第二期，穿切前期蛇纹石，粒度较小，偏光显微镜下无法看清其颗粒边界。两种形态蛇纹石的光学性质基本一致。正交偏光下干涉色为I级灰白，部分可达I级黄，平行或近平行消光。单偏光下无色，没有多色性，低正突起。

2.杂质矿物组成

不同品种泰山玉中的杂质矿物含量变化较大，在碧玉中仅占不到1%，墨玉中为10%～15%，花斑玉中最高可达30%。杂质矿物主要有碳酸盐类矿物、磁铁矿、黄铁矿、褐铁矿、滑石、绿泥石、斜方辉石、硫镍矿及微量的氢氧镁石、伊利石、高岭石、云母等。

　　磁铁矿（图4-23a）是泰山玉中最常见的杂质矿物，为黑色斑点状，部分为铬磁铁矿，薄片中为黑色，不透明，粒度一般为0.05～0.8毫米，常呈集合体出现，粒径可达1～2毫米。在碧玉和花斑玉中呈斑点状或团块状稀疏分布，而且随着泰山玉颜色的加深有增加的趋势；在墨玉中呈点状、团块状、脉状、浸染状分布，是墨玉致黑色的主要因素。碳酸盐矿物（图4-23b）也是泰山玉中常出现的杂质矿物，可见两种不同形态的碳酸盐：一种为颗粒状，粒径0.04～0.15毫米；另外一种呈细粒状集合体产出，为细脉状，为晚期碳酸盐，常被褐铁矿所浸染。

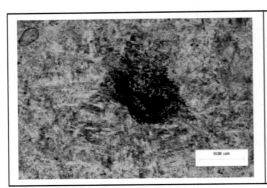

a—磁铁矿　正交偏光

b—菱镁矿　正交偏光

c—滑石　正交偏光

d—斜方辉石　单偏光

图4-23　泰山玉中杂质矿物的显微照片

　　滑石（图4-23c）常见于花斑玉中，呈片状，粒度一般为0.3～0.8毫米，常交代蛇纹石；绿泥石多见于花斑玉中，常呈片状，粒度较大，一般为0.4～1.2毫米；褐铁矿在泰山玉中也较为常见，无定形态，沿裂隙分布，为磁铁矿地表风化的产物。黄铁矿是泰山玉中分布比较普遍的杂质矿物，呈他形粒状，粒径约为0.1～0.3毫米，黑色不透明，反射色为黄色。斜方辉石（图4-23d）在薄片中偶尔可见，为淡黄色，透明，呈颗粒状稀疏分布，粒度一般在0.05～0.1毫米。白云母分布不普遍，偶尔可见，呈片状。

五、泰山玉的成矿演化模式

超基性岩的蛇纹石化作用可归纳为两种学说，即自变质说和它变质说，所依据的条件是蛇纹石化热液的来源和构造。

自变质说认为，超基性岩蛇纹石化所需要的水不是外来的，而是超基性岩浆所固有的，但超基性岩浆中所含有的水分是否能够引起大规模的蛇纹石化是学者争论的所在。因为根据格朗松等人的实验证明（贾炳文，2011），超基性岩浆中的含水量小于8%，而要使超基性岩体全部蛇纹石化，需要有12%～15%的水分，但此实验是在实验室进行的，与自然条件有相当大的差异。它变质说是用板块构造的基本理论和方法来解释蛇纹石化作用，认为水分来自周围较晚期的酸性侵入体，与母岩浆无关。

蛇纹石化作用是发生在岩浆基本凝固之后（贾炳文，2011），温度在400℃以下，当岩体出现冷凝裂隙时，岩浆期后的残余溶液（主要是水）沿着冷凝裂隙向上部迁移，聚集在某些张力裂隙带中，在裂隙带周围的粒间和粒内间隙之中发生一系列的交代作用，使橄榄石和辉石发生蛇纹石化，这种以交代作用为主的蛇纹石化是分多次完成的。叶蛇纹石的形成需要的温度较高，因此按照蛇纹石化作用温度为320℃时计算泰山玉成矿溶液的δD、$\delta^{18}O$值，并将其投影，得出成矿溶液水的来源为岩浆水，推测泰山玉应为自变质作用的产物，根据在于：

1）在蛇纹岩体周围一般没有出现晚期较酸性的岩浆活动，但二辉橄榄岩本身蛇纹石化的强度很大，被全部蚀变为蛇纹岩，几乎没有原岩的保留，在薄片中仅发现极少量的斜方辉石残晶。

2）蛇纹岩体与围岩接触带只局部有绿泥石化、碳酸盐化及规模很小的透闪-阳起石化，没有发现较高温的接触变质现象，因此岩体在侵入过程中温度并不很高。

3）蛇纹石化作用的深度较大，最深处可达200米，深处的蛇纹石化作用依然强烈，蛇纹石化作用自上而下强度递减的趋势不是很明显。

4）蛇纹石化作用的强度受岩体原生节理裂隙的控制，笔者在对矿区进行实地勘探时发现，蛇纹石多出现在靠近原生节理的边缘部分，而在两组原生节理之间则很少有蛇纹石的出现。

按照贾炳文（2011）的研究结果，推测泰山玉的形成过程为：在岩浆冷凝的晚期，析出大量的热水溶液，饱和于早期结晶的矿物之中，并沿冷凝裂隙循环，与橄榄石、辉石发生交代作用，使原岩局部或全部发生蛇纹石化。到了晚期，在温度继续降低的情况下，残余的富含镁质硅酸盐的胶体溶液充填岩石裂隙，并迅速冷却，形成了质地较好的蛇纹石脉。

第七节　世界价值——国际对比

鲁西地区发育了典型的新太古代花岗岩-绿岩区，泰山又是鲁西前寒武纪地质研究历史最悠久、地质现象最丰富的地区之一。如果说科马提岩是太古宙绿岩带的重要岩石标志的话，那么，泰山岩群是中国保存最好、发育最完整的典型新太古代绿岩带。

科马提岩是1969年Viljoen兄弟提出的，专指一种太古宙超镁铁质岩。因科马提岩岩石类型特殊而引起国内外地质学家的关注。在国际上，南非、澳大利亚西部、芬兰、美国、加拿大的太古宙绿岩中有科马提岩出露。在中国，也曾有报道，程裕淇等研究报道泰山岩群中的科马提岩；陈光远等（1983）报道鞍山弓长岭变质科马提岩；王仁民等（1983）报道冀北东陵具变质鬣刺结构太古宙科马提岩；崔秀石（1989）报道显生宙"科马提岩"；刘劲鸿（2001）报道和龙太古宙科马提岩。对上述的报道或因对科马提岩概念，鉴别标志理解不同，或因强烈变质难以识别原结构，或因工作程度不够，得到公认的太古宙科马提岩似乎还很少。

泰山前寒武纪岩石的主体是花岗质侵入岩，根据已有地质和年代学资料，主要形成于两个时代：望府山英云闪长岩形成于2720Ma前左右，而大众桥、傲徕山、中天门及摩天岭期的侵入岩则形成于2550～2500Ma前的50Ma的短暂期间内。在这50Ma期间形成如此巨量的花岗质侵入体，在世界上其他地区是极为罕见的。巨量的花岗岩可在3类不同性质的构造环境中形成：一是俯冲带，形成火山岩带根部的深成侵入岩带；二是由于造山带根部或板底垫托上隆引起的减压重熔；三是由于地幔柱头的高热状态造成顶板围岩的重熔。由于泰山地区出露大规模的、不同岩性和地球化学特征的花岗质岩石，为探索太古宙巨量花岗岩的形成提供了客观实体，因此构筑了一座天然实验室。

泰山地质公园内保存完好的太古宙科马提岩和前寒武纪巨量花岗岩，是国际地层委员会提出的太古宙晚期和"转变期"的地质记录。因此，对该区前寒武纪地质演化的研究对揭示花岗岩-绿岩带的形成演化历史，查明中国东部前寒武纪陆壳裂解、拼合、焊接的机制及地球动力学都有着十分重要的科学意义。同时，与世界上典型的花岗岩-绿岩区进行对比，从全球构造和行星地球演化的角度，审视和深入研究泰山的前寒武纪地质，对揭示全球太古宙的构造演化过程有着全球性的意义和价值，必将对全球前寒武纪年表划分和深化对行星地球演变历史的认识做出重要的贡献。

泰山悠久的历史、灿烂的文化、崇高的精神，与中华文化的孕育与形成有重大的关系，与中华民族崇高精神的形成有着千丝万缕的联系，是民族历史与文化研究的典范地区，这对于世界历史文化研究同样有着无可比拟的价值。

一、太古宙地体两个部分的对比

太古宙地区根据变质程度，可分为低级变质岩区（花岗岩-绿岩区）和高级变质岩区，两者在形成时代、形态、规模、构造背景、岩石组合、矿产及成因等方面都存在区别（表4-1）。

表4-1　　　太古宙地体两个组成部分的地质特征对比表

名称	高级带（高级片麻岩带，或称麻粒岩-片麻岩区）	低级带（绿岩带-花岗岩区）
时代	3800～2700Ma	3400～2300Ma
典型地区	北大西洋克拉通、阿尔丹地盾、林波波带、南印度、挪威Lofoten岛、冀东等	巴比顿的Swaziland系，罗得西亚的Sebakwian-Bulawqyau-Shamvaion系，西澳的Yilgarn和Pilbara地块，加拿大的Superior和Slaue省的Abitibi带和Yellowknifa带，印度的Dharwir系等

（续表）

名称	高级带（高级片麻岩带，或称麻粒岩-片麻岩区）	低级带（绿岩带-花岗岩区）
形态、规模	盾状或较大面积（几万平方千米），四周围为较年轻的活动带；线状，夹在两个稳定地块中间，零星出露的残块（几十到几百平方千米），四周覆以年轻的盖层	具有规则的近等轴状，周围是高级带或较年轻的活动带。或面积较大，四周或中间被构造活动带或大断裂所分割。面积几万到几十万平方千米
变质级	麻粒岩相，角闪岩相，经常叠加有退化变质带。伴随有成因不明的高级片麻岩	绿片岩相或更低，有时达角闪岩相（麻粒岩相？）。从整个区域看，变质不均匀，局部叠加有接触变质带
构造	多期叠加，图形复杂。穹窿和盆地已被同斜褶皱所改造。糜棱岩带发育。已识别出有多种形式和多期的岩浆活动	复杂，但可恢复盆地形态。复向斜较完整，但未见有完整的背斜。断裂发育，有多期岩浆活动
岩石组合	高级片麻岩（成因不明）；变质的上壳岩：在沉积岩中已识别出具有稳定陆棚性质的组合及火山岩组合。层状火成岩：斜长石和超镁铁质岩（是否Komatiite有争论）。榴辉岩不常见	花岗岩：至少包括较晚期的K-花岗岩和较早期的Na-花岗岩（tonalite的成因有争论）。绿岩带层序自上而下为：沉积岩组合，钙碱性火山岩组合和超镁铁质-镁铁质组合（包括Komatiite）。旋回性明显。总的地层层序各绿岩带间有一致性，但各地区具体岩石组合、比例和规模并不相同
矿产	一般看法是不如绿岩带丰富。已知矿产有BIF，铬铁矿（产于斜长岩及超镁铁质岩石中），Ni、Cu和Au（产于斜长角闪岩中）	极丰富。各绿岩带中的矿产种类有很大的相似性，但其规模因地而异。主要是：BIF、Au，Ni、Cr、U及块状硫化物等
成因模型	研究程度较低。关于高级带与低级带的关系争论尤多。有代表性的论点是联合原始板块模型（Winldley，1977），原生和次生绿岩模型（Glikson，1976）和转换活动带模型（Katz，1976）	已提出多个成因模型，近期有代表性的是边缘盆地模型（Burke、Dewey和Kidd等1976）

注：资料来源：《变质岩岩石学》，贺同兴等编，1988。

二、花岗岩-绿岩区的构造背景、类型的对比

花岗岩-绿岩区在全球的分布十分广泛，但是不同地区的构造背景和岩石组合类型等有所不同。

与只出现于太古宙以灰色片麻岩为代表的高级组合不同，花岗岩-绿岩组合主要出现于新太古代至古元古代的时限中，且表壳岩类占有更为突出的地位。

典型的花岗岩-绿岩组合是由变形了的绿岩带和穿插其中的花岗片麻岩穹窿

组成。其内部构造表现复杂，往往经历了数个变形阶段。从区域构造形态来看，轴面对称的向斜（形）构造向区域中心倾伏。在绿片岩相变质背景中，围绕花岗片麻岩穹窿边部则可能形成高温变质带（红柱石–矽线石、蓝晶石–矽线石等）。

绿岩带的典型剖面是：下部为科马提岩–玄武岩组合，中部为玄武岩类少量玄武质科马提岩和火山碎屑岩，上部为火山碎屑岩和沉积岩。

对比世界各地有关剖面资料可以清楚地看出，随时代更新，超基性—基性火山作用逐渐减弱。与此相关，依据岩石类型组合、构造位置、同位素特征等，国外将绿岩带划分为巴伯顿型（时限3500～3300Ma，以科马提岩和拉斑玄武岩广泛分布为特征，而安山岩不发育）、苏必利尔型（时限3300～2700Ma，以双峰式岩套及沉积岩类组合为特征）和达瓦尔型（时限2600～2200Ma，以广泛发育沉积岩组合为特征）等三种。

三、世界上主要的花岗岩–绿岩带分布地区

世界花岗岩–绿岩带的著名产地有南非德兰士瓦的巴伯顿和津巴布韦、澳大利亚西部的伊尔岗和皮尔巴拉及加拿大苏必利尔的阿比提比等，研究较为成熟，已经成为国际上研究花岗岩–绿岩带的典型实例。

总体上主要的花岗岩–绿岩带分布国家和地区如下：

欧洲：芬兰、乌克兰（大克里沃罗格）、俄罗斯（卡累利阿、西伯利亚）

美洲：加拿大（苏必利尔）、美国（怀俄明）、巴西（巴伊亚）

非洲：津巴布韦、南非德兰士瓦巴伯顿及卡普瓦尔克拉通北缘、利比里亚

大洋洲：澳大利亚（耶尔冈、皮尔巴拉）

亚洲：中国、印度、斯里兰卡

四、世界上典型的花岗岩–绿岩带

1.南非巴伯顿绿岩带

巴伯顿绿岩带是最著名的太古宙绿岩带。该带的火山岩放射性同位素年龄为3500Ma左右。巴伯顿绿岩带保存完好，出露也好，未变形。1969年Viljoen兄弟首次报道了南非科马提岩，现已成为世界各地绿岩带地层对比的典型地区。

该带岩石统称为斯威士兰岩系（或超群），主要由三大部分组成，自下而上为昂韦瓦克特群、无花果树群、木迪斯群。

昂韦瓦克特群的下部是超镁铁质岩单位，是以具有较丰富的超镁铁质和镁铁质岩流和岩床为特征，其中包括科马提组。该群的上部称之为镁铁质长英质岩单位，是以具有镁铁质–长英质火山旋回为特征。分开上、下两部分的是一种坚硬的黑色和白色燧石单位，称中部标志层。

无花果树群是整合在昂韦瓦克特群上，由硬砂岩、页岩和燧石组成，上部有长英质凝灰岩和集块岩。木迪斯不整合在无花果树群上，主要是由石英岩、次硬砂岩、页岩、燧石和条带状铁建造组成。

无花果树群富有机物的黑色燧石和页岩、昂韦瓦克特群的燧石和页岩中也发现有机物和一些微构造。

2.澳大利亚皮尔巴拉和耶尔冈绿岩带

西澳大利亚地盾是大致呈长方形的前寒武纪岩石的出露区域，它构成澳大利亚大陆的西部。皮尔巴拉地块和伊尔岗地块是西澳大利亚地盾的重要组成部分，这里有世界上典型的太古宙花岗岩–绿岩区，年龄为3000～2600Ma。

皮尔巴拉地块和耶尔冈地块的相似性在于只存在太古宙特点的花岗岩–绿岩区。这些花岗岩–绿岩区由低钾拉斑玄武岩、科马提岩的超镁铁质火山岩、碎屑状英安质火山杂岩、火山成因的硬砂岩、含铁建造、燧石和外力碎屑沉积岩的厚大层序组成，有些地方的构造断错和反复变形作用影响了对区域火山岩地层的解释，变质和变形作用通常尚未强烈到足以使绿岩带的原始性质模糊不清的程度。绿岩在大量的花岗岩类中，形成了向斜脊。

皮尔巴拉地块和耶尔冈地块的差别在于：在耶尔冈地块中，大量花岗岩类的Rb/Sr年龄为2700～2600Ma，而皮尔巴拉地块的花岗岩类的年龄则约为3000Ma；耶尔冈地块含有几个大型片麻岩区，这些区又含有强烈变质和强烈变形的硅铝质沉积岩包体，而在皮尔巴拉不发育；尽管皮尔巴拉地块的绿岩表面上看来更老一些，但在地层的较高层位上，这些绿岩含有比耶尔冈地块中类似的碎屑岩层序更加成熟的碎屑岩层序；皮尔巴拉地块的构造型式，以不连续近圆形花岗岩类岩基为主，而耶尔冈地块的大部分，由于接合的细长状岩基、区域褶皱和大的线性断错均平行产出，显示了线性型式。总之，皮尔巴拉和耶尔冈地块在不同时间和不同地点发生了相同作用的演化。

有关该地块绿岩带地层的划分为（由下向上）：

1）塔尔加亚群，为枕状玄武岩夹长英质、超镁铁质和燧石的岩套；

2）达夫尔组，为厚层英安集块岩透镜体，凝灰岩和熔岩；

3）萨尔加什亚群，为枕状玄武岩和碎石夹层、超镁铁岩；

4）威曼组，斑状流纹岩；

5）苏阿维尔亚群，主要为石英岩、砂岩和砂屑泥质沉积岩；

6）霍雷阿特玄武岩；

7）拉拉鲁克砂岩。

3.加拿大的苏必利尔绿岩区

加拿大的苏必利尔地区是太古宙花岗岩–绿岩型地区的典型实例，时限为3300～2700Ma，以双峰式岩套及沉积岩类组合为特征。苏必利尔绿岩区以大断裂为界可分为变质级较高的沉积岩亚区和一般为几十千米宽、几百千米长的低变质级的花岗岩–绿岩亚区。

苏必利尔地区绿岩带的岩石主要有五种类型：①陆台型岩石组合，主要由沉积在浅海陆台上的碎屑岩、化学岩、生物化学岩组成；②镁铁质组合主要由产在宽阔的镁铁质侵蚀平原上的海底玄武岩和科马提岩组成；③中—酸性火山岩组合，包括海底火山岩和玻璃碎屑质沉积，可能主要与岛弧环境有关；④晚期的河流相、三角洲相及海底陆源沉积扇组合，沉积在拉张盆地内并与其下岩石不整合；⑤大陆型火山岩，主要由钙碱性火山岩及其与之共生的火山凝灰岩组成。这些组合都适合于用近代板块构造的格架解释，多数产在与岛弧有关的环境中。

关于苏必利尔地区的变形，被认为与其他太古代克拉通类似。早期变形主要是平卧褶皱和薄皮的冲断层，使一些原来是不同构造环境的组合拼贴起来形成绿岩带。然后早期褶皱被后期的直立褶皱或花岗岩穹窿转变成近垂直的方向，在时间上可能与成为亚区边界的大型走滑剪切带同时或在先，因此早期变形仅能在花岗绿岩亚区内见到，而晚期变形则影响与花岗绿岩亚区相邻的沉积组合亚区。所以晚期变形被解释成是沉积岩组合亚区，像船舶靠岸一样撞在花岗岩–绿岩亚区边上引起的。

总之，苏必利尔太古绿岩带的复杂历史被看成是构造增生的产物，绿岩带实际上是形成于不同构造环境的各种岩石组合拼贴起来的大杂烩。

在其西南的阿比提比带中，提敏斯—柯克伦湖—诺兰达地区东西长250千米、南北宽70～110千米，主要岩石是拉斑玄武岩和钙碱性的镁铁质到长英质的岩流，以及形成许多孤立的火山堆积体的火成碎屑岩。这样的火山堆积体有3个，各构成一个地层群，它们分别是中部的大布莱克河群、南部时代较老部分下伏的斯基德群，以及柯克伦湖区不整合上覆的提米斯卡明群。对有代表性的长英质变质火山岩测定的锆石U-Pb年龄为2703±2Ma、2752±2Ma。

从其岩石组成、构造环境、形成时代等特征来看，鲁西地区与阿比提比有着很大的相似性。

五、中国的绿岩－花岗岩带区

我国学者对"绿岩"的含义尚存在不同认识，目前比较公认的绿岩带主要见于新太古代，少部分可能属古元古代。

中国前寒武纪绿岩带主要分布在华北地台的北缘、西南缘、胶东、鲁西及地台内部的五台山—恒山等地。此外，在扬子地台的西南缘也有少量分布，在塔里木地台北缘和扬子地台的西北缘也有人提出可能有绿岩带，系由一套镁铁质火山岩夹超镁铁质岩、安山质－长英质火山沉积岩系夹条带状铁建造（BIF）组成，呈不规则层状或巨型条带状分布于大片花岗质岩石之中。泰山岩群的超镁铁质岩中尚保留科马提岩特有的鬣刺结构，岩石已遭受高绿片岩相至低角闪岩相的变质作用和多期次变形改造，有的还叠加热变质。绿岩呈不整合关系覆于花岗质片麻岩之上，在部分地区（例如鞍山和晋山）已得到确认，有的地区也有类似迹象。

组成绿岩带主体的镁铁质火山岩的稀土模式以LREE富集型为主。据辽宁清原、河南登封、鲁西等地所测得的该类岩石的 εNd（t）值在＋2.23±2.91之间，表明其源岩物质来自相对亏损的上地幔。绿岩形成的大地构造背景，主要相当于大陆边缘的裂谷环境，类似于现代岛弧环境，少部分可能属大陆边缘弧后裂谷盆地环境。

我国花岗岩－绿岩带特征与国外相比，有一些不同之处：

1）我国花岗岩－绿岩带的分布范围比较小，层序不全，特别是超镁铁质岩不发育，绝大部分未保留鬣刺结构；

2）岩石变质程度相对较高，达高绿片岩–低角闪岩相；

3）绿岩–花岗岩形成后，地壳经常处于不稳定状态，后期改造强烈；

4）缺乏与超镁铁质岩有关的铜镍矿床，成矿作用也有明显差异。

六、华北地台主要花岗岩–绿岩区

1.空间分布

主要分布在吉林和龙、夹皮沟，辽宁清原、小莱河、鞍山—本溪、辽西，内蒙古色尔腾山、乌拉山，河北遵化、青龙河、张家口—宣化，河南登封、舞阳，豫陕交界小秦岭，山东胶东、鲁西，山西五台山—恒山等地。

2.类型

华北地台的绿岩类型同澳大利亚、加拿大等地绿岩带一样，在华北地台同一时期形成的不同地区的绿岩带和不同时期形成的绿岩带，由于所处的构造地质背景的差异，其地质特征是有差异的，同时各地早先形成的绿岩带受后期的活化改造和深熔作用的程度也有区别，因而各地绿岩带类型和特征是有差异的（图4-24）。

3.变质程度

分布在华北地台中的绿岩带的变质程度相对较高，仅少数绿岩带为绿片岩相，主要有两类，即高级变质绿岩带和中级变质为主的绿岩带。高级变质绿岩带主要分布在阴山—燕山区和辽吉南部的青龙—遵化、张家口—宣化、辽宁阜新—朝阳—凌源和内蒙古包头以北乌拉山一带。

中级变质为主的绿岩带广泛出露在华北地台，尤其集中分布在华北地台的北缘、西南缘和辽鲁郯庐断裂带的两侧，如吉林和龙、夹皮沟、辽宁清原、鞍山—本溪、内蒙古色尔腾山、山西五台山—恒山、山东胶东和鲁西、河南登封、鲁山和陕豫交界的小秦岭等地。

4.花岗质岩石

花岗质岩石是花岗岩–绿岩区的主要组成部分，出露面积一般在70%～80%。在高级变质花岗岩–绿岩区有时可达90%。

高级变质花岗岩–绿岩区内，花岗质岩石从产状上可划分为片麻状杂岩体、底辟式岩基和小型深成岩体或岩脉。片麻状杂岩体也称灰色片麻岩体，由英云

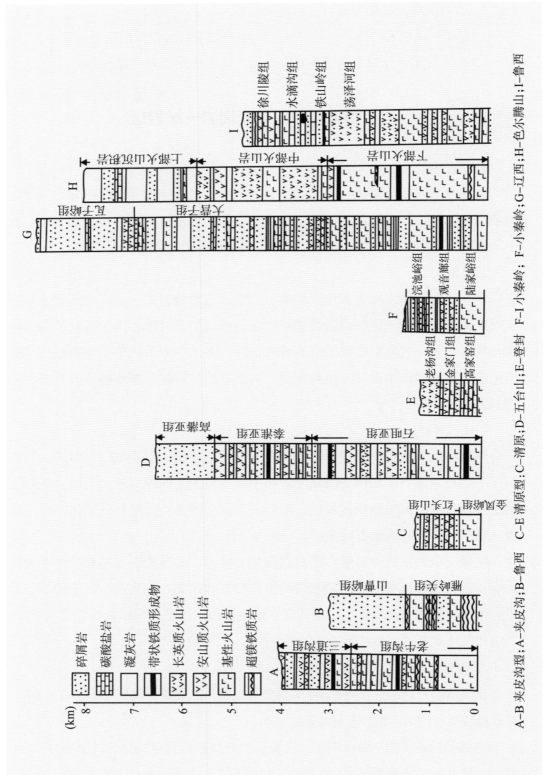

图4-24 不同类型的绿岩带的地层柱状图（据沈保丰等，1997）

A-B 夹皮沟型；A-夹皮沟；B-鲁西　C-E 清原型；C-清原；D-五台山；E-登封　F-I小秦岭；F-小秦岭；G-辽西；H-色尔腾山；I-鲁西

闪长岩、奥长花岗岩和花岗闪长岩（TTG岩系）组成，常构成花岗岩-绿岩区的主体。底辟式岩基或岩株主要由花岗闪长岩或紫苏花岗岩组成，侵入到片麻状花岗岩的内部或边部。小型深成岩体或岩脉的岩石类型主要为石英闪长岩、石英二长岩和钾质花岗岩，形成最晚。从岩石类型上看，花岗质岩石大致可分三个系列：紫苏花岗岩系列、英云闪长岩-奥长花岗岩-花岗闪长岩系列（TTG系列）、石英二长岩-花岗岩系列。

中级变质为主的花岗岩-绿岩区内，依据花岗质岩石与绿岩的形成关系，花岗质岩石从产状及其共生组合可划分为两大类，即前构造期基底花岗岩和同构造期花岗岩，后者又可细分为3类，即同构造早期片麻状英云闪长岩、奥长花岗岩和花岗闪长岩系列（TTG岩系），同构造期英云长岩-花岗闪长岩-石英二长岩-二长花岗岩底辟岩基/岩株（TGMQ岩系）和同构造晚期二长花岗岩-钾长花岗岩-花岗闪长岩系（MPG岩系）。

5.形成时代

华北地台绿岩带的形成时期主要为新太古代，尤以新太古代早期最为重要。中太古代绿岩一般为不大的包体，分布在大片的花岗片麻岩中，分布不广，岩石普遍遭受高角闪岩相至麻粒岩相的变质作用。在此期间形成小莱河等绿岩带。小莱河绿岩带中斜长角闪岩的Sm-Nd等时线年龄为3017.93±20.10Ma。

新太古代早期是华北地台绿岩带形成的主要时期。在此期间形成了夹皮沟、清原、鲁西、辽西、胶东等绿岩带，如清原绿岩带中斜长角闪岩的Sm-Nd等时线年龄为2844.39±47.76Ma。需要指出的，清原和鲁西绿岩带中斜长角闪岩的Sm-Nd等时线年龄和模式年龄非常接近，说明这些镁铁质火山岩直接从地幔中萃取，属壳-幔分离的原始地壳。

新太古代晚期是华北地台绿岩带形成的重要时期。在此期间形成了五台山、登封、乌拉山、色尔腾山、金城洞、板石沟等绿岩带。

古元古代形成的绿岩带较少。目前已知的仅为青龙河和荆山绿岩带。这些绿岩带的分布面积不大。

6.形成的构造环境

华北地台形成绿岩带盆地的构造类型主要有两类：一类为基底边缘盆地，另一类是基底内部裂谷盆地。前者以遵化、清原、夹皮沟等绿岩带为代表，后者有五台山绿岩带。

7.华北地台绿岩带同南非、西澳、加拿大等地绿岩带的对比

华北地台绿岩带是世界绿岩带的重要组成部分。同南非、西澳、加拿大等一些具有代表性绿岩带对比，既有其相似性、共性，又有明显的差异。

（1）相似性、共性

1）主要岩石类型相似。绿岩带的岩石类型是以变质镁铁质火山岩为主的变质火山–沉积岩系。绿岩序列的原岩一般由下部的火山岩系和上部的沉积岩系组成，且具明显的火山—沉积旋回。华北地台绿岩带也具上述特点。

2）不同的变质程度。国外绿岩带的变质程度不一，可从绿片岩相到麻粒岩相，华北地台绿岩带的变质程度也具有多样性，有绿片岩相的青龙河绿岩带，有绿片岩相—低角闪岩相的五台山绿岩带，有以低角闪岩相为主的清原、夹皮沟等绿岩带，也有高角闪岩相—麻粒岩相的遵化、张宣绿岩带。

3）相似的花岗质岩石。绿岩带都以条带状、不规则状等残留体产出在同构造期的灰色片麻岩或花岗质岩石内，在花岗岩–绿岩区内，花岗质岩石分布的比例一般均大于50%，甚至可达80%。岩石类型早期为钠质的TTG岩系，晚期为钾质的钾长花岗岩、黑云二长花岗岩、石英二长岩等。华北地台各地花岗岩–绿岩区中，花岗质岩石类型、分布面积等基本特征都与国外相似。

4）形成在太古宙—古元古代。国外绿岩带形成时间大致从3500～2300Ma前，尤其集中在太古宙，华北地台绿岩带的形成时间从3000～2200Ma前，主要在太古宙。

5）赋存丰富的矿产。华北地台绿岩带中赋存着丰富的铁矿和金矿。如鞍本绿岩带中赋存着100多亿吨条带状铁矿，胶东绿岩带中拥有全国金矿探明储量的25%。

（2）差异性、特色

同国外绿岩带相比，华北地台绿岩带具有独自的特色，主要表现为：

1）分布范围和规模较小，华北地台花岗岩–绿岩区的分布面积一般仅数十至数百平方千米，仅个别可达上万平方千米。绿岩岩序的厚度也不大，如夹皮沟绿岩带为5.5千米，小秦岭绿岩带为3千米，五台山绿岩带为7千米。

2）科马提岩不发育，至目前为止，除鲁西绿岩带的泰山岩群外，在岩序底部基本上都有不发育的科马提岩。

3）同构造晚期的长英质浅成侵入岩（或次火山岩）尚没有发现。

4）变质程度高。国外绿岩带经受的变质程度以低级变质作用为主，中高级变质作用相对较少。与此不同，华北地台绿岩带的绿岩经受的变质作用以中—高级变质作用为主，而低级变质作用的绿岩带分布很少。在华北地台北缘，从乌拉山到冀西北延绵数千千米内，分布着乌拉山、张宣、辽西等高级变质绿岩带，在国外甚为少见。

5）赋存的矿产类别有差别。华北地台绿岩带中赋存的矿产主要是金矿和铁矿，块状硫化物矿床仅发育在清原和五台山绿岩带内，而与超镁铁质熔岩有关的镍矿尚未发现。

6）受后期构造-岩浆作用的活化改造，华北地台绿岩带形成后，受到多次构造-岩浆活动的活化改造，尤其是中生代燕山运动，使早期花岗岩-绿岩发生强烈的变形、变质及深熔作用。

七、鲁西花岗岩-绿岩带的特征

鲁西是众多古老结晶基底裸露区之一。它的北部为阴山-燕山变质区，西侧为五台山-太行山变质区，南侧为嵩山霍丘变质区，东侧为胶东变质区。鲁西前寒武纪地质与四周各区存在较大差别。

鲁西绿岩带泛指在郯庐断裂带以西的泰山岩群，它发育在鲁西花岗岩-绿岩区内，遭到中低压变质相系角闪岩相-绿片岩相变质，基性火山岩（雁翎关组）未受到明显的混合岩化。

迄今为止，泰山岩群为中国保存最好、发育完整的典型新太古代绿岩带。最早提出泰山岩群为绿岩带的是程裕淇、沈其韩等人；之后，贾跃明、万渝生、朱振华、徐惠芬、沈保丰等人相继对此绿岩带做了较全面深入的研究。

鲁西的绿岩支离破碎地残存在新太古代的花岗质片麻岩中，它们多沿片麻理方向呈长条状或透镜体状产出，由于受到多期构造变形、岩浆侵入和变质作用的改造，绿岩带多已残缺不全。其中出露最好的地段，在新泰雁翎关—山草峪—柳杭一带，其次在韩旺、界首等地都有几百米宽的绿岩带分布。从野外观察来看，雁翎关地区的绿岩带，内部并未经历大型逆冲、推覆，原来层序大体保留，构造置换不发育，原生结构良好。这个绿岩带保留良好的科马提岩，它是目前我国研究绿岩带较理想的地区。

徐惠芬等对鲁西雁翎关、柳杭、韩旺和界首等4个主要绿岩带的基本特征进行了初步对比，发现它们之间既有共性又有差异，主要表现为：

1）它们遭受了相同的新太古代—古元古代的构造变形和变质作用，早期达到角闪岩相，晚期蜕变为绿片岩相。

2）4个绿岩带均发育大量的科马提岩和拉斑玄武岩原岩，尽管它们占总岩石露头比例不一。

3）除界首绿岩带外，其他绿岩带均由下部以超基性–基性火山岩为主体与上部以中（酸）性沉积岩为主体的两个二级旋回组成。

4）西部绿岩带，尤其是柳杭绿岩带，中部出现较多的酸性火山凝灰岩–沉积岩，构成超基性—基性—中性—酸性的连续岩浆演化特点。而东部绿岩带以超基性—基性火山岩为主，含部分安山熔岩—凝灰岩，酸性火山岩极少。

5）东西两侧绿岩带或绿岩夹层，如东部韩旺、崔家峪和西部界首及万山庄一带均未见砾岩层，但是较大的铁矿分布在东西两侧如韩旺和东平铁矿。

6）4个绿岩带中，科马提岩和拉斑玄武岩的地球化学特征显示，它们均属于铝亏损—不亏损过渡型科马提岩和正常的贫钾拉斑玄武岩，再对照它们的岩相学特征，有理由认为鲁西的各绿岩带形成大致都在新太古代早期，距今2800Ma左右，与世界上典型花岗绿岩带对比，它们属于上绿岩的靠下部位，这里没有出露所谓铝强烈亏损型的下绿岩，也缺乏典型的上绿岩上部的钙碱性玄武岩和中酸性浊积岩组合，这可能就是目前还未找到理想的绿岩带金矿的重要原因之一。

据4个绿岩带的物质组成和成矿类型等均存有较大的差异推断，它们的原岩可能形成在不同的海盆中。从雁翎关绿岩带下部和中上部斜长角闪岩中存有较稳定的枕状构造残余层和规则而大小均一的杏仁残余，可以说明它们至少在每个大旋回的早期曾经处于较深的海水环境，但到稍晚期发育硅铁建造等，则应为浅海环境。故总的原岩形成在动荡的深海—浅海频繁交替的环境中。

另据地球化学特征判断，它们形成在岛弧或大陆边缘环境。

花岗质岩石明显的可分为3个系列：2700～2600Ma前时形成的底辟片麻状英云闪长–奥长花岗–花岗闪长岩，2600～2500Ma前以分异结晶为主的石英闪长–闪长岩，2500～2300Ma前的重熔型的二长–钾质花岗岩。但是大面积出露的是第一系列。

鲁西绿岩带与世界各地绿岩带的共性：

1）新泰地区的泰山岩群有近400米厚的超镁铁质透闪岩及科马提岩，这是绿岩带（Greenstone Belt）重要标志层。

2）世界各地的由早期火山岩、晚期碎屑沉积岩组成的旋回性，在鲁西也毫无例外的存在，雁翎关组火山岩与山草峪组硬砂岩就是大型旋回明显的例子。

3）三位一体组合（或者说旋回）也同样出现在鲁西绿岩带中。

4）旋回性在绿岩带中普遍存在，也是一种特殊标志。

鲁西绿岩带的特点（图4-25，曹国权，1995）：

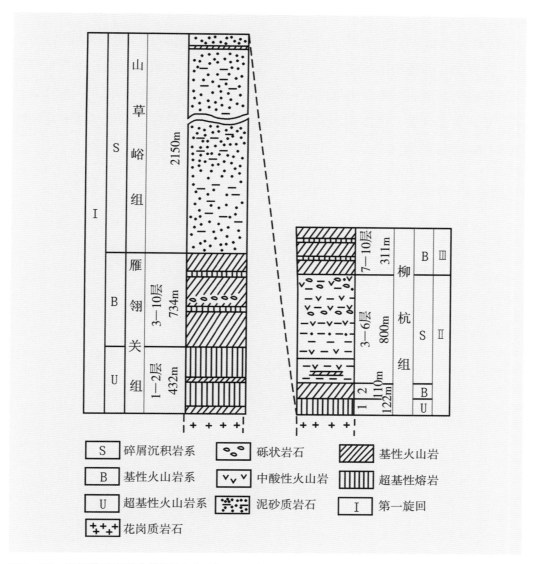

图4-25 绿岩带岩石组合旋回（据曹国权，1995）

197

1）超基性熔岩、科马提岩分布不稳定，横向变化大；

2）钙碱性火山岩系列如安山岩、英安岩不发育；

3）基性火山岩系中，酸性火山岩极少，基性与酸性火山岩匹配形成的双模式火山岩，表现不明显；

4）拉斑玄武岩系列，在鲁西绿岩带中大量存在。似乎可以取代"钙碱性火山岩"，用基性火山岩代表中部；

5）化学沉积中如灰岩尚未发现，但条带状"磁铁石英岩"颇为发育；

6）残存的厚度比国外绿岩带为小，总厚度不超过4350米。

从总体上看，鲁西绿岩带是2800Ma前左右的产物，是一个新太古代花岗岩－绿岩区，部分花岗岩属于古元古代，绿岩和花岗质岩石均受新太古代320°左右方向的片麻理构造的控制。因此，它可以和加拿大阿比提比、芬兰东部及美国怀俄明等地的新太古代花岗岩－绿岩带相类比（徐惠芬，1992）。从时代上更近于北美加拿大，比南非绿岩带（3400～3600Ma）年轻，比俄罗斯卡累利阿地块（2400Ma）更老（肖庆辉，1987）。

第五章

天工神笔——地貌景观

　　独特的地理位置、复杂的构造环境赐予了泰山丰富的地质地貌景观，有千姿百态的花岗岩地貌景观，有形态独特的流水地貌景观，有保存完好的构造地貌景观。这些奇特的景观为开展地球科学研究、发展旅游、振兴地方经济，提供了广阔的场所，是一座天然的地学科普博物馆。

　　泰山地处华北平原的东缘，凌驾于齐鲁大地之上，它与四周平原和低山丘陵形成强烈的对照，主峰玉皇顶海拔1545米，在不到10千米的水平距离内，与其山前平原相对高差达1400米左右，大有通天拔地、雄风盖世的气魄，成为万里原野上的"东天一柱"。在泰山南坡，泰前断裂、中天门断裂和云步桥断裂，三条断裂呈阶梯式降落，形成南天门、中天门和一天门三大台阶式的地貌景观，更增强了泰山陡峻高拔和雄伟磅礴的气势（图5-1）。

图5-1　中华泰山石刻

　　泰山的地形起伏大，地势差异显著，地貌分界明显。以北东东向泰前断裂为界，分为北部高耸的山地和南部低凹的盆地两个地貌单元，以北西向的大牛山口断裂为界，把北部山地又分为西部中低山区和东部低山丘陵区。此外泰山是一个向北倾斜的单斜断块山系，断块发生掀斜，南坡的上升量比北坡大，侵蚀强度南坡比北坡强，形成南坡陡峻北坡平缓的势态。

　　泰山的总体地势，具有北高南低、西高东低的特点。在地形起伏方面，由于西部的上升量比东部大，西部的侵蚀切割作用强烈，深沟峡谷发育，地形起伏大，差异显著，而东部的侵蚀切割强度相对较弱，地形起伏变化的差异性也相对较小。地形起伏变化最大的是主峰周围，侵蚀切割作用最强烈，地形险峻，奇峰林立，深沟峡谷悬崖峭壁举目可见。

　　在新构造运动的影响下，泰山的侵蚀切割作用十分强烈，广泛发育不同类型的侵蚀地貌，并具有从主峰往外，由侵蚀中山逐渐过渡到低山丘陵的特点。区内河流呈放射状分布于泰山的周围，雨季常形成山区洪流，携带大量砂砾堆积在谷口处，组成洪积扇群，形成山前冲洪积台地。

第一节　地貌类型

　　在新构造运动的影响下，泰山的侵蚀切割作用十分强烈，广泛发育不同类型的侵蚀地貌。由于泰山南坡年升量远比北坡大，南坡的侵蚀强度相对比较强，侵蚀地貌也相对比较发育，形成众多的深沟峡谷、悬崖峭壁，造就了泰山南坡陡峻险奇的地貌景观，如舍身崖、十八盘、扇子崖等处的险峻地形。区内河流呈放射状分布于泰山的周围，大部分南流汇入大汶河，雨季常形成山区洪流，携带大量砂砾堆积在谷口处，组成洪积扇群，形成山前冲洪积台地。按形态和成因，可将泰山的区域地貌划分出以下 6 种类型：

　　1.侵蚀构造中山

　　集中分布在泰山主峰玉皇顶周围，以及老平台、黄石崖、黄崖山一带。泰山十八盘海拔在 800～1500 米。组成山体的岩性主要是泰山杂岩中的二长花岗岩，是区域内地势最高、抬升幅度最大、侵蚀切割最强的山地。这里峰高谷深，地形陡峻，侵蚀切割的最大深度达500～1000米。"V"形谷、谷中谷的现象广泛发育，谷坡和谷底均很陡，跌水瀑布和大小冲沟到处可见。由于二长花岗岩柱状节理发育，加上强烈的侵蚀切割，重力崩塌作用显著，崩塌后常形成绝壁陡崖，如瞻鲁台下的百丈崖、天烛峰（图5-2）等处的悬崖峭壁、后石坞处重力崩塌所形成的石河和石海。

图5-2　天烛峰

2.侵蚀构造低山

分布在傲徕峰、中天门及尖顶山、歪头山、蒋山顶一带。海拔在700～1000米之间，相对高差在200米以上。组成山体的主要岩性为泰山杂岩中的二长花岗岩和闪长岩。侵蚀切割强度较主峰一带稍弱，但地形仍然十分陡峻，深沟峡谷、尖顶山头、锯齿状山脊、绝壁陡峰，举目可见，如扇子崖处的陡峭地形。

3.溶蚀侵蚀构造低山

这种地貌类型多分布在泰山主峰东北的鸡冠山至青山一带。海拔一般为500～700米，相对高差在200米以上。山体主要由泰山岩群和古生界寒武系的石灰岩所组成。侵蚀切割强度中等，山脉绵延，于是变质杂岩区多形成圆顶缓脊的山峦，如顶部覆盖有厚层石灰岩，则因其抗侵蚀和抗风化的能力相对较强，山坡主要靠重力崩塌作用而不断后退，从而形成四壁陡峭、顶部平缓的"方山"或"桌状山"，当地群众称之为"崮"或"坪"，诸如张夏、崮山一带的山头。此外，由于石灰岩中溶蚀作用比较强，往往形成各种洞穴和所谓"透明山"一类的溶蚀地貌景观。

4.溶蚀侵蚀丘陵

大多数分布在泰山北部边缘的石灰岩地区。海拔在300～500米之间，相对高差小于200米。侵蚀切割强度微弱，地形低矮平缓，沟谷不发育，形成一种圆顶脊缓的"猪背山"。溶沟、溶洞等溶蚀地形比较多见，如娄敬山所见的大大小小的溶洞。

5.侵蚀丘陵

主要分布在山南低山的边缘，大河到虎山及黄前一带。海度在200米左右。基岩多为泰山杂岩中的片麻状二长花岗岩。侵蚀强度比较弱，以剥蚀作用为主，多形成孤丘缓岭。

6.山前冲洪积台地

主要分布在山体外围的山麓地带。海拔在100米左右。以堆积作用为主。南部山前谷口的冲洪积扇发育良好，并且彼此连接成片。冲洪积物厚度大，砂砾石一般比较粗大，分选性差，有一定磨圆度。台地微向四周倾斜，坡度在3°～5°之间，一些村镇和果园多建在这种台地上。

关于泰山在第四纪期间是否发生过冰川作用问题，与中国东部其他中低山地一样，也存在着冰川论和非冰川论的争论，而且由于泰山的人文气息、历史地位、海拔、地理区位等因素，泰山地区成为中国东部第四纪冰川问题争论的焦点。

李四光早在1930年谈过泰山可能发育过冰川；20世纪70年代末，蒋忠信报道了在泰山北麓发现的冰碛物及其冰期划分；孙竹友曾指出泰山的后石坞一带存在山岳冰川地貌，是更新世晚期形成的后石坞冰斗；20世纪60年代初，山东省地质局805地质队在进行泰安幅1∶5万区域地质测量时，也提出泰山曾有第四纪冰川发育，认为后石坞存在的类似冰川地貌，是冰川作用的产物，把扫帚峪一带的砾石层划为冰碛物；徐兴永研究认为山东丘陵300米以上的山地都可能发生过第四纪古冰川作用，并在泰山卧龙峪发现第四纪冰川遗迹；2005年，有学者在泰山河谷中花岗岩体及山顶上发现了一些臼状岩穴，认为是第四纪冰川遗迹"冰臼"（张建伟等，2011）。

施雅风等人系统地总结了中国东部第四纪环境发展状况，认为包括泰山在内海拔2000米以下的中国东部中低山地第四纪期间从未发生冰川作用。根据末次冰期的降温值和降水值，推算出泰山末次冰期雪线高度为2600米，高出现代泰山最高峰达1000米以上，至于末次冰期以前则更无冰川发育的条件；陈吉余也认为泰山未见"U"形谷，未见冰碛物，冰期时高地有积雪但未见冰川。总而言之，目前多数人认为泰山存在冰川地貌的确证据不多且不明显，尤其缺少冰碛物方面的证据，所以泰山是否发育冰川地貌问题，尚待今后的工作来进行验证。

第二节　岩石地貌景观

泰山的岩石地貌景观极为丰富，有侵入岩后经剥蚀形成的地貌景观，有经构造作用形成的地貌景观，还有由重力作用形成的地貌景观，如拱北石、仙人桥等。这些地貌景观把泰山的山体装扮得丰富多彩，使泰山成为名副其实的地学旅游目的地。

一、侵入岩地貌景观

1.后石坞地貌景观

后石坞在泰山之阴，与岱顶相距1.5千米（图5-3）。自丈人峰顺坡北去，至山坳处的北天门石坊南侧，再沿步游路顺谷东去约0.5千米，便是以幽、奥

图5-3　后石坞

著称的后石坞。顺石阶登上高台，便是摩空托云的遥观顶，山前有元君庙，庙前为一深涧，地势险要，庙后有"黄花洞"和"莲花洞"。后石坞一带的地形，颇像一个勺把朝东的汤勺，这里峭壁林立，峰险涧深，因背阴天寒，云雾缭绕，成为松林的世界。千姿百态的古松到处可见，它们有的侧身绝壁，有的屈居深壑，有的直刺云天，有的横空欲飞。

2.天烛峰

在后石坞九龙岗南山崖，有孤峰凌空，其峰从谷底豁然拔起，直插云霄，秀峰如削，高如巨烛，故名"天烛峰"。岩性属傲徕山岩体，以中粒片麻状黑云母二长花岗岩为主，垂直节理发育。峰端横生怪松，俯临万丈深渊，风采奕奕。东又有一峰，更加高大雄伟，名大天烛峰。两峰旧称大、小牛心石，又似双凤同翔，又名"双凤岭"，前者高100余米，后者高80余米，酷似两支欲燃的巨型蜡烛（图5-4）。

图5-4　大、小天烛峰

3.侵入岩孤峰（扇子崖）

扇子崖（年龄约25亿年的傲徕山花岗岩）原来与其东侧的狮子峰及其西侧的傲徕峰是一个整体，后被两条北西向断裂错切形成3个山峰。在北东东向断裂的控制下，经重力崩塌作用形成了目前犹如半壁残垣、状如扇形的扇子崖（图5-5）。

图5-5　扇子崖

图5-6　阴阳界

4.阴阳界

在长寿桥南面的石坪上，东百丈崖的顶端，有一横跨两岸垂直河谷的浅白色岩带，好像一条白色纹带绣于峭壁边缘，因长年流水的冲刷，表面光滑如镜，色调鲜明，十分醒目。越过它稍有不慎，就会失足跌落崖下，坠谷身亡，故名之为"阴阳界"（图5-6）。

　　桥下的石坪为傲徕山中粒二长花岗岩，质地坚硬，抗风化剥蚀能力比较强，经长期风化剥蚀和溪水的冲刷，形成了这样宽大而平滑的大石坪。所谓"阴阳界"，实际上是一条由长石和石英组成的花岗质岩脉，表面呈灰白色，脉宽1～1.2米，沿南东130°方向延伸，近于直立产出在二长花岗岩中，与围岩的界线十分清晰，产状稳定，直线状展布，色调鲜明，又位于东百丈崖的峭壁边缘，地势甚为险峻。古人把这条岩脉看作阳间与阴间天的分界线，虽有言过其实之处，但对游人而言确不失警示的作用，同时也为长寿桥增添了几分神秘的色彩。

　　5.傲徕峰

　　扇子崖之西是傲徕峰，因巍峨突起，有与泰山主峰争雄之势，古有民谚："傲徕高，傲徕高，近看与岱齐，远看在山腰。"傲徕峰与扇子崖结合处为山口，在山口之后是青桐涧，其深莫测，涧北为壶瓶崖，危崖千仞。站在山口，东看扇子崖，如半壁残垣，摇摇欲坠，让人心惊目眩；西望傲徕峰，似与天庭相接；北眺壶瓶崖，绝壁入云。扇子崖和傲徕峰一带出露的岩石，均为傲徕山中粒二长花岗岩（图5-7）。

图5-7　傲徕峰

6.百丈崖

瞻鲁台之下有百丈崖，三面绝壁，陡峭如削，深沟峡谷尽收眼底，是泰山构造节理最为发育的地方。在地质应力作用下，玉皇顶岩体发生破裂，形成多组破裂面，把岩石切成了柱状、陡崖，这种现象在地质学上称为构造节理（图5-8）。

图5-8　百丈崖　　　　　　　　　　　　图5-9　风动石

7.风动石

风动石坐落在球形风化作用强烈的虎山岩体之上。由于风化作用沿3个方向的破裂面进行，孤立的花岗岩巨石最终风化成浑圆形，不平的底部落在岩体之上，看起来很不稳定，似有风吹即动之势，故名（图5-9）。

8.中天门的球形风化（虎阜石）

中天门位于泰山南坡的半山腰，又名"二天门"，是泰山的一天门—中天门—南天门这条中轴线的中点，海拔847米，是东路和西路两条登山路线的会合点，也是从山顶下来的必经之路。

中天门及其周围出露的岩石，是有名的黑云母石英闪长岩，它是一种深成侵入岩。岩浆从地壳深处沿断裂上升侵入到一定深度冷凝结晶形成以后，由于地壳上升遭受风化剥蚀，把其上面覆盖的围岩剥蚀掉，才得以出露于地表。黑云母石英闪长岩的矿物成分主要为斜长石、石英、黑云母，以及少量的微斜长石和角闪石。岩石新鲜面的颜色为浅灰色，有时肉红色的微斜长石含量比较多，则呈红灰色。岩石的质地比较致密，中—粗粒结构，块状构造，风化后变得松散，呈黄褐色。侵入岩体的规模比较大，出露的面积比较广，除中天门外，在登山东路两侧均有分布。它形成的时代比较早，据同位素年龄测定为25亿年左右，是泰山比较古老的岩体之一。由于它形成比较早，曾遭受不同程度的混合岩化作用，加上侵入时发生的同化混染作用，黑云母石英闪长岩的岩性变化比较大，岩石的颜色差异也比较明显。在中天门的黑云母石英闪长岩的露头上，可以见到十分典型的球形风化现象。自然界中，出露于地表的岩石露头，常常受到水、生物及大气等因素的影响，而遭受强烈的破坏，这种现象称之为风化作用，它又可以分为物理风化作用和化学风化作用两种类型，前者以机械破坏为主，后者以化学破坏为主。许多变质岩和侵入岩，物理风化作用十分显著，常使岩石由大块变成小块以至成为细小的土壤。暴露在地表的岩石，受到季节和昼夜的温差影响，发生强烈的物理风化。

当白天气温增高时，岩石外部受热膨胀较快，内部受热膨胀相对较慢，当夜晚气温下降时，岩石外部散热降温较快产生体积收缩，而岩石内部还在缓慢升温膨胀，这种热胀冷缩的差异变化，天长日久就会导致岩石表皮层剥落遭受破坏。如果被裂隙切割出来的岩块，在这种物理风化过程中，棱角首先被风化掉，最后使岩块变成椭球形或球形，这就是常说的球形风化。泰山上这种球形风化现象十分普遍，但以中天门岩体最为发育和典型。在中天门石坊东侧及中天宾馆的门前，都可以看到黑云母石英闪长岩层层剥落形成许多大小不等的球体，球体最大的直径可达1~2米，最小的直径仅为10~20厘米，其横断面可见一个球核被许多环层所包围，和红门醉心石有些类似。中天门石坊北侧的那个头朝东北尾向西南伏于路旁、层层剥落似虎皮斑纹的"阜虎石"（图5-10），就是非常

图5-10　球形风化

典型的球形风化的产物。

中天门一带的地势呈南陡北缓，其原因与中天门断裂有关，该断裂走向北东东向，向南东向倾斜，沿中天门南侧一线展布，断裂以北为下盘，以南为上盘，下盘上升，上盘下降，表现为正断层形式。中天门正位于断裂北侧的上升盘，因而形成泰山南坡的第二个台阶。登临中天门，朝可观日出，夕可望晚霞，向西观望，可赏西溪诸景，可眺傲徕雄姿，向东高眺，可览中溪山的胜景，俯首南望，徂徕似屏，汶水如带，翘首北瞻，巍巍岱顶，群山拱立，云梯主悬，缆车凌空，仰观俯察，各具特色，令人遐想。同时，朝南远眺还可纵观中天门断裂和新构造运动所塑造的各种侵蚀切割的地形及地貌景观，尖顶山头，齿状山脊，深沟峡谷，悬崖峭壁，谷中谷地形，阶梯式瀑布，尽收眼底。

9.柱状节理（万笏朝天）

从经石峪向前不远，就到"万笏朝天"的石刻处，在路西旁见到一块块峻峭的巨石朝天而立，看上去颇像古代朝廷里大臣朝见皇帝时手持的狭长笏板，故喻之为"万笏朝天"。

此处出露的岩石，是泰山杂岩中的中薄层细粒条纹状混合岩化角闪斜长片麻岩，主要的矿物成分为斜长石、石英和角闪石，同时，岩石中还发育有较多的长石、石英质的灰白色条纹。

岩石在构造力的作用下，当超过岩石的强度时，就会发生破裂，其中最常见的是一种未发生明显位移的断裂，称之为节理或裂隙。按节理的力学性质分为张节理和剪节理两种。张节理是开口的，节理面比较粗糙，延伸不远。剪节理一般是闭合的，节理面比较平滑，延伸较远。按节理面的产状，可分为斜交的、垂直的和水平的节理。垂直节理常常把岩石切割成不同几何形态的直立的柱状块体，所以又称这种节理为柱状节理。

这里出露的角闪斜长片麻岩，垂直的柱状节理十分发育，按其产状主要有北东60°、北北东15°、北西315°等3组不同方向的节理，它们的节理面都近于直立而且比较平滑，属于一种剪节理，分布比较密集，彼此交切，把岩石切割成直立的板状或柱状，在物理风化作用下，岩石沿节理裂开，并受重力作物的影响，发生了不同程度的倒伏和倾斜，远看很像一个个笏板。古人把这些垂直节理切割岩石的构造现象，称之为"万笏朝天"，虽有些夸大，但形象生动，比喻真切，耐人寻味。

图5-11　柱状节理（万笏朝天）

10.斩云剑

从中天门北行，在"快活三里"的路西，有一上尖下扁、形若利剑的石块冲天而立，上刻"斩云剑"3个苍劲有力的大字，传说它能斩云播雨，故而得名。

这把利剑既不是山神开仙的赐予，也不是能工巧匠的杰作。斩云剑这个石块及其周围的岩石是条带状角闪斜长片麻岩，呈绿灰色，主要由斜长石、石英及角闪石等矿物所组成，片麻理构造比较发育，长石石英质的灰白色小条带沿片麻理分布。由于片麻理发育，容易被风化剥蚀，加上岩石发育两组不同方向的垂直节理，在长期风化剥蚀过程中，形成了一种板状岩块，而后又受球状风化的影响，失去了原来的棱角，逐渐形成这个类似剑状的奇石。

斩云剑四周的角闪斜长片麻岩。其片麻理走向为北西320°，倾角近于直立；而斩云剑的角闪斜长片麻岩的片麻理走向为270°或90°，呈东西方向，倾角也近于直立，两者片麻理走向有一个50°夹角，产状相差很大，这说明斩云剑的这个岩块曾经发生过倾倒，后来才被人们重新扶立在这里，古书上记载的"民国十六年重立"，也证明了这一点。因此今日所见到的斩云剑这块奇石，并不是角闪斜长片麻岩的原生露头。

图5-12 斩云剑

至于斩云剑斩云播雨的传说，虽有其神化和夸大之处，但细究起来其中也包含着一定的科学道理。斩云剑周围的地形是一个凹狭地带。北高南缓，上为陡坡，下为幽谷，斩云剑正位于谷口，每当阴天其下面幽谷聚集的云雾，沿谷底向上飞涌，到达斩云剑的谷口处，正和山上下来的冷空气相遇，随后凝聚成细雨，此时就会出现云雾消失细雨淅沥的景象。从而可知，此处的云雨变幻，不是斩云剑的神功，而是该处的特殊地貌环境及气象变化而引起的一种云雨变幻的自然现象。前人把这块奇石摆放得如此恰到好处，并赐予其传奇式美名，可谓是泰山的一绝。

二、重力崩塌地貌景观

1.拱北石

拱北石长10米，宽3.2米，厚1.5米左右，颇像一把带鞘的利剑刺向苍天（图5-13）。因它向北探伸，故而得名。拱北石是由于原来的直立板状岩块在重力作用下发生折断和倾倒而形成。拱北石及其周围的岩石均是形成于25.5亿年前的玉皇顶岩体。

图5-13 拱北石

2.崩塌堆积("仙人桥")

该"桥"呈近东西方向，横架在两个峭壁之间，长约5米，由3块巨石巧接
而成。桥身主体的三块巨石同两侧崖壁紧紧镶嵌、彼此支撑、巧妙衔接，在悬
崖绝壁间构成了一幅浑然天成的地质奇观。"仙人桥"主要是由于巨石的崩塌、
巧接而形成（图5-14）。

图5-14 崩塌堆积——"仙人桥"

三、喀斯特地貌景观

喀斯特是指具有溶蚀力的水对可溶性岩石进行以化学溶蚀为主，流水冲蚀、潜蚀和重力崩塌等机械作用为辅的地质作用，以及这些作用形成的地貌形态的总称。"喀斯特"一词来源于前南斯拉夫的地名，是西北部伊斯特拉半岛的碳酸盐岩高原的名称，当地语言中意为"岩石裸露的地方"。喀斯特地貌因近代喀斯特研究发起于该地而得名，又称"岩溶地貌"。

中国喀斯特地貌分布广、面积大，主要分布在碳酸盐岩出露地区，面积约91万～130万平方千米。以广西、贵州、云南和四川、青海东部所占的面积最大，是世界上最大的喀斯特区之一，西藏和北方一些地区也有分布。

（一）喀斯特地貌类型

喀斯特地貌可分为两大部分，即地表喀斯特和地下喀斯特。

1.地表喀斯特

喀斯特作用形成的出露在地表的地貌被称为地表喀斯特地貌，根据演化阶段的不同，可分为石芽与溶沟，石林与岩溶漏斗，峰林、峰丛与溶蚀洼地，孤峰与岩溶平原等类型。

石芽　发育于灰岩表面的小型石质突起，石芽之间的凹槽就是溶沟。

石林　由众多密集的锥状、柱状或塔状灰岩柱体组成的地貌形态，远观像一片森林。

岩溶漏斗　一种碟形、碗形或倒锥形的岩溶封闭洼地。

峰林　山体基部被第四纪沉积物覆盖且相互分离的石灰岩山峰。

峰丛　由一系列高低起伏的山峰连接而成，峰与峰之间形成"U"形的马鞍地形，基部相连。

溶蚀洼地　和峰丛、峰林基本同期形成的一种低洼的岩溶地貌，常常与峰丛共生，构成峰丛-洼地组合。

孤峰　矗立在岩溶平原上的孤立石灰岩山峰，由峰林进一步溶蚀演化而来。

溶蚀平原　岩溶地貌发展的晚期，形成底部平坦，规模在几千平方米的平原。

2.地下喀斯特

（1）溶蚀地貌

溶洞　由雨水或地下水溶解侵蚀石灰岩层所形成地下空洞的总称，又称钟乳洞、石灰岩洞。

地下河　石灰岩地区地下水沿裂隙溶蚀而成的地下水汇集和排泄的通道，多是溶洞、地下湖连接而成。

暗湖　溶洞中水面平静的地下水体，可储存和调节地下水。

（2）次生化学沉积

石笋和石钟乳　洞穴顶部的滴水向下渗透，溶液会慢慢蒸发，碳酸钙会缓慢沉淀，时间久了就形成了碳酸钙沉积。由下往上生长的称为石笋，由上往下生长的为石钟乳。

石柱　石笋和石钟乳分别不断生长，最后连接形成石柱。

石幔　地下水沿洞壁或洞顶渗出，沉淀成帷幕状的堆积体，因形如布幔而得名，又称石帘、石帷幕。若沉积体薄而透明，形如旗帜，则称为石旗。

边石坝　地下水流经洞底的积水塘时，在其边缘形成碳酸钙沉积体。溶洞内化学沉积地貌见图5-15。

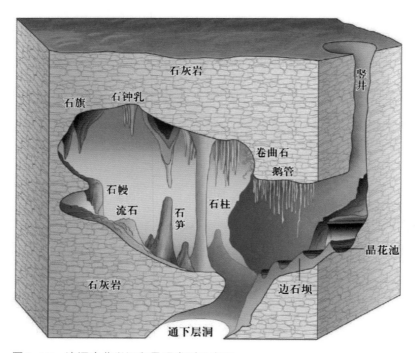

图5-15　溶洞内化学沉积景观类型示意图

（二）溶洞形成条件和类型

溶洞的形成需要3个条件（图5-16）。首先，溶洞的形成要有可溶性岩石，可溶性岩石有3类：①碳酸盐类岩石（石灰岩、白云岩、泥灰岩等）；②硫酸盐类岩石（石膏、硬石膏和芒硝）；③卤盐类岩石（钾、钠、镁盐岩石等）。其次，岩石要具有透水性与可流动性，即有一定的裂隙和孔道。在这些岩石中的地下水运动速度相对较快，新鲜的地下水不断补充，使它处于不饱和状态，具较大溶蚀能力。最后，地下水具有溶蚀能力，这取决于CO_2的含量和适宜的气候条件。

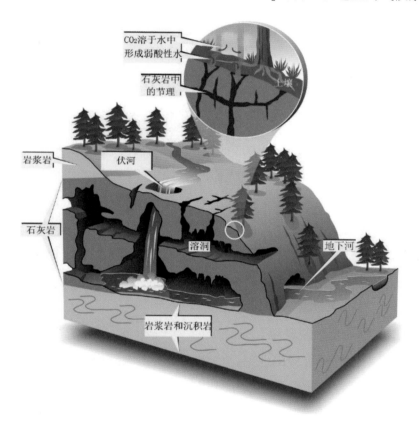

图5-16 溶洞形成示意图

具备了这3个条件，当含有二氧化碳的地下水沿着灰岩的裂隙和孔道流动时，岩石中的碳酸钙会被慢慢地溶蚀变为一种微溶性的碳酸氢钙。随着日复一日、年复一年的流水溶蚀作用，岩石中的裂隙会逐步变大。当地下水的流速逐步加大，还会对岩石产生机械侵蚀作用，这样岩石裂隙和孔道受到不同程度的侵蚀，会迅速扩大形成不同形态和不同类型的岩溶洞穴（图5-17）。

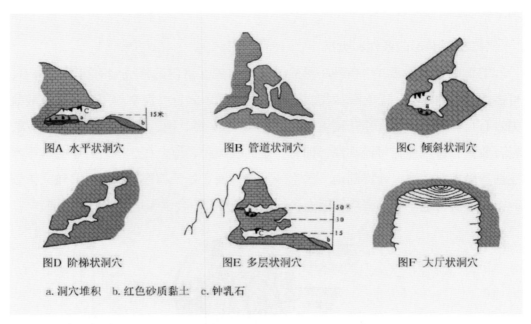

图5-17　溶洞类型图（据韦京莲，2013）

在近水平的地下水循环带中形成的溶洞呈水平状（图A）；在垂直的地下水循环带中形成的溶洞呈竖管状（图B）；沿断层斜面或地层倾斜面发育的溶洞呈倾斜状（图C）；在地壳的间歇性抬升或地下水潜水面下降地带，可形成阶梯状或多层状洞穴（图D、图E）；在节理交错带或断裂破碎带上发育的一些溶洞，因地下水沿不同方向裂隙溶蚀，可形成厅堂状（图F）。而这些形态各异的溶洞的形成都与地下水的动态和地质构造密切相关。

（三）泰山喀斯特地貌景观

泰山地区广大的石灰岩山地中，山体往往从山脚到山顶岩层为寒武系馒头组、毛庄组的砂页岩、薄层灰岩及张夏组的厚层灰岩。山体上部是由张夏组灰岩形成的巨大悬崖峭壁，形成石灰岩方山、长墙状形态。这是由于上层的石灰岩与下层的砂岩这两种软硬岩层交替出现，石灰岩在重力作用下沿垂直节理发生崩塌，而下层的砂岩易风化，形成缓坡，最终表现为悬崖峭壁与坡地交替出现的山形。

1.岱崮地貌

鲁中南石灰岩层比较平坦，在溶蚀、侵蚀作用下，形成了独特的方山地貌，当地群众把顶部平坦、四周陡峭的桌状山叫崮山。这是一种石灰岩方山形态，下部为页岩、砂岩，上部为产状平缓的厚层灰岩，多为独立状。其形态特征为顶面平坦，面积从数亩到百亩；顶面以下为峭壁悬崖所围，陡崖高数十米；山体下部呈缓坡状。山势整体雄伟挺拔，多姿多彩，有的像西式礼帽，有的像枕头，有的像古代城堡。此类山体多发育在山地的近边缘部位，在鲁中南地区较集中，据粗略统计数量有100多座。这种山体山形奇特，是很有价值的景观资源，如陶山地质遗迹景区的陶山（图5-18）、泰山北侧张夏镇的馒头山即为典型的岱崮地貌。

图5-18 崮形地貌——陶山

2.地下喀斯特地貌

泰山大部分地区出露寒武系的石灰岩，因此本区喀斯特地貌十分发育，常见的喀斯特地貌有喀斯特山体及溶隙、溶洞、溶穴、旱谷等。

张夏镇莲台山（小娄峪）是区内喀斯特地貌最为集中的地方，发育众多溶洞，形成一处溶洞群，在这处山谷中，发育有青龙洞、透明洞、王母洞、仙姑洞、火龙洞、八卦洞、老君洞等10余个大小不一的溶洞。

（1）透明溶洞

透明溶洞，古称"白鹤灵芝洞""娄敬洞"。洞口位置距北沙河河谷相对高差320米左右，洞长180米左右，洞口高7米，宽6米，为单通道的水平穿洞洞穴。洞内为厅堂状，最高处可达20余米（图5-19）。洞壁可见大量窝穴类形态（图5-20），是在充水环境下溶蚀而成的，但很少见到较大规模的碳酸钙沉积物，洞内沉积物为黄色粘土夹砾石构成的碎屑沉积、钙质等化学沉积物。

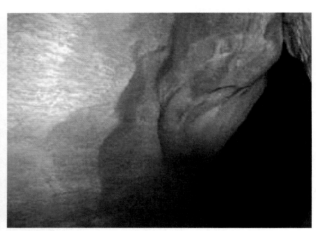

图5-19　透明溶洞　　　　　　　图5-20　透明溶洞内的溶蚀窝穴

（2）王母溶洞

王母溶洞为水平状的多层洞穴，发育于张夏组厚层灰岩之中。溶洞共有3层，其中最上层规模最大，长28.4米，第二层规模最小，长6.7米，洞口横断面均为三角形。洞内可见窝穴、波痕等溶蚀形态，洞内沉积物很少。

典型的溶洞应发育于潜流带，是石灰岩层在潜水面以下、充水环境中沿裂隙溶蚀发育而成。后由于地质构造作用，地块抬升，使溶洞随山体抬高而出露地表。从这个意义上说，小娄峪的溶洞大部分都应是经历很长发育时间的古溶洞。洞内普遍缺少钟乳石等碳酸钙沉积，则是由北方气候条件所决定的，降水量少，而且洞穴位于山顶部位，缺少足够的渗流水，因此形成大量钟乳石的可能性很小。

除小娄峪溶洞群外，在崮山、灵岩山、黄花山等地，也有多处溶洞发育，较大的如崮山镇西边山上的牛魔洞，长103余米。

（3）朝阳溶洞

朝阳溶洞位于陶山的石灰岩峭壁上，由石灰岩经溶蚀形成。洞口海拔为343米，洞内冬暖夏凉，洞壁上有石刻和18罗汉刻像。朝阳洞分前洞和后洞，前洞洞口朝向南东，洞深14米，宽8米，高8米；后洞深8米，宽20米，高40米，洞内发育钟乳石（图5-21）。

图5-21　朝阳洞

（4）邱家店溶洞

邱家店溶洞地处泰莱断陷盆地西缘，北依泰山，南临徂徕，毗邻汶河，距泰安市约22千米。

A.邱家店溶洞地质特征

a.地层和构造

区内地层有第四系、奥陶系、寒武系、前寒武系。第四系冲洪积层广布于泰山山前倾斜平原，由砂质粘土、砂砾、粘土组成，厚度为10～30米。奥陶系只有中、下统。中统主要是八陡组的厚层石灰岩夹白云质灰岩和泥灰岩，阁庄组的白云岩，总厚度约250米。下统由冶里组、亮甲山组和马家沟组所组成，岩性为白云岩、含燧石条带白云岩、厚层石灰岩和白云岩，总厚度615米。寒武系为页岩和灰岩，总厚度为800米左右。前寒武系变质岩类主要出露在泰山和徂徕山。其余基岩基本上隐伏于第四纪沉积物之下。

区内地质构造以断裂为主，主要有两组：①北东东向，主要有泰前断裂、徂徕山断裂；②北北西向，如岱道庵断层。

b.含水层

第四系孔隙水含水层：山前北带主要是洪冲积物砂砾石含水层，分布不连续，多呈透镜体，局部缺失，透水富水性较差。南部沿汶河分布的为冲积砂砾石含水层，为透水性好富水性强的砂砾石含水层，水质良好，属重碳酸钙型水。

寒武系-奥陶系岩溶水含水层：主要由奥陶系-寒武系碳酸盐岩地层组成，隐伏下第四系之下，含水层大都位于灰岩的上部，厚度70～80米。岩溶水含水层与上覆第四系含水层之间，一般有薄层弱透水的卵石土、碎石土或含砾粘土相隔，但局部缺失，直接发生水力联系时岩溶水含水层进行垂向补给，形成透水天窗。

B.邱家店溶洞形成的条件

走进邱家店溶洞，你一定会惊叹大自然的鬼斧神工，洞内随处可见色彩斑斓、千姿百态的钟乳石、石笋、石瀑布、石柱、石幔、石花……置身在宽敞高大的洞穴和迂回曲折的通道内，如同到了梦幻般的地下宫殿。那么这样的地下溶洞究竟是如何形成的呢？主要由以下几个因素：

1）区内第四系覆盖层下面有120米中奥陶统上部的厚层石灰岩。

2）区内岩溶水补给源比较多，水量比较丰富。北部泰山变质岩和侵入岩裂隙水的补给，通过徂徕山断层接受东部岩溶水倒向补给，以及上覆第四系含水层通过透水天窗的垂向补给。

3）具备良好的水动力交替的径流条件。北北西向岱道庵断层和北东东向徂徕山断层成为本区地下岩溶水两个主要的径流带。

从上可知，120米厚的奥陶系中统可溶性岩石为溶洞形成创造了良好的岩石条件，加上有利的岩溶水补给和排泄条件，以及理想的水动力交替径流条件，在地壳升降比较稳定的构造背景下，形成了邱家店溶洞这一北方少见的特大型溶洞（图5-22）。

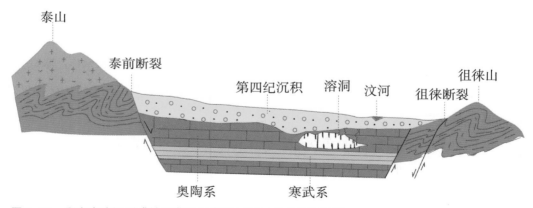

图5-22　邱家店溶洞形成地质背景示意图（修改自吕朋菊手绘图）

C.洞穴堆积物的特点及规模

邱家店溶洞具有规模大、洞层多、沉积类型全、次生化学沉积物数量大的特点，是北方少有、全国罕见的特大型溶洞（图5-23）。

图5-23　气势雄伟的邱家店溶洞及其堆积物

邱家店溶洞气势雄伟，典雅秀美，多姿多彩，汇集了岩溶洞穴沉积的精华，共有5种类型40多种沉积形态，几乎包括了岩溶洞穴文献中所记载的全部化学沉积物形态类型。洞内化学沉积物有滴水沉积的石钟乳、石笋、石柱、鹅管等；有流水沉积的石幔、石旗等；有渗透水沉积的石枝、石盾、石珊瑚等；有停滞水沉积的穴珠、水下石葡萄等；还有飞溅水沉积的石毛、石花等。

第三节　流水地貌景观

流水似一把刻刀，将地表雕刻成高低不同、形形色色的各种地貌类型。流水地貌分为流水侵蚀地貌和流水堆积地貌，这是一对矛盾的统一，是一个削高补低的自然循环，这一循环无限往复，把自然界变幻成各种奇景，许多地质遗迹景观就是在这种作用下形成的。

一、流水侵蚀地貌景观

1.通天河峡谷

在莲花山，流水沿一条北西向断裂带经长期侵蚀切割形成一条峡谷，即为通天河峡谷，为典型的河流侵蚀地貌景观。在新构造运动的影响下，对应不同时期，河流侵蚀作用通常发育有嶂谷、隘谷、峡谷3种不同阶段的峡谷地貌类型（图5-24，图5-25）。通天河峡谷的两侧为花岗岩，强烈的构造作用使岩石十分破碎，在重力作用下，发生大规模的崩塌，形成了沿沟谷分布的"石头河"，地质上称为"石河"。

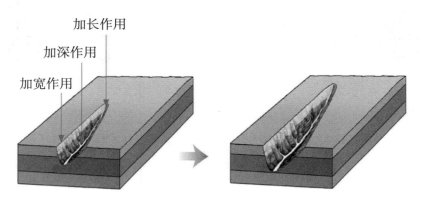

图5-24 河流侵蚀作用示意图

峡谷 河流发育早期形成"V"形谷，根据其不同发育阶段又划分为隘谷、障谷和峡谷。

隘谷（Cliff Gorge）为"V"形谷发育最初期，谷坡陡直或近于直立，谷宽几乎与谷底相近（图5-25A）。

障谷（Narrow Gorge）谷坡依然陡直，但谷底略为拓宽，可以有较小的砾石滩或基岩台地（图5-25B）。

峡谷（Canyon）与前两种峡谷不同之处为谷底出现了稳定的砾石滩和岩滩，谷坡上发育侵蚀阶地，谷坡坡度变小（图5-25C）。

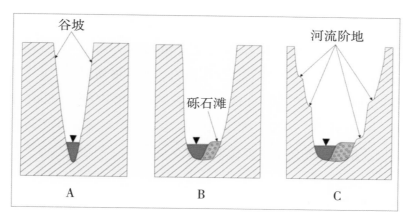

图5-25　不同阶段峡谷剖面示意图

2. 山地侵蚀沟谷

山地侵蚀沟谷是指山地中由于坡面径流及洪水径流长期侵蚀切割而形成的线状负地形，谷地中没有经常性水流的多为一些较大的坡面侵蚀冲沟或山洪谷地，有的或有很少的水流，形成山溪性河流。

北沙河流域山地侵蚀沟谷通常发育于分水岭附近的山地地区及剥蚀丘陵的高山地区，受当地岩性和构造的控制，主要是由于雨季降水和洪水径流侵蚀而成。

山地侵蚀沟谷从纵向上看一般长度比较短，谷地较为顺直，比降较大，局部呈峡谷或嶂谷状，沟谷横断面一般呈"V"字形，谷底较窄，基岩裸露，或有少量的坡—洪积物，堆积物大小纷杂，砾石分选性、磨圆度都较差，棱状或次棱状，谷底没有完整的阶地、河漫滩等明显的河道形态。

北沙河流域南部上游花岩寺一带的山地侵蚀沟谷（图5-26），横断面呈"V"字形，谷底狭窄，呈峡谷形态，山谷两侧出露岩层为下寒武统红色砂岩、页岩，谷坡坡度35°左右，谷底可见有坡—洪积物及两侧山体上部的崩积物，砾石磨圆

图5-26　花岩寺处山地侵蚀沟谷

度、分选性差，愈向出口谷地渐渐展宽，出口处为宽"V"字形。

泰山山地北沙河流域的张夏镇东小娄峪发育有典型山地侵蚀沟谷（图5-27），岩层为下寒武统砂页岩和张夏组灰岩，沟谷横断面为"V"形及嶂谷形态，两侧谷坡较和缓。该山谷出口朝向西南，谷地内较狭窄，形成一种较幽闭的谷地环境，温度较高，风小，厚层腐殖质在下寒武统紫红色页岩上发育的土壤层较厚，因此植被生长茂密，覆盖率高。

图5-27　张夏小娄峪山地侵蚀沟谷

北沙河流域南部蒋家顶一带，岩层为花岗岩，沟谷形态为峡谷，横断面呈"V"字形，谷坡坡度为35°，至沟谷出口骆驼岭东侧，桃花峪出口处，沟谷横剖面变为宽"V"字形，谷底花岗岩基岩裸露。

3.北沙河谷地

河谷是由河水侵蚀所形成的具有较宽的断面、稳定的河床、河滩地的线状延伸的凹地。北沙河流域形状狭长，主干河谷可以从界首处算起，流经张夏、崮山、城关镇、平安店镇，长60.536千米。北沙河为季节性的半山区河流，河床在旱季一般是干涸的。

泰山山地北沙河河谷各河段形态不同，上游河谷谷底较狭窄，河床几乎占据整个河谷，两侧谷坡很少发育其他的河谷次级形态，河床基岩裸露。中下游河谷展宽，河漫滩、阶地明显发育，比降和坡度减小。北沙河流域发育两级阶地，阶地类型有侵蚀阶地、基座阶地、堆积阶地。下面以北沙河流域几个具代表性的河段河谷来说明北沙河流域的河谷形态特征。万德镇以南，北沙河上游河段河床宽50米，两侧河滩高出2～3米，河床相物质为粗砂、大砾石等冲积物，粒径3～4厘米、10～20厘米不等，次圆—圆状，大小混杂，夹粗砂，排列水平向下游倾斜，成分为花岗岩、片麻岩、正长花岗岩及辉岩等。河谷切割花岗岩基岩，沉积物很少，形成侵蚀阶地。

万德镇南边，北纸坊西侧河谷北岸发育高阶地（图5-28），较窄，与河谷南岸二级阶地等高，下层为花岗岩基岩，厚17米左右，上层发育2～3米厚淡黄色均匀黄土层，为基座阶地，河床物质为冲积物。

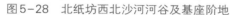

图5-28 北纸坊西北沙河河谷及基座阶地　　图5-29 张夏镇南的两级阶地

张夏镇以南，徐家庄路西，北沙河中下游河谷宽1.5千米，河床宽70～80米，河床两侧发育两级阶地（图5-29），一级阶地面高出河床2～3米，一级阶地面较宽，局部达800米左右，多为大片农田，由于人为作用，其边缘界线不明显。二级阶地高14～15米，下层为棕黄色黄土层，厚6米左右，质地均匀，含砾石层，砾石形态为次棱状，粒径为10～15厘米，故为洪、坡积物，成分为红色、白色二长花岗岩，属泰山群花岗岩，上层为浅黄色黄土层，约8米厚，含砾石层，砾石形态为次棱状，粒径10～15厘米，因此，这里的二级阶地是堆积阶地类型。二级阶地上往往也是大片农田，阶地面往谷地两侧山麓延伸与山体相接，因此呈缓倾斜状。

张夏镇丁家庄西侧，北沙河东岸河床宽60米左右，距一级阶地2.5米，发育堆积阶地（图5-30）。一级阶地宽100～200米，坡洪积物，上层胶结砾岩、钙质砾岩，下层为泥质石灰岩。二级阶地下层为0.3米厚的棕红色黄土，上层是厚3.7米的砾石层，夹淋溶沉积形成的钙质结核，再上层是棕黄色均匀黄土层，

4米厚，最上层是淡黄色黄土，厚5米，夹砾石层，成分为灰岩，砾石层与黄土层相间、水平排列。

图5-30　北沙河二级堆积阶地

图5-31　北沙河入黄河处河谷

北沙河入黄河处（图5-31），河谷宽300～500米，河床分成几股，其中主要的一股河床宽15～16米，深2米多，河滩沉积物质越靠近入黄口越细，以粉砂、泥沙为主。河谷侧坡揭露出的沉积层为细沙质、泥质物质，为二元结构，上粗下细，显示主要以黄河的冲积物为主。在入黄口处的黄河水面宽700～800米，黄河河床直抵南坡岸，北边黄河河滩有100～200米宽，北沙河较清的河水汇入黄河，形成一道明显的水界线。

二、流水堆积地貌景观

1.山前冲洪积台地

区内的流水堆积地貌主要为山前冲洪积台地。区内河流呈放射状分布于泰山的周围，大部分南流汇入大汶河，雨季常形成山区洪流，携带大量砂砾堆积在谷口处，组成洪积扇群，形成山前冲洪积台地。泰山的山前冲洪积台地主要分布在山体外围的山麓地带。海拔在100米左右，以堆积作用为主。南部山前谷口的冲洪积扇发育良好，并且彼此连接成片。冲洪积物厚度大，砂砾石一般比较粗大，分选性差，有一定磨圆度。台地微向四周倾斜，坡度在3°～5°之间，一些村镇和果园多建在这种台地上。

2.山间平原与山前平原

山间平原是山地与丘陵河流沉积、堆积而形成的。一般宽度在1～2千米左右。泰山山地北沙河流域山间平原广布，多分布于主干河道两侧。流域中游张夏镇徐家庄所处位置即为山间平原，宽度约为2千米，平原上沉积物较厚，一般分两层，上层为浅黄色黄土层，下层为棕黄色黄土层，黄土层质地均匀，但均含几层坡洪积砾石层。

北沙河流域从崮山以下逐渐进入山前平原，属于鲁中南山地边缘与黄河冲积平原的过渡带。分为山前剥蚀-堆积平原和冲积平原两种。长清区西北为山前剥蚀-堆积平原，分布于剥蚀丘陵区的外缘，海拔100米以下。冲积平原则在流域下游沙河入黄的沿黄地带。山前剥蚀-堆积平原分布于剥蚀丘陵的山麓以下，在风化及流水的侵蚀作用下，地表被剥蚀，基岩常裸露。近山谷口处，坡积、洪积物堆积等形成的洪积倾斜平原，上覆有成层的沉积物，距离山体越远沉积层越厚。

冲积平原分布于长清城区以北，近黄河地带（图5-32），平原上覆盖厚层的黄土层及由细粒泥沙层构成的冲积层。在长清区老王府村北沙河入黄口一带，海拔33米左右，地形宽阔且平坦，地面物质主要为粉砂质、亚粘土等河流冲积物。

图5-32　北沙河冲积平原

第四节　构造地貌景观

构造地貌景观是由地球内力作用直接造就的和受地质体与地质构造控制的地貌景观。太古宙-古元古代的多期次构造变形十分明显，使得泰山地区构造地貌发育，主要包括韧性剪切带、三大断裂（泰前断裂、中天门断裂、云步桥断裂）、层状地貌（夷平面、三折谷坡、三级溶洞、三级阶地）及其他构造与景观。

一、韧性剪切带

泰山的韧性剪切带形成于构造体制从韧性变形向脆性变形转化的太古宙末期，属于中高温挤压条件下右行剪切的产物，并在地壳固化过程中起到了加厚陆壳的作用。泰山地区北西向韧性剪切带中岩石的物理变化极为显著，在同一岩性侵入体中，随韧性剪切作用的增强，岩石的粒度逐渐变细，定向构造渐趋加强，在韧性剪切过程中发生了构造细化和构造分解作用。剪切带内外岩石化学成分明显不同，在剪切带内岩石化学成分并不随剪应变强度变化而变化。剪切带中岩石化学成分的变化只发生在糜棱岩化阶段，并未随结构构造的变化而变化，递进剪切作用对化学成分的变化几乎没有影响。

自北东至南西有毛家庄、和尚庄（图5-33）、常家庄、卧虎山（图5-34）等4条韧性剪切带。上述剪切带均呈320°～330°方向延伸，具右行剪切性质；糜棱面理近直立，略向南西倾，倾角70°～85°，拉伸线理呈北西向缓倾或近水平，倾伏角0°～20°；多为复式韧性剪切带，由数条强应变带和数条弱应变带平行排列组合而成；单条剪切带宽度20～250米不等，内部也有强弱变化，由糜棱岩化向糜棱岩、千枚岩演变。

图5-33　和尚庄韧性剪切带的岩石特征　　　　图5-34　卧虎山韧性剪切带露头

二、三大断裂

（一）泰前断裂

泰前断裂是鲁西在中生代受到近东西向水平挤压力作用下，形成的一条北东东向的区域性断裂，它是泰山断块凸起和泰莱断块凹陷两个构造单元的分界线，也是泰山和泰莱盆地的天然分界线，地貌特征明显，航卫片上也显示十分清晰。

该断裂西起郓城附近，沿泰山南麓向东经莱芜北到达博山以东，长达上百千米，落差在 2000 米以上，表现为由多条断层及其夹持的若干断片组成的上百米宽的断层带。在泰山南麓的岱道庵至吴家庄一线，可见到断裂的多处露头（图 5-35），其走向为北东东 80° 左右，倾向南东，倾角 85°。断裂的北盘为早前寒武纪的二长花岗岩，南盘为寒武系馒头组或徐庄组和毛庄组的紫色页岩。在煤疗宿舍水塔旁可见该断裂由碎裂岩和断层角砾岩组成的挤压破碎带。在岱道庵北侧的小丘边还保留有该断裂形成的 5 米高断层崖，断层面呈明显的舒缓波状，在这个断崖上可看到保存比较好的断层角砾岩，角砾大小不一，棱角明显，成分为片麻状二长花岗岩，并有压扁和略呈定向排列的现象，反映了该断裂先张后压扭的特征。在刘家庄见该断裂切割第四系，说明泰前断裂自晚侏罗世形成之后，其活动一直延续到近代，具有活动断裂的性质（图 5-36）。绿色山庄前的泰前断裂露头上部为斑状粗粒二长花岗岩，厚约 2.5 米；下部为断层角砾岩，成分为角砾状二长花岗岩，破碎、糜棱岩化程度高。断面产状162° ∠ 83°，主断裂面上见纵向的断面擦痕。

断层面

图 5-35 泰前断裂露头

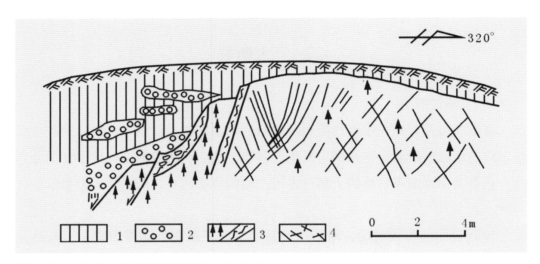

图 5-36　刘家庄南泰前断裂剖面图（据张明利等，2000）
①第四系黄土；②第四系砾石层；③断层泥及透镜体；④高岭土碎裂岩。

（二）中天门断裂

中天门断裂形成于中生代，自西向东经横岭、中天门到上梨园，呈北东东向延伸，形成中天门南侧的陡坡，向西切过傲徕峰，形成大凹沟，地貌特征明显，卫片上影像清晰。

在中天门景区办公楼东侧可见该断裂的露头，发育在中天门岩体的石英闪长岩体中，断层带宽约50米，岩石被切割成薄板状，夹挤压透镜体，测得其走向为北东东75°，倾向南东，倾角80°。

在大鼓山南，有中天门断裂带剖面出露（图5-37）。断裂带宽约170米，发育大小断层共11条，最大断层宽度约10米。断层倾向140°～160°，倾角

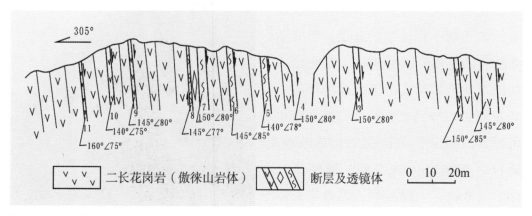

图 5-37　大鼓山南面中天门断裂带剖面图

75°～85°。在断裂带两端，剪切和扭压现象减弱，破碎带多呈与主断面平行的厚板状，共轭节理发育（图5-38）；在断裂带中部，剪切活动强烈，岩石被切割成薄板状，中间夹有透镜体（图5-39）。表明至少有两期剪切活动发生，第一次为张性的，第二次为压扭性的，破碎程度较之两端严重。

图5-38　中天门断裂的断裂破碎带　　　　　　图5-39　中天门断裂的挤压透镜体

（三）云步桥断裂

　　云步桥断裂形成于中生代，该断裂在云步桥北侧的五松亭处通过，断裂将石英闪长岩切割成板状，形成节理密集带，五松亭东面的山岭形成沟谷和鞍部。主断裂南侧有一条与其平行的分支断层，形成4米高的断崖，即云步桥飞瀑的所在地，此处测得断裂的走向为北东东80°，倾向南东，倾角85°，断崖

图5-40　云步桥断裂　　　　　　　　　　　图5-41　云步桥断裂露头

两侧发育许多与断崖产状一致的节理面，断崖上方为御帐坪，下方为云步桥，正断层的特征十分明显（图5-40）。卫片影像清晰，地貌标志显著（图5-41、图5-42）。

图5-42　泰山南坡三大断裂位置示意图

三、层状地貌

（一）夷平面

在新构造运动的影响下，泰山还发育有三级夷平面（表5-1），它们是新构造运动间歇性抬升的有力证据。

表5-1　　　　　　　　　　泰山三级夷平面一览表

夷平面	分　布	海拔（m）	形成时间	抬升速度（mm/a）
三级	玉皇顶及其周围宽广平缓的山顶上	1000～1500	古近纪	0.1
二级	扇子崖、摩天岭一带平缓的山脊上	600～800	中新世	0.05
一级	虎山及环山公路附近	50～200	早更新世	0.02

（据张明利等，2000）

第三级夷平面：分布在岱顶及其周围宽广平缓的山顶上，海拔为1000～1500米，构成一个向北微倾斜的峰顶面，相当于华北的鲁中期夷平面。

第二级夷平面：分布在扇子崖及摩天岭一带的平缓山脊上，海度为600～800米，相当于华北的唐县期夷平面。

第一级夷平面：分布在泰山南坡山麓的虎山、红门、金山及环山公路周围，海拔为50～200米，形成波状起伏的丘陵，相当于华北临城期的夷平面。

（二）三折谷坡

在岱顶南北两侧常可看到峡谷的谷坡发生三次转折，如山北的一条峡谷，在其上段往下约200米，谷坡骤然变陡，再往下200余米，谷坡几乎直立变为嶂谷。在山南坡还可见到谷底的溪流线发生三次转折，沿西路黑龙潭往上，谷底坡度逐渐增大，至黄西河谷底坡度为8°，黄西河至云步桥间谷底坡度为10°～12°，自云步桥到南天门谷底坡度迅速变为16°。这些谷折即是泰山三大断裂的一个特征，每一个谷折同时也是每个断裂的后缘部位。

（三）三级溶洞

在泰山北张夏小娄峪一带，出露有寒武系张夏组厚层石灰岩，在灰岩中溶蚀现象十分发育，形成了众多的喀斯特溶洞。它们分布于海拔510～560米不同的高度上，大致可分为三层，分别为：510～515米，540～545米和560米。三层溶洞自然排列，构成该处独特的旅游景观（表5-2）。

表5-2　　　　　　　　　泰山北小娄峪三级溶洞统计表

溶洞级别	组　成	海拔（m）
三级	透明洞	560
二级	仙姑洞、三清洞、和龙洞、八卦洞	540～545
一级	王母洞、朝阳洞、青洞、风洞	510～515

（据张明利等，2000）

（四）三级阶地

在泰山的沟谷中发育了三级河流阶地（图5-43）。第一、二级阶地分布于现代河流两岸，保存比较完整，主要为第四系沉积物；第三级阶地多数被破坏，保存于山前一带，主要为古近系、新近系沉积物，如泰山北大津口三级阶地，它们分别高出河床1.52米、3.5米、8～10米。

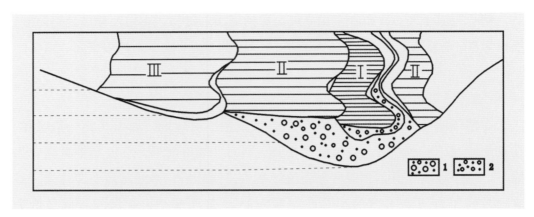

图5-43 大津口阶地示意图（据张明利等，2000）

Ⅰ—Ⅰ级阶地 Ⅱ—Ⅱ级阶地 Ⅲ—Ⅲ级阶地 1—粗沙砾层 2—细沙砾层

四、其他构造与景观

（一）望府山岩体小揉皱

形成于距今约27亿年前的望府山岩体，由长石、石英、黑云母等矿物组成。岩体在后期的变质作用过程中，受到近水平方向的挤压而发生塑性变形，在岩石中形成一道道弯曲的皱纹，这种皱纹即是小揉皱（图5-44）。

图5-44 望府山岩体中的小揉皱

（二）断裂破裂面

断裂通常会形成一系列互相平等的破裂面，以及十分破碎而凌乱的岩块和薄板状岩石断片。图5-45为中天门断裂形成的破裂面，比较平滑，上面有棕红色铁质薄膜，特征非常醒目。

图5-45　中天门断裂的破裂面

图5-46　中天门断裂的断层角砾岩

（三）断层角砾岩

断层角砾岩是在断层形成时，由于受到巨大的挤压力而使得断层附近的岩石破碎而形成的产物。泰山地区的三大断裂都发育断层角砾岩。图5-46为中天门断裂形成的断层角砾岩，呈暗褐色，角砾大小不一，成分主要是石英闪长岩，被铁质和硅质胶结在一起，比较坚硬。

（四）节理

在距今约25.5亿年前形成的玉皇顶岩体中，后期在构造作用下岩石发生破裂，便形成了"节理"。岩石被切割成许多厚薄不一的岩块，在重力作用的影响下，常发生崩塌，往往容易形成陡峭的岩壁（图5-47）。

图5-47　节理

（五）构造裂缝

一线天实际上为一构造裂缝，位于桃花峪地质遗迹景区白云洞东南，又名小天门、东天门。周围出露的岩石，主要是傲徕山中粒二长花岗岩。其东侧有北西向龙角山断裂通过，断裂两旁发育有与其基本平行的伴生断裂。其中一条伴生断裂切过一个山头，生成约5米宽的节理密集带，节理面近于直立，把二长花岗岩切割成许多薄板状岩块，在重力作用下岩块沿直立节理面不断坍塌，最后形成两峰对峙的一条几米宽的大裂缝，这就是有名的桃花峪一线天，宽约1.5米。置身其中，只见两壁峭如刀削，俯瞰脚下巨石累累，仰望上空仅一线蓝天，令人望而生畏（图5-48）。

图5-48 构造裂缝——一线天

图5-49 云母鱼

（六）云母鱼韧性变形组构

由于受到强烈的构造挤压，使岩石发生错动，并由于强烈的塑性变形，构成岩石的矿物常被压扁、拉长。岱顶"拔地通天"刻石处的岩石就是由于这样的作用，岩石被切割成薄片状，岩体中黑云母矿物聚集体定向排列、成群出现，如成群结队的小鱼在水中游荡，故称其为"云母鱼"（图5-49），属于韧性变形组构。在野外，通常通过观察这种现象，来判断剪切运动的方向。

（七）辉绿玢岩—涡柱构造

在红门的东北沟涧内，出露有一条黑绿色的辉绿玢岩岩脉，其中发育有许多大小不一横卧的圆柱体，从柱体的横断面上看，它由很多同心圆状的环圈和一个内核组成。这些圆柱体状若群狮伏地而卧，也像堆垒着的汽油桶，称"涡柱构造"，又名"桶状构造"。（图5-50）

图5-50　"桶状构造"——醉心石

红门的"桶状构造"，是20世纪80年代在泰山发现的国内外罕见的一种新构造类型。这种"桶状构造"具有以下特征：

1）多数呈圆柱体形态，少数为椭圆柱体和卵形柱体。

2）柱体由环核、环层、环状节理和辐射状节理4部分组成。环核形态以圆形为主，直径大小不一，大者可达1.5米，小者约30厘米，一般为60厘米左右。环层形态有同心状和帚状两种，以同心状环层为主。环层数最多可达18层，少者仅2～3层，环层厚度最大为24厘米，最小厚度不足4厘米。环层面即环状节理，呈圆形或弧形，环层面较光滑，显示剪性特征。辐射状节理，一般终止于环核之外，节理面常垂直环层面，比较平整，通过各环层时往往不够连续。

3）圆柱体垂直岩脉走向呈东西向近水平排列，其长轴略向东或向西倾伏。

4）圆柱体常成群产出，一般岩脉宽度大，圆柱体数量多、规模大，反之则数量少、规模小。如红门地段的岩脉宽度比较大，约60米，其发育的圆柱体达30余个。

"桶状构造"的成因比较复杂。过去人们曾认为它是岩浆侵入后冷凝收缩过程中形成的。后来有人提出原生应力收缩假说，即炽热的岩浆在侵位过程中，由于受到热梯度、热力场、速度场、涡流强度和边界条件等诸多因素的制约，产生无数个应力梯度域，在岩石内部产生隐蔽的破裂纹，后期的张应力则使这些破裂纹明显化，进而形成环状节理发育的圆柱体，称之为"涡柱构造"。目前，关于桶状构造的成因和形成机理，不同学者有着不同的看法和观点，尚没有一种比较统一的认识。因此，醉心石不仅具有很高的观赏价值，而且还具有重要的科学研究价值。

第五节　水体景观

泰山美，首先是水美，"水无山不胜，山无水不灵"。自古赞颂泰山的诗篇，多数与泰山水相连。泰山的水文地质遗迹非常丰富，主要有河溪、湖泊、潭、瀑、泉等多种类型。泰山景区内河流密集，沟溪发育，泉瀑众多，大小水库密布，呈现典型的山区河溪水文景观。

雄伟的泰山，因地形对水汽的抬升作用使降水量增加，因地高气爽使蒸发量减少，在山腰以上区域形成了我国北方很少有的湿润气候，为泉瀑景观的产生提供了水源条件。多数泉瀑雨后水丰，久旱渐涸。泰山因山势陡峭，切割强烈，具有成瀑的地貌条件；因其岩体基本上都是花岗片麻岩类，裂隙发育，透水性差，形成了"山高水也高，清泉随山长"的景观。

一、秀之河溪景观

泰山主峰玉皇顶，是方圆千里的最高峰。降水径流顺辐射状排列的沟谷飞流直下，形成了大汶河水系3个支流的源头。主峰四周多属泮汶河流域，只有东北向的天烛峰以北小部分区域分属石汶河及芝田河流域。河溪以玉皇顶为分水岭。北有玉符河、大沙河注入黄河；东有石汶河、柴草河，南有梳洗河、漆河，西有泮汶河，东北有麻塔河，均注入大汶河。这些河溪，源短流急、谷深坡陡，间有悬崖峭壁和急弯，河底基岩裸露、深幽玄奥，呈现出较为湿润的典型山区河源水文景观。

形成于距今28亿年前的黑灰色泰山岩群，在浅色岩脉条带的穿插下，构成了彩色斑斓的彩石溪河床。溪水漫石而下，流水泛起的波澜与绚丽多彩的河床交相辉映，分为清新而秀丽，彩石溪因此而得名。彩石溪不仅有较高的观赏价值，而且其地质内涵深厚，具有重要的地学价值（图5-51）。

图5-51　彩石溪

二、灵之泉水景观

泰山地区泉水，难计其数。据有关资料记载，自古命名泉水64处。从山麓到山顶，如王母泉（图5-52）、月亮泉、玉液泉、龙泉、黄花泉、玉女池、云泉、双泉及莲花山的子母泉等，多分布在陡崖沟边的裂隙中，形成了形态各异的裂隙泉、滴水泉或渗流泉。这些泉水是历代游客观赏赋诗之地，为近处居民理想的水源。

图 5-52　王母泉

　　王母泉位于王母池院内，泉水清澈甘洌，含有多种丰富的微量元素，春季日涌水量约 30 立方米，与岱庙前的朝阳泉、飞鸾泉为成因一致的同一泉组，皆为裂隙泉。元君庙西院后的黄花洞，传为元君修真处。石洞宽阔，天然而成，洞顶渗水滴珠，叮咚入池，名灵异泉，又名来鹤泉，属于裂隙泉。洞内有盛夏尚存冰柱的奇观，故清康熙年间巡抚蒋陈锡题"灵山玉柱"。

历代泰山人对泰安泉溪的开发与利用

　　宋代初年，当地官员为建新城而将岱岳镇进行了拓建改造，并疏浚白鹤泉，城中能行舟。

　　宋真宗东封泰山后于翌年，即大中祥符二年（1009）创建岱庙天贶殿时，在《天贶殿碑铭》中说："云封崛起，回对于轩槛；泉流冽清，萦环于阶齿，只若天贶，表以徽名。"可见当时岱庙内外泉溪争流，水源丰盛，环境绝佳。

　　至清代泰城水源逐渐枯竭，城区内不足 2 万人的居民饮水都成了大问题，故在康熙五十一年（1712）泰安官员率众在山麓和城区内进行疏泉导水，并刻立《泰安疏泉导水记碑》（今在天贶殿西南侧院中）。

　　清光绪初年泰安的官员为解决泰城居民饮水之难，在遥参亭前开凿双龙池，专引王母池之水，环绕岱庙注入池内，并于光绪七年（1881）在池前立《双龙池碑》和《万古流芳碑》，记载了引水竣工之事。

清光绪后期，《清史稿》主编赵尔巽之弟赵尔萃退居泰安，曾多次怂恿泰城名流疏泉导水，解决"郡城内外民间之饮苦食碱"之难，并亲自在斗母宫南院开凿天然池，"架石梁以为渠"流入泰城。并于"民国"五年（1916）在池旁立《天然池记碑》："予自戊寅（光绪四年即1878年）来游斯邑，见夫山巅涧麓，流水潺缓，随处涌现，酌之味甘如醴，乃一任其汤汤而去。而郡城内外，民间之饮苦食碱弗恤也。"于是便怂恿郡首增芝田（系其姐夫）开渠引水，工未兴而去职。继而，曹晴轩建曹公渠，引水灌田。"己亥（光绪二十五年即1899年）重游来此，遂以居。时范君慕韩初置山田于天外村，余往视之，复怂恿其开渠引水以灌田。村之邻亦行之，收获几倍于常时。今夏来斗母宫，比丘法霖导视其庙之南有废圃，因教之架石梁以为渠，就坎凹而凿池，不三旬而工蔵。"这就是延至今日的"天然池"。

清光绪年间，又有泰山人鲁泮藻避世隐于樱桃园，集资购地，凿岩辟拓，觅源察脉，架木引水，遍植花木，遂成"樱桃精舍"，今遗址犹存。

冯玉祥在民国年间隐居泰山时开凿了普照寺前的"大众泉"和王母池前的"朝阳泉"，并于1932年在王母池立《泰山凿泉记碑》述其事，梁建章撰文、邓长耀书丹："自寺门前（应为王母庙前）行三四十步，左侧有大石横卧，长可丈，出地仅尺余，藐不知深几许。是时天旱，饮水为艰，公欲凿泉以利山氓。既凿普照寺前地得水，刊为'大众泉'矣。余察此卧石下似有泉，请公以凿之，不二三尺水出，如喷甘逾醴。卧石腰横隙一线，泉夺隙出，其声冷然。以其地东向，故名之曰'朝阳泉'。即泉凿池，方七八尺，以贮水……泉勇满，则沟而通之以蓄石井，用便汲者。井满则转注悬崖，淙淙作响，随山涧放入泰安城，供居民饮……凡泉既凿，使其长流，勿淹勿塞，则涌加增，是有望于后之善为护惜者，谨为记。"

王母池庙之东为中溪谷口，这里是著名的小蓬莱，景色幽绝，泉溪争流。吕祖洞前有著名的"虬在湾"。清《岱览》曾云："吕公洞北为虬在湾，深广可胜小艇，即王母池，一曰瑶池。"由于这里的水源极为丰富，才开凿出了"朝阳泉"。如今小蓬莱已被1956年所建虎山水库淹没；"朝阳泉"只有冯玉祥所题三大字历历在目，泉与池皆毁，但如今周围仍有涓涓细流，不断地呼吁着人们去开发利用。

泰山泉水水质

自古泰山山泉清冽甘甜，故被称为醴泉，驰名神州大地。中华人民共和国成立后毛泽东主席三过泰安，到站后均让当地官员给他送上一桶泰山泉水，更增加了泰山泉水的知名度？为什么泰山泉水被称为神水圣水？

泰山自古是帝王封禅之山，他们认为泰山的一草一木一石一物皆有灵性，故倍加保护。唐玄宗封泰山时，怕人多污染环境，遂下令"不欲多人"，仅携少数侍臣登封泰山。宋真宗在封泰山后下诏：泰山与社首山、徂徕山周围不准放牧樵采。元代至元年间有游人污染王母池东侧梳洗河的溪水，泰安州、泰安县两级政府发出布告："诸人无得于池上下作秽，如违决杖八十。"所以古代的泰山植被极为茂密，是一个天然的大水库。又因泰山山势陡峭，切割强烈，其岩体基本上都是花岗片麻岩类，裂隙发育，透水性差，形成泰山"山多高水多高"的景观。又加地形对水汽的抬升作用使降水量增加，地高气爽，蒸发量减少，故形成我国北方少有的湿润气候，为泉溪景观的产生提供了有利条件，所以泰山泉水久旱不枯。

泰山是由古老的前寒武系变质岩组成，岩性以黑色片麻岩为主，夹有角闪石英、片岩、黑云变粒岩和斜长角闪岩等。岩层经混合岩化和花岗岩化作用，形成各种混合岩和混合花岗岩，出现了广泛的构造裂隙和风化裂隙含水层，溶进各种对人体有益的微量元素，使其泉水无色无异臭，清澈透明，甘冽味纯，是国内罕见的低钠天然矿泉水。按国际通用的阿列金水质分类：泰山泉水为低矿化度、低钠、多硅、多稀有元素。

泰城及周边地域的水质：pH值6.9～7.5，酚值0.002，铬值0.05。其地表水矿化度一般小于0.4克/升，呈中性至弱酸性；总硬度在2.3～14.7毫克/升，属软水～微硬水。河水、库水均符合农田灌溉要求。地下水硬化度一般小于0.5克/升；总硬度一般8～15德度，属中硬水；pH值7～7.8，为中性偏弱碱性水；水温18℃。变质岩山丘区地下水矿化度和硬度很低，钙含量很少，多种元素缺失。

泰安市卫生局对泰山景区内的八大名泉：玉液泉、壶天阁泉、竹林寺泉、月亮泉（在傲徕峰下）、大众泉、龙泉（在斗母宫后院）、红门泉、王母泉进行了多次的采样分析，没有检查出饮用水标准中列出的任何重金属有毒物质，达到了国家天然饮用矿泉水的标准要求，属低钠低矿化度泉水，可与世界著名的法国乌尔威矿泉水媲美。在阳离子中钙的含量最多，阴离子中绝大多数以重碳酸盐为主，pH值在6.6～7.5之间，从而确定泰山泉水为"低矿化度低钠中性矿泉水"。水中含有锶、锌、铁、钴、钼、镍等20多种对人体有益的微量元素，超过检出限的有Zn、Mn，Fe、Na、K，Li、Sr、Ba、Ca等10种微量元素。在这10种微量元素中，对于人体来说，各有其作用。锌是人体内各种酶的活化剂，研究发现，大约有1130种酶须在锌元素的参与下，才能在细胞中完成生物化学作用；铁的作用是使人体红血细胞保持健康活力，还是一些特殊蛋白酶的重要组成部分，研究显示人体内铁含量缺乏造血机能减弱，但超标也会对心脏、肝脏和胰脏产生损害；锰有强化骨骼之功效，研究发现，患骨质疏松症的老年妇女其血液中的锰含量比同龄健康妇女少，锰在控制体内胰岛素平衡方面发挥着重要作用，体内缺锰将导致胰脏停止产生和释放胰岛素，引发的症状与糖尿病症状相似；锂对调节植物神经功能及治疗某类型精神病有一定疗效；锶是人体骨、齿的组成部分，缺乏容易导致骨、齿疏松等；钙、镁有强心、镇静作用，不少国家研究报告，硬水区居民的心血管病发病率低，并指出饮用硬水对心血管系统健康有益；钾的作用是参与细胞内代谢，维持体内的酸碱平衡；由于食物中不含有易被察觉的钡，且钡进入人体主要是通过空气和饮水，所以在人体内的作用不详，钡还是极易被排泄的，所以几乎不在骨骼、肌肉、肾脏及其他组织中产生积累；钠是人体必须大量存在的元素。

（济南市史志办　李继生）

随着改革开放后旅游业的蓬勃发展，游人剧增，服务行业纷纷进山，生活垃圾越来越多，泰山的泉水、溪水自上而下均遭到了不同程度的污染。著名的王母泉、大众泉、广生泉，甚至玉液泉等细菌学指标偏高，已不可直接饮用，只有进行专门的消毒处理后方可饮用，更让人担忧的是泰城的深层地下水也受到了不同程度的污染。如今，已开展了大规模的植树造林活动，使泰山得到休养生息，泰山植被覆盖率已达90%以上，而森林覆盖率也达85%以上，这就为泰安人民提供了充足的水源。再加上高科技的发展，对地下水的利用也达到了一个新的时期，为创建泰安环保新城提供了必不可少的水资源基础。

表5-4　　　　　　　　　　泰山泉水分析结果

元素	1	2	3	4	5
Mo★	＜0.005	＜0.005	＜0.005	＜0.005	＜0.005
Zn	0.0344	0.0086	0.0071	0.0076	0.0064
Pb	＜0.01	＜0.01	＜0.01	＜0.01	＜0.01
Co★	＜0.004	＜0.004	＜0.004	＜0.004	＜0.004
Cd	＜0.005	＜0.005	＜0.005	＜0.005	＜0.005
Ni★	＜0.005	＜0.008	＜0.005	＜0.005	＜0.005
B★	0.019	0.022	0.0285	0.026	0.0291
Mn	0.0038	0.0025	0.0021	0.0019	0.0018
Fe	0.310	0.251	0.165	0.183	0.102
Cr	＜0.004	＜0.004	＜0.004	＜0.009	＜0.004
V★	＜0.004	＜0.004	＜0.004	＜0.004	＜0.004
Be★	＜0.001	＜0.001	＜0.001	＜0.001	＜0.001
Cu	＜0.003	＜0.003	＜0.003	＜0.003	＜0.003
Yb★	＜0.001	＜0.001	＜0.001	＜0.001	＜0.001
Ti★	＜0.002	＜0.002	＜0.002	＜0.002	＜0.002
Se	＜0.001	＜0.001	＜0.001	＜0.001	＜0.001
Y★	＜0.002	＜0.002	＜0.002	＜0.002	＜0.002
La★	＜0.005	＜0.005	＜0.005	＜0.005	＜0.005
Ce★	＜0.02	＜0.02	＜0.02	＜0.02	＜0.02
P★	＜0.01	＜0.01	＜0.01	＜0.01	＜0.01
Al	＜0.045	＜0.045	＜0.045	＜0.045	＜0.045
Mg	31.3	9.6	6.5	5.5	4.1
Na★	60.0	20.86	11.42	10.94	8.86
K★	2.40	3.41	1.04	1.18	1.33
Li★	0.0093	0.0014	0.0028	0.0035	0.0016
Sr★	0.424	0.205	0.107	0.103	0.093
Ba★	0.116	0.081	0.044	0.031	0.030
Ca	14.7	35.6	21.8	21.0	19.4
Hg	＜0.001	＜0.001	＜0.001	＜0.001	＜0.001
As	＜0.001	＜0.001	＜0.001	＜0.001	＜0.001

注：★为饮用水非常规检测项目。

三、俊之瀑布景观

瀑布是河水在流经断层、凹陷等地区时垂直的跌落，地质学上又称为跌水。在河流的时段内，瀑布是一种暂时性的特征，最终会消失。瀑布一般由水帘和其下的深潭构成（图5-53）。我国的瀑布主要分布在秦岭—淮河以南的广大地区，尤以浙闽山地、云贵高原和喜马拉雅一带最为发育（陈安泽等，2013）。

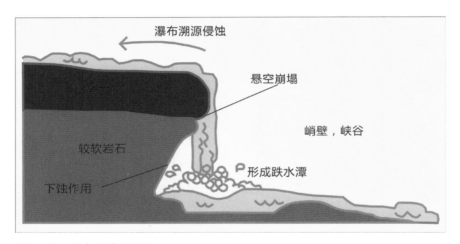

图5-53　瀑布形成示意图

（一）龙潭飞瀑

黑龙潭是泰山的著名景点，尤以龙潭飞瀑著称。它位于长寿桥之南，白龙池以北。在东百丈崖脚下有一潭，俗称"老虎窝"，瀑布在此缓冲后便顺着约30米的斜坡注入第2个潭，再顺着20米左右的斜坡直冲第3个潭，组成了潭瀑相连的三叠式瀑布。因第1、第2个潭的规模和深度均较小，并不为人们所注意，而第3个潭则是一个天然大岩穴，此穴腹大口小，形若瓦坛，直径约5米，深愈数丈，潭水碧绿，清澈见底，因传说其与东海龙宫相通，故名"黑龙潭"。

黑龙潭东西两侧峭壁如削，其东北为东百丈崖，西称西百丈崖，西南有南百丈崖。每当夏秋多雨时节，三道瀑布奔泻而下，犹如玉龙飞舞，被誉为"云龙三现"，为泰山一大奇观。尤其是东百丈崖的瀑布，从20余米高处飞流直下，声若雷鸣，水花四溅，如雨似雾，蔚为壮观，誉为"龙潭飞瀑"，是泰山胜景之一（图5-54）。东百丈崖为一断层崖，近于直立，走向北东65°。断崖由傲徕山中粒片麻状二长花岗岩组成，质地比较坚硬，抗风化剥蚀能力较强。而崖下的黑龙潭附近，则是二长花岗岩中所含的黑云角闪斜长片麻岩残余包体，因其化学稳定性和抗风化剥蚀能力相对较差，在风化作用及瀑布的不断冲击下极易遭受破坏，形成洼地或洼坑。

黑龙潭之所以潭壁圆滑，呈腹大口小、形若瓦坛的形态，实际上是瀑布强烈的冲蚀作用形成的壶穴地形。因为当东百丈崖瀑布直冲潭里

图5-54　龙潭飞瀑

后，部分水流在潭两侧形成两股环流，对潭壁作侧向弧形的侵蚀，使黑龙潭逐渐趋于圆形，另一部分水流直冲潭底，然后向斜上方回流作弧线刨蚀，使潭不断加深，潭腹不断拓宽，因此黑龙潭在侧向和垂向两部分水流的侵蚀和刨蚀作用下，天长日久，精雕细刻，逐渐形成了今日所看到的边部圆滑、口小腹大、形若坛罐的奇异形态。

（二）云桥飞瀑

云步桥原为木桥，后改为石桥。此处四周嶂峦叠翠，山势险要，苍松翠柏，浓荫布地，加以溪流淙淙，清音悦耳，风景十分诱人。因常有云雾弥漫萦绕，人行桥上如在天际，故而得名。桥北为著名的"云桥飞瀑"，中溪流水像从云间奔流而来，沿着4米高的陡崖直泻而下，溅珠迸沫，生云化雾，尤其夏秋多雨季节，悬崖飞瀑，垂练千匹，蔚为壮观（图5-55）。明代诗人陈凤梧有诗道：

图5-55　云桥飞潭

"百丈崖高锁翠烟，半空垂下玉龙涎。天晴六月常飞雨，风静三更自奏弦。"传说宋真宗封泰山时曾路过这里，被此处的月色泉声的优雅景致所吸引，命人在瀑头石坪凿穴支帐住宿，后人因此命此石坪为"御帐坪"。

　　云步桥飞瀑的形成与云步桥断裂的南侧分支断裂密切相关。人们来到云步桥，不仅可以观赏到云桥飞瀑的胜景，领略云步桥周围的秀丽景色，饱览众多的摩崖刻石，同时还可以看到断裂的露头，了解到云桥飞瀑的成因，研究断裂的性质和特点，想象当年断裂活动的壮丽情景。

（三）三潭叠瀑

　　在泰山地区，由于新构造运动间歇性的抬升，发育了众多三级型的微型地貌。在斗母宫东涧内，由3个小跌水组成的三潭叠瀑，每级落差3米，潭瀑相连，颇具特色，有"小三潭印月"的美称（图5-56）。此处三叠瀑布的成因不仅与构造运动的抬升有关，还与河流的侵蚀作用和岩石中发育的垂直节理有关。

图5-56 三潭叠瀑

（四）青龙潭

　　青龙潭位于太平庵之北。受青龙潭断裂的影响，在河床基岩上形成了5个陡坎，河水顺而流下，形成五级瀑布。水流沿陡坎直泻而下，具有很强的下蚀能力，水流携带的沙石对河床进行磨蚀、撞击，使其遭受破坏，积水成潭，即形成了"青龙潭"（图5-57）。每逢雨后，融汇三股溪水奔涌而下的瀑布，便如银河倾泻，万马奔腾，极为壮观。

图5-57　青龙潭

（五）仙鹤湾

仙鹤湾位于后石坞地质遗迹景区好汉坡南，发育于傲徕山岩体（形成于约25.1亿年前的花岗岩）之上。流水沿陡壁直泄而下，形成飞瀑，因旧时有松鹤集憩于此而名之。今虽已无鹤，湾水之形却酷似丹鹤独立（图5-58）。

图5-58 仙鹤湾

（六）龙湾瀑布

龙湾（图5-59）位于桃花峪地质遗迹景区，水体面积约600平方米，水深盈丈，清澈见底。其东侧为傲徕山岩体，岩性为黄褐色花岗岩。花岗岩岩壁上垂直节理发育，经过长期的风化侵蚀，大大小小的岩块脱离母体，沿龙湾东侧堆积，形成较小规模的"石河"。

图5-59　龙湾

图5-60　桃花源瀑布

（七）桃花源瀑布

桃花源（图5-60）瀑布为一人工修造的瀑布，位于泰山西路桃花峪地质遗迹景区。这里群峰竞秀，溪瀑争流，于泰山雄伟之外，独具江南山水之丰韵。有翠屏山、笔架山、五峰叠翠山，有一线泉、彩石溪、一线天、猴愁峪。山泉十里随山势波折流转。彩石溪行云流水璨若锦绣；赤磷鱼游戏山溪情趣无穷。

（八）三叠瀑布

泰山沟谷中的瀑布很多，形成了飞瀑流鸣的秀丽景色，如黑龙潭和云步桥的飞瀑。由于新构造运动上升的间歇性，形成了瀑布的多级性。在黑龙潭百丈崖下方，分别在其往下30米和20米处又形成两个小潭，组成了三叠式的瀑布。在斗母宫东侧沟涧内，由3个小跌水组成三潭叠瀑，每级落差约3米，潭瀑相连颇具特色，有"小三潭印月"的美称（图5-61）。

图5-61 三叠瀑布

第六章

天人合一——地质文化

　　泰山，从一座自然山到文化山、精神山，是地质与文化和谐统一的整体。它东临黄海，西靠黄河，凌驾于齐鲁大地，几千年来一直是东方政治、经济、文化的重点区域。泰山文化深厚，其古建筑将建筑、绘画、雕刻、山石、林木融合为一体，是东方文明伟大而庄重的象征。泰山不仅仅是风景秀地，更是中国传统文化的瑰宝。在中国乃至世界，还没有一座山像泰山一样，在数千年持续不断的历史发展中，始终维系着一个古老民族"国泰民安"的信念与对"和平""统一"的祈盼。泰山，已成为一种象征。在人们生生不息的活动中，泰山一直寄托着每一个炎黄子孙对生活"和谐""平安"的期盼与向往。泰山，是和平的承诺、和谐的保证。在她的伟岸身躯默默地保护下，无论你在何时何地，都会感觉到来自泰山的力量，听到她一声平安的祝福（图6-1）。

图6-1　泰山——炎黄子孙的精神靠山

第一节　"人猿相揖别，只几块石头磨过"

石器是人类进化过程中不断发明和改造的重要生产工具，它代表了不同生产阶段的标志，是人类进化的智慧结晶。自古以来，以石为器，与山做伴，成为人类生存过程中不可或缺的精神和物质支柱。

一、大山——人类生存的靠山

泰山雄峙于山东中部，古称"岱山""岱宗"，春秋时改称"泰山"。在神话中，泰山最接近统领"三界"的玉皇大帝，东邻便是神仙居住的仙山蓬莱与瀛洲，故诗曰泰山"魂雄气壮九州东，一敞天门旭日升。百代帝王趋受命，万方处士向蓬瀛（左河水）"。泰山，雄起于华北平原之东，凌驾于齐鲁平原之上，东临烟波浩渺的大海，西靠源远流长的黄河，山脉绵亘100余千米，盘卧面积达400多平方千米，被誉为"五岳之首"。

自公元前219年秦始皇封禅泰山以后，泰山的崇高地位基本上被奠定；随后，汉武帝、汉光武帝、唐高宗、唐玄宗、宋真宗、明太祖、清康熙、乾隆等众多帝王也和泰山结下了不解之缘，或亲自登封，或派人祭祀。封禅的起源多与当时社会的生产力和人们对自然现象的认识有很大的联系，人们对自然界的各种现象不能准确地把握，因此产生原始崇拜，特别是在恐惧的状态下，对日月山川、风雨雷电更是敬畏有加，于是"祭天告地"也就应运而生，从最开始的郊野之祭，逐渐发展到对名山大川的祭祀，而对名山大川的祭祀则以"泰山封禅"最具代表性。

二、以石为器

考古资料表明，就目前海岱地区发现的旧石器地点多达30余处，几乎囊括了整个旧石器文化发展的各个阶段。在这一区域的细石器遗存，又有更多分布。

细石器的存在从时间上说，处于旧石器时代的末期向新石器时代的过渡，故又被称为中石器时代。海岱区中石器的年代在距今1万年前后。迄今所发现的中石器时代遗址和细石器地点有120余处，集中见于鲁南、苏北的沂沭流域、马陵山地区和鲁中的汶泗流域。这一时期遗址的密度显然大于旧石器时代，是海岱区人口繁衍、社会进步的具体表现。在细石器遗存中，与泰山相近的则是汶泗流域的细石器遗存。先后在济宁地区汶上县、兖州区、嘉祥县及泰安地区宁阳县等发现44处地点。还要强调的是，在过去的文物普查中，于故河道两侧发现有诸多的北辛文化、大汶口文化、龙山文化等遗存。有的北辛文化、大汶口文化遗物与细石器共存于同一遗址中，反映出某种延续关系的存在。

与细石器文化相连接的便是新石器时代。在海岱地区调查发现了近1900处新石器时代遗址，已是遍地开花，并有着完整的发展序列，其考古学文化依次是后李文化—北辛文化—大汶口文化—龙山文化。后李文化是迄今可知的最早的原始农业文化时期，其年代距今8500～7500年。稍后的农业文化相当于距今7500～6300年间的北辛文化。而继北辛文化发展起来的大汶口文化，其年代相当于距今6300～4600年。尔后在大汶口文化基础上发展来的则是海岱龙山文化，距今4600～4000年，海岱社会进入了文明时代。从旧石器时代到新时石器时代，在上下几十万年的历史延续中，海岱文化的发现序列是较为完整和清晰的。

还有一项重大发现被人们所忽略，这就是在泰山南麓凤凰庄（今属泰山区丰台居委会，原为丰台北的一个自然村）几件细石器的出土。石器出土地点位于山坡下的一片耕地，周围比较开阔。石器是从地表下约120厘米的土层中发现的，其下即为沙土层。这几件石器曾经被山东省博物馆及山东省考古研究所的专家鉴定过，认为是旧石器时代叶形状石器。

所发现的石叶器，现藏泰安市博物馆（现为国家二级文物）。石器共有3件，其形制基本相同。石器两端为尖状，两端间中脊略显，两侧呈双刃。器身打击加工痕迹明显，其特点是从石片相对的两侧向两端修理出尖状，使用痕迹不明显。石器发现于土层之中，在土层中无其他文化遗迹遗物，就其周围现场看，既无其他文化遗址的存在也无其他文化因素的搀入。仅有几件形体相同的石器被埋入土中，所体现的意图是明显的。因为石器的存在无非有两种情况，一种是遗失，一种是有意掩埋。从石器出土情况无其他文化因素干扰来看，只能说是有意掩埋，显示出某种祭祀的意味。泰山下凤凰庄石叶器的出土，表明在旧石器时代晚期人与泰山的关系，已经进入成熟的发展阶段。

第二节　大山信仰下的石敢当文化

泰山石敢当文化是首批"国家非物质文化遗产"之一，泰山石敢当习俗世代流传，历经千年而不衰，说明它是一个仍然在传承中的文化现象，在今天仍然有其存在的价值。特别是在"非物质文化遗产"的激烈竞争中，泰山石敢当文化能够脱颖而出，受到认可和重视，证明了其巨大的文化价值和时代意义（李青，2016）。

一、从大山崇拜到山石崇拜

山石崇拜，毫无疑问是山岳崇拜的延伸和发展。这种崇拜始自远古，并影响至今。在不同的区域、不同的时期，以石祭天、祭地、祭山、祭祖，乃至祈育或避邪禳灾等，其表现的内容不尽相同，但源于对大山的信仰是清晰的。

灵石崇拜是一种十分原始且流行广泛的宗教习俗，灵石崇拜与祭祀天地、祭祖祈育及避邪都有一定的渊源关系。而泰山石敢当及其所衍生出的民俗行为正是古代灵石崇拜之遗俗使然，其发挥的作用，无论在何处都是避邪与禳灾（李绪民，2010）。

泰山石敢当除了一种石崇拜外还蕴含着一种山崇拜，是一种山崇拜与石崇拜的结合。自古以来就有"泰山安则天下安"之说，泰山崇拜传达着一种国泰民安、人庶物丰的观念（逮慧、张荣良，2011）。"泰山石敢当"或"石敢当"，都是对泰山崇拜的拓展，石敢当因泰山而壮威走遍天下，泰山石敢当成为泰山驻外的和平使者。它从精神层面对炎黄子孙产生了巨大而积极的影响。它通过有形的石刻和无形的传说，把五岳独尊的泰山带到各地（蒋铁生、吕继祥，2005）。

二、山石特质与石敢当的神格

石敢当作为原始山神信仰的物化遗存，以山、石的自然崇拜为基础，以巷陌、桥道、家宅的镇辟为功能，以安居、太平、福康、昌盛为追求，以防范、禳拒、驱除、护卫为手段，以材质、文字、图像、符号为象征，表现山神信仰的风俗应用。它既有原始的质朴气息，带有神话哲学的逻辑，又借助文字、图像、符号等文明成果和艺术创造，成为内蕴幽深、形式驳杂的民间镇物（陶思炎，2006）。

在石敢当前面加上"泰山"二字，点明了对东岳泰山的信仰。泰山作为五岳之首，又有着"岱宗"之称，在我国古代有着重要的地位。中国古代诸侯升封泰山，历代的帝王封禅泰山至高至尊，言泰山之石，不同凡石，有奇异神力（李绪民，2010）。

泰山石敢当信仰历史悠久，在长期的传承过程中，形成了如下一些基本特征（蒋铁生、吕继祥，2005）：

1）有形的物质形态和口传与非物质形态相结合的文化传播特征。石敢当信仰的传播是由刻写"泰山石敢当"或者"石敢当"的碑刻、石块及少量碑碣、石像等与民间口传的神话故事、传说及戏曲等形式共同存在的。

2）石敢当信仰的广泛性特征。石敢当信仰源自古老的灵石崇拜和影响广泛的东岳信仰。其信仰范围具有广泛性，从北方到南方，从汉族地区到少数民族地区，从大陆到台湾，从国内到国外，成为中华民族有代表性的民间信仰。

3）石敢当信仰的地方性与民族性相结合的特征。石敢当信仰在全国各地的传播中，与地方文化和地方宗教相结合，使石敢当在各地都具有地方特色。同时，全国的石敢当信仰都具有文化的同源性，这就是被民间广泛接受的发源于泰山的平安文化。这一点正是石敢当信仰具有民族性的具体体现。

4）石敢当信仰的国际性特征。石敢当信仰在历史上早就跨洋过海传到国外，至今日本、韩国、马来西亚、菲律宾、印度支那地区和海外华裔居住地都有该信仰，这说明了中华文化的亲和力和适应性。石敢当的国际性说明它是一种开放的文化现象。

三、石敢当习俗——国家级非物质文化遗产

石敢当信仰的原始形态是上古时期的灵石崇拜，它的发生发展经历了自然崇拜、人格神化和分支合流的复杂过程，在它的发展演变过程中，它的价值也不断地彰显出来，主要体现在以下几个方面（李绪民，2010）：

首先，它表现出一种平安文化，表现了人们普遍渴求平安祥和的心态，因此得到了广泛的传播，体现出了中华民族的人文精神和博大情怀。

其次，泰山石敢当也体现了中国广大地区和众多民族之间的认同，也反映了中华文明的历史延续性及中华文化的强大生命力。

最后，围绕着泰山石敢当出现了大量的石刻和石像，同时在民间产生出很多神话故事和民间艺人创作的神话戏曲等，都体现出了民间文化艺术的创造力（蒋铁生、吕继祥，2005）。

泰山石敢当民间信仰是全民族的信仰，它的内容包括了石刻与神话传说两大部分。西汉史游的《急就章》有"石敢当"之语，石敢当的真正含义应当解释为"盖即石可当冲也"（崔秀国、吉爱琴，1987），即灵石可以避邪厌殃抵挡一切，所以出现了很多的石刻来表达人们祈求平安福康的愿望。泰山周边的石敢当多取自天然的泰山石，一般不加修饰，在上面刻写"泰山石敢当"等字样。同时在泰山南北斗出现了石敢当的造像，还有专门祭祀石敢当的庙宇。在我国其他地区石敢当的形式多有不同，有些做成精美的石碑，上刻"石敢当"字样（图6-2）。

图6-2　泰山石敢当

　　石敢当在各地的传播中，除了普遍存在的石刻以外，还逐渐在民间形成了不同色彩的神话故事。这些神话故事以石敢当或者以石敢当为中心的泰山风物传说为蓝本，结合本地的具体事物或者流行的宗教信仰，形成了丰富多彩的泰山石敢当的故事群，在民间广为流传。具有代表性的有：石敢当与女娲和黄帝的传说，石敢当与姜子牙封神的传说，石敢当镇宅辟邪说，泰山石敢当驱鬼、驱妖等，不管何种神话，泰山石敢当信仰从内涵上体现的是"平安"二字，是我国流传久远、影响广泛的信仰民俗。

　　"泰山石敢当"信仰的形成有其独特复杂的历史过程，文化传播是其广泛存在的原因。时间纵向延续和空间横向传播的变异相互交叉使它具有今天这样的多样形态。从产生至今，尽管其形式和内涵在不断发生转变，但"石敢当"信仰一直在民众生活当中发挥着一定的实际作用，包括心理作用和社会功能（李绪民，2010）。

第三节　以石为载体的石刻文化

　　泰山石刻内涵丰富，它是历史的见证，也是文化风貌的一个缩影。从封禅的纪功石刻，到经石峪的摩崖刻经，再到文人墨客及至平民百姓的题记，无不散发着浓重的时代气息。也可以说，泰山石刻的文化可与中华文化共同体形成以来的历史相映衬，一处石刻、一通碑刻，它既是一个时代历史的见证，同时是某一特定时期文化发展成果的展示与标志。

一、石刻形式的形成及演变

　　泰山石刻源远流长，早期文献中就有关于"勒石"之说，如《庄子》云："易姓而王，封于泰山，禅于梁父者，七十有二代。其有形兆垠堮勒石，凡千八百处。"但是庄周所说的"勒石"，无论地面遗址还是地下考古发掘，迄今未见，而秦始皇的封禅石刻——《秦泰山刻石》至今尚存。它不但是泰山现存最早的石刻，也是我国历史上最著名的早期石刻之一。

图6-3 泰山石刻——唐摩崖

纵观泰山石刻，从内容上说，大体可分为4类：一为帝王封禅石刻，记载帝王成功告天，事关国家大局；二为大臣和百姓的祭祀石刻，可见各个历史时期社会、人文心态；三是文人墨客登山抒情，体现他们的智慧与艺术情操；四是具有鲜明宗教特征的石刻，借泰山以宣传各自宗教的信仰，以吸引信众（图6-3）。从形式上说，泰山石刻主要分为三大类：一为碑碣，长方形的石刻叫作"碑"，把圆首形的或形在方圆之间，上小下大的石刻，叫"碣"，后来多把碑与碣混二为一，简称"碑碣"；二为摩崖石刻，即为镌刻在岩石、山崖

图6-4 泰山石刻——五岳独尊

石壁上的摩崖文字；三为楹联石刻，于石亭、庙宇、石坊等处，随处可见（图6-4）。就文字的特征而言，真草行楷隶篆，众体兼备，全山上下，不啻是一座博大的书法艺术宝库。

石刻是时代性文化成果的标志，封禅纪功石刻——统一文化的标志、经石峪摩崖刻经——文化多元的成果、纪泰山铭——文化的壮阔与恢宏的体现、香社碑刻——平民追求自由生活的见证。石刻作为一种特定的物化形态，有机地构筑着泰山坚实的文化根基，也成为泰山文化发展高峰的一个标志。

二、泰山石刻的历史价值与艺术价值

泰山是世界自然与文化遗产，是中华文化史的局部缩影，其"天然的石刻博物馆"则是这部文化史的重要篇章。遍布泰山上下1800余处的泰山石刻，其历史、内涵、书法、造型等石刻价值在全国的名山大川中占据着重要位置（苑胜龙、张东珍，2009）。泰山是中华民族的伟大象征，民族文化的缩影，是东方文化的宝库，在世界文明史上占有重要地位。泰山石刻记载了近两千年来泰山地区的历史变迁、人文风貌，含有珍贵的历史资料与文学艺术资料，不仅体现了泰山文化的深邃内涵，而且体现了中华民族的伟大精神，石刻具有极其重要的史学价值、书法价值、美学价值、认知价值、文学价值和艺术价值（刘水，2003；李俊领，2005；万萍，2010）。

1.石刻的历史价值

历史的记录主要靠文字，文字可依赖不同的物质载体而存在，镌刻在金属及石头上的文字没有誊转传抄或誊刻印制的失误，因而被人们所重视，于是有"金石"之学问世，成为后世"考古学"的重要组成部分。历代的碑刻，常常能解答因文字不足所形成的历史疑惑。

数量繁多、内容各异的泰山石刻不仅展示了数千年间泰山文化的繁荣与昌盛，而且从中也反映出中国历史兴衰起伏的轨迹，实属不可多得的历史资料。诸多史料，不仅为泰山碑刻独有，而且在补史证史方面有很大的价值。泰山石刻中现存最早的是秦泰山石刻，历代史家均视为研究秦史之首选文献。

由于泰山石刻延续时间长，泰山祭祀又是国之定制，从某一方面能反映中国几千年历史的变革是显而易见的。特别是碑刻所载多为地方志史性质的内容，因此研究泰山的历史自然会首选泰山石刻。

2.石刻的艺术价值

泰山石刻历史悠久，延续不断，受历史文化发展变化的影响，形成丰富多彩的艺术表现形式。就其书法艺术而言，自秦至今，名碑名品，众彩纷呈，书意各代不同，其作品之多，时代承续性之强，书艺之精湛，让泰山石刻堪称一部书法艺术史，而泰山成为一座自然的书法艺术博物馆。

泰山石刻，"自秦至清，历代皆有巨制。基本上概括了中华民族成长的过程，展示了书法发展的历史"。泰山最早的石刻是公元前219年秦始皇统一中国后封禅泰山所留下的纪功刻石，为李斯小篆。小篆既是全国书同文的开始，也是书法艺术大众化的开端。

泰山石刻纵贯中国书法史，而在书体上，也众彩纷呈，是一部生动的书法教材。在泰山石刻中，有隶书、楷书、行书、篆书和草书，这与泰山沉稳雄浑的内在精神相关联，其书体选择就会有所差异。

书法艺术自产生以来，发展数千年，并在石刻中找到了一个新的艺术途径并得到价值的升华。泰山倍受书法家推崇，历代书法家竞秀，各派书体纷呈，涵括了整个中国的书法史，展示了中国书法艺术形变神异、一脉相承的发展脉络，同时展现了中国石刻艺术的多姿多彩，使泰山成为一座天然的书法艺术宝库。

第四节　泰山挑山夫文化

泰山历史文化悠久，其独特的山区地貌与封禅祭祀文化促生了泰山挑山夫。泰山挑山夫有着悠久的历史与文化，与世界自然与文化遗产、泰山联合国教科文组织世界地质公园相伴而生，是泰山文化的重要组成部分，作为泰山的一种文化符号，其在精神领域有着特有的文化价值。泰山挑山夫是自强不息、坚韧不拔精神的象征，集泰山文化美好元素于一身，也是历史记忆符号（图6-5）。

图6-5 一百年前的泰山挑夫（图片来源网络）

　　从泰山的岱宗坊至中天门，台阶2399级，路程5484米；从中天门至玉皇顶，台阶3967级，路程3454米，若是走完一趟全程，一共要走6366级台阶和8938米的距离，每个挑山夫日均往返两趟，要走4个单程，其中两个单程负重，工作量极大。尤其泰山十八盘向来以陡著称，近1000米的路程，1633级台阶，往往要一口气走完，容不得一点儿懈怠，这对于挑山夫的体力与意志力要求都是巨大的。泰山挑山夫在这样的生活过程中形成了独特的饮食——石锅宴，即利用石头的导热性加工食物。泰山地质以泰山杂岩为主，这些石头是独特的炊具。石锅宴直接体现了挑山夫劳作之余的生活智慧，可以成为泰山饮食文化及地质文化的重要组成部分。

一、泰山挑山夫的历史

挑山夫属于典型的传统山地劳作群体，也是人类历史上山地丘陵劳作文化的具体表象。"挑夫文化"在中国历史上存在已久。挑，《说文解字》解释为"挑，挠也，一曰揆也"。而《增韵》说："杖荷也。俗谓肩荷曰挑。又取也。今拣选人物亦谓之挑。"《说文》认为挑是挑拨扰乱，而揆是拘击的意思，而《增韵》的解释更加接近于我们今天所理解的挑字的含义。山曼、袁爱国《泰山风俗》写道："当今，泰山挑夫才有了地位，引起了注意。"不同历史时期，泰山挑夫、挑山工、担山工、挑山夫等称谓略有区别，但几者关系十分密切。挑夫称谓史料中较为常见，其主要负责挑运香客与祭祀者的货物与行李。中华人民共和国成立后，挑山工、担山工、挑山夫称谓较为常用，三者劳作内容基本相似，是挑夫职业化标志。其实无论是泰山挑夫、挑山工、担山工、挑山夫都属于以抬和挑为主要劳作形式的群体。由于泰山挑山夫在各类书报之中使用较为普遍，所以如今大家亦统称之为泰山挑山夫。

泰山挑山夫称谓在史料上记载较晚，秦始皇封禅泰山有着明确记载，官员及随从运输的祭祀用品是泰山挑山夫最原始的"雏形"。《后汉书·祭祀志·封禅》提到汉光武帝建武中元二年（公元57年）封禅泰山场景："辛卯晨，燎祭天于泰山下南方，群神皆从，用乐如南郊。事毕，至食时，天子御辇登山，日中到山上，更衣，晡时升坛，北面。"这是有史记载最早的泰山挑夫。在诸多县志中，多次提到了泰山祭祀盛况，除去历代官祭（以政府为主导的祭祀），平民香客的大量涌入给了挑夫这个职业得以生存的土壤。迄今存在的最早的泰山轿夫与挑夫的影像资料应为法国人斯提芬·帕瑟所拍摄的。1912年，金融家阿尔贝·肯恩聘请帕瑟为"摄影操作员"，参与1909年开始设立的"地球档案"工作，他成为20世纪"实录"泰山的第一人，其中便有泰山挑夫的特写照片。日本和德国关于泰山的著作及摄影作品中大量泰山挑夫的写实图片，目前保存在泰安市档案馆。

中华人民共和国成立后，由于历史原因，1952年政府明令取消泰山挑夫工作形式。由于大量文学艺术作品相继被创作，泰山挑山夫的称谓相比以前更被大家所熟知。爱国将领冯玉祥等人就写过有关泰山挑山夫的诗歌。1981年冯骥才先生写出文章《挑山工》，1983年《挑山工》入选全国高中课本，后来又入选小学语文课本，深深影响了一代人。泰山挑山夫的存在又多了一层文化含义，即坚韧不拔的毅力与民族精神的脊梁。受此文影响，很多中小学生先知道泰山挑山夫而后知泰山，慕名而来的游客中更是深受泰山挑山夫精神的影响（高国金等，2017）。

二、泰山挑山夫的现状

20世纪50年代初，泰安古物保管委员会（现为泰山风景名胜区管理委员会）即对泰山山顶进行了修缮，所需施工材料均为当时名为泰安县建筑工程队负责，而该队也对挑山夫进行了征集和集中管理。现泰安市档案馆保存着大量当时修缮泰山及岱庙的批示文件，以及工程队每天施工报表和用料，这是中华人民共和国成立初期泰山挑山夫为泰山修缮做出贡献的真实记录，也是泰山挑山夫历史作用的直接体现。

改革开放以来，泰山旅游经济快速发展。1982年成立了"泰山景区人工运输队"，并且挑山工人数也在迅速增加，到1998年发展到100多人，他们承担着整个泰山景区建设的原材料及山上饮食生活供应的任务，运输的货物主要是建筑材料和生活用品。当时修缮泰山严禁用泰山土石，很多原材料都靠泰山挑山夫从别处挑来，而这些建筑材料包括石灰、水泥、石子、建筑工具等各类修缮材料。生活用品涉及的物品种类更多。改革开放以来，泰山挑山夫承担了整个泰山景区的食品饮料、各类小商品，以及泰山主景区内宾馆各类生活用品的运输任务。泰山景区的发展与保护离不开挑山工们的努力。

随着泰山景区整体建设的完成、缆车索道的建成，大批挑山夫退出了此行业，至2016年，现存的挑山夫仅存几十人，老一批挑山夫不得不下山另谋出路，部分则转为护林员，使得挑山夫的前景极其堪忧。泰山景区缆车索道的投入使用是造成泰山挑山夫大量减少的直接原因，整个泰山景区对于挑山夫的需求量迅速下降，挑山夫赖以生存的源泉近似于枯竭。泰山管理委员会接手泰山挑山夫的管理工作之后，对其明文规定，明令禁止为游客载物的商业性交易，这样便切断了挑山夫的其他收入来源，泰山挑山夫收入来源仅仅来自所担货物的运输费用。

第五节　泰山道路

泰山的道路是根据自然景观和人文景观，尤其是地形特点和封禅、游览、观赏、宗教活动的需要而设计的。泰山的主要景点集中在从祭地的社首山至告天的玉皇顶约10千米的登山盘道两侧，就整个泰山的自然空间进行了整体构思。在地形上，由缓坡至陡坡，步步登高；在意境上，从人间帝王宫殿上达苍穹，渐入佳境，再由三里一旗杆、五里一牌坊的漫长山道相连接，发展成为极为壮观的景观序列。

十八盘被誉为"天门云梯"，梯的尽头是南天门，从远处望去，它像一条白带悬于南天门下，飘荡于深谷中，壮观至极，是泰山的一大奇观（图6-6），亦是泰山的重要标志之一，全程79盘共计1633级，中间以升仙坊为界，坊南为慢十八盘和不紧不慢的十八盘，坊北为紧十八盘。

图6-6　天门云梯——十八盘

第六节　地质与文化

泰山是中华民族求实进取精神的象征，拥有丰厚的历史文化积淀和典型的地质遗迹，两者之间具有高度的内在统一性，是世界上少有而独特的地质遗迹与历史文化的完美结合体。

1.泰山有无与伦比的人文历史，厚重的文化积淀

中国人常用泰山来比喻事物的崇高、伟大，因为它是中华民族的象征和灵魂。

在汉代创立"五岳制"时，泰山被封为东岳，位居五岳之首。由此，"五岳独尊"的泰山逐渐演变为中华民族的象征，成为中华儿女心目中的神山和圣山。

由于古代君王先后多次到泰山举行封禅活动，从秦始皇开始，先后有12位帝王到泰山封禅祭祀，形成了世界上独一无二的精神文化现象——帝王文化。

泰山的古建筑融绘画、雕刻、山石、林木于一体，具有特殊的艺术魅力，堪称中国建筑史上的杰作。

泰山石刻艺术历史悠久，是一座天然的石刻艺术博物馆，共有石刻1800余处，主要分为碑碣、摩崖、楹联三大类，记录了中华民族历史长河中的风云变幻。

坐落于天安门广场西侧的人民大会堂，雄伟壮丽，气势恢宏。作为"庆祝新中国成立十周年"而兴建的首都十大建筑之一，人民大会堂的建设、设计之庄重典雅，施工之精妙高超，进度之快速高效，堪称我国建筑史上的一大经典之作。其中所凝结着的上至国家领导人、下至普通工匠的心血和智慧，既体现出中华儿女无私奉献的家国情怀，更展示着华夏民族和谐完美的建筑技艺。而在当时的建设过程中，曾经得到祖国各地巨大的人力、物力支援，泰山的贡献尤其值得骄傲和自豪。泰山石材纹理细密，图案清晰，层次分明，而且有着"稳如泰山"的美好寓意，因而成为人民大会堂奠基石的首选。

纵观国内外各种大型建筑，公共设施，都能见到泰山石的身影。人民大会堂以泰山石奠基，寓意国泰民安、稳如泰山；人民英雄纪念碑用泰山石基座，寓意革命烈士重于泰山；银行金融单位大楼用泰山石奠基，寓意基业长青。北京奥林匹克公园主峰上，矗立着泰山石敢当，以其独特的外形和源远流长的泰山石文化成为主峰的标志性景观。孔子殿前的条石也是采用泰山石。泰山石是世界上最古老的岩石之一，质地坚硬，耐酸碱，耐风化，耐磨损，适合作为大型建筑的基座。人们敬仰泰山，歌颂泰山石，寄托自己的祝福与愿望于泰山石，借此表达"石来运转"的美好愿景（图6-7）。

图6-7　雄伟的人民大会堂

　　人民英雄纪念碑的基石来自泰山，象征着人民英雄重于泰山（图6-8），雄伟的人民大会堂的基石同样取自泰山，象征着人民政权稳如泰山。

图6-8　人民英雄纪念碑

　　总之，泰山历史悠久，文化灿烂，精神崇高，文物古迹众多，被称为"中华民族文化的缩影"，是中华民族"国泰民安"的象征。

　　2.泰山有深邃而广博的科学内涵，巨大而重要的地学价值

　　从1868年德国地质学家李希霍芬将泰山地区的变质岩命名为"泰山系"至今，泰山已经拥有130多年的地质研究历史，为众多地质学家所瞩目，曾被第30届国际地质大会和第15届国际矿物学大会选定为野外地质考察路线。诸多重要的地学问题，至今仍然是学术界研究与探讨的核心问题。

　　前寒武纪地质研究是当前国际上的地学前缘和热点。泰山是我国前寒武纪地质研究的窗口和经典地区，也是国际前寒武纪地质研究的知名地区。

　　泰山新太古代早期形成的表壳岩系泰山岩群，是华北地区最古老的地层之一，发育了典型的具有鬣刺结构的科马提岩，为太古宙超基性喷出岩，是地球早期原始陆壳的记录。

　　泰山前寒武纪岩浆侵入活动的多期次特征非常明显，可划分出望府山期、大众桥期、傲徕山期、中天门期、摩天岭期和红门期共6期15个岩体。众多侵入岩体构成泰山主体的95%以上，是泰山分布最广而又极为重要的地质体。

　　泰山前寒武纪的变质作用普遍，多期性特征明显，至少经历了3期区域变质作用和4期动力变质作用，形成了著名的"泰山杂岩"。

　　泰山前寒武纪构造变形作用十分复杂，可划分出5期构造变形作用和4期剪切变形作用，发育有多期的褶皱、断裂和韧性剪切带等。

　　此外，泰山中元古代的辉绿玢岩及与之伴生的正长花岗岩，是指示构造旋回变化的关键性地质事件。其中发育的国内外罕见的"桶状构造"，具有很高的科学研究价值和观赏价值。

　　泰山多期次的岩浆活动、多期次的构造变形和变质作用及其演化的研究，对揭示中国东部前寒武纪陆壳裂解、拼合、焊接的机制及地球动力学过程有着重要的科学价值。

　　泰山的形成，经历了太古宙、元古宙、古生代、中生代和新生代等5个地质历史阶段的改造，新构造运动则对泰山的山势和地形起伏起着控制作用，造就了泰山拔地通天的雄伟山姿。

　　总之，泰山众多重要而典型的地质遗迹，完整地记录了地球28亿年的演化历史，更是被赋予了世界上独一无二的文化生命，与泰山的历史文化完美结合，

成为人类宝贵的遗产。

3.泰山是地质遗迹与历史文化的完美结合体

构成泰山主体95%以上的前寒武纪侵入岩，历经漫长的地质演化，构造作用复杂，其断裂、断层、岩体的节理面非常发育，为石刻、碑碣等艺术的发展创造了得天独厚的条件，为历代文人墨客纵情书画、题词抒情提供了天然的对象，孕育了独特的泰山文化。

泰山多期次的侵入岩，为泰山大规模的古建筑提供了良好的天然建筑材料，历经历史的沧桑，记录了泰山几千年以来的文化发育过程。

泰山众多典型的微型地质地貌景观，如醉心石、仙人桥、拱北石、扇子崖等，在被赋予文化的内涵后，成为地质遗迹与文化景观的有机统一体。

岱顶作为泰山的核心，不仅是泰山自然风光和文化景观的精华所在，而且浓缩了众多典型的地质遗迹，成为珍贵的地质遗迹、优美的自然风光与丰富的人文景观三位一体的完美结合。

南天门、中天门和一天门三大台阶式的地貌景观，给人以崇高、稳重、向上、永恒之感，因此，自古就有"稳如泰山""重于泰山"之称。

泰安城因山而设、依山而建、城中见山、浑然一体，使泰山的人文景观与泰山的雄伟气势、地质地貌、环境格调极其和谐，达到了人与自然的有机交融。

泰山历史悠久，文化灿烂，是中华民族精神的象征，是区别于世界上任何名山的特质。在中国，乃至世界上，没有任何一座山像泰山这样将人和自然万物融于一体，其资源价值，应该当之无愧地成为人类的宝贵遗产。

第七节　泰山与五岳

岳是指"高大的山"，泰山是我国的东部大山，故称"东岳"，与南岳衡山、西岳华山、北岳恒山、中岳嵩山合称中国"五岳"。在汉代创立五岳制时，泰山就被尊为"五岳之首"。

图6-9　五岳独尊

　　泰山最高峰玉皇顶海拔1545米，高不如恒山（海拔2052米），秀不如衡山，峻远逊于华山（海拔2437米），但是由于它巍然屹立于华北平原的东侧，从平原仰望泰山有拔地通天之势，较之海拔起点较高的华山、恒山更显得其雄伟壮观；组成泰山主体之一的望府山岩体的年龄在2700Ma左右，是五岳乃及名山大川中最老的岩石；尤其是在泰山的核心玉皇顶，浓缩了山峰、人文历史、地质现象的精华，从而使泰山成为山岳、人文、地质三位一体的完美结合体，所以有"五岳独尊，雄镇天下"之美誉（图6-9）。在五岳之中，泰山更是独自享有"天下名山第一""世界自然与文化遗产"的荣誉。

　　由于泰山自然山体高峻挺拔，基础宽大，厚重安稳，加以山脉历史悠久，景观优美，民族文化灿烂，更富含崇高而博大的精神内涵，所以自古有"重如泰山""稳如泰山"之说。它被看作是中华民族求实进取精神的象征，是中华文化的缩影，这是泰山区别于中国乃至世界任何名山大川的特质所在。

　　泰山在历史上自古就有"泰山天下雄"之说，更是引来无数名人大家吟诗作赋，称颂泰山乃至于崇拜。从《诗经·鲁颂》中的"泰山岩岩，鲁邦所瞻"，到汉武帝曾叹曰"高矣、极矣、大矣、特矣、壮矣、赫矣、骇矣、感矣"，杜甫的

《望岳》中的"会当凌绝顶，一览众山小"，明代地理学家徐霞客的"五岳归来不看山"，以及历代皇帝的封禅祭祀等，无不描绘了泰山雄伟壮美的形象。

著名园林学家陈从周先生说："就泰山风景来说，兼有南北之长，有山有水，雄伟之外，兼有幽深。入山唯恐不深，登山唯恐不高，泰山皆得之。"

北京大学美学教授杨辛先生称颂泰山："高而可攀，雄而可亲，松石为骨，清泉为心，呼吸宇宙，吐纳风云，海天之怀，华夏之魂。"

著名考古学家苏秉琦先生评价说："泰山是个大文物"，"在中华文明历史上是有过特殊地位的，是中华一统天下的象征"。

世界遗产专家卢卡斯先生在命名泰山为"世界文化与自然遗产"的文件中评价说："泰山兼有自然的、历史的、文化的价值，这是个好特点，这意味着中国贡献了一种特殊的、独一无二的遗产。"

第七章

昂首天外——地质公园

地质公园是以具有特殊地质科学意义、稀有的自然属性、较高的美学观赏价值、一定规模和分布范围的地质遗迹景观为主体,融合其他自然景观与人文景观而构成的一种特殊的自然区域。地质公园不仅是地质遗迹景观和生态环境的重点保护区,也是进行地质科学研究与教育普及的基地,同时还为人们提供了具有较高科学品位的观光游览、度假休息、保健疗养、文化娱乐的场所。建立地质公园可有效持续保护重要、珍稀的地质遗迹资源,节约集约利用自然资源,为科学研究和科学知识普及提供重要场所,提高公众生态环境保护的意识,赋予旅游新内涵,提升景区科学品位,创建地质工作服务社会经济的新模式,支持地方社会经济可持续发展,服务生态文明建设。

第一节 世界遗产与世界地质公园

世界遗产是指具有突出价值的文化与自然遗产,是大自然和人类留下的最珍贵的遗产,是人类历史、文化与文明的象征,是人类共同的宝贵财富(孙克勤,2004)。

泰山,东临大海、西襟黄河,以拔地通天之势雄峙于祖国东方,以五岳独尊的盛名称誉古今。历经几千年的开发建设,泰山形成了中国山岳风景的典型代表,把富有美学价值和科学价值的自然景观同悠久的历史文化有机地结合在一起。1987年5月,联合国教科文组织专家卢卡斯在考察泰山时赞颂说:"泰山是自然遗产与文化遗产融为一体的典范。"（李继生，1989）。1987年12月，泰山被联合国教科文组织接纳列入"世界遗产清单"，成为世界上第一个文化与自然双重遗产，为世界综合遗产开了先河，为全人类做出了贡献。从此，泰山成为世界著名的自然文化双遗产，也为世界遗产开创了综合遗产的先例（姜玲、曹健全，2004）。

"庄严神圣的泰山，2000年来一直是帝王朝拜的对象，山中的人文杰作与自然景观完美和谐地融合在一起。泰山一直是中国艺术家和学者的精神源泉，是古代中国文明和信仰的象征。"这是遗产委员会对泰山的高度评价（刘淑丽，2013）。泰山以其山脉历史之悠久、宏观形象之雄伟、文化积淀之深厚以及赋含精神之崇高独步天下，成为名副其实的"世界遗产之尊"（吕继祥、王玉文，2011）。

地质公园是地质遗迹、自然景观、人文景观的结合体，地质公园的宗旨有3个：一是保护地质遗迹，二是促进科学普及，三是促进旅游经济发展。世界遗产一方面可以促进地方旅游发展；另一方面，地方旅游也会促进世界遗产的管理与保护（曲忠生，2006）。从这个方面来说，世界遗产与地质公园是相辅相成的，都有共同的目的与作用。泰山世界地质公园是典型地质遗迹、优美自然的景观和无与伦比的历史文化遗存的完美结合体（王同文等，2006），地质公园的建设对于地质遗迹、自然景观及人文历史遗迹的保护及地方旅游具有极大的促进作用。同时，泰山作为世界著名的自然文化双遗产，其珍贵的历史文化价值、风格独特的美学价值和世界意义的地质科学价值，吸引了大量国内外游客前去旅游，带动了地方经济，同时旅游发展也加强了管理者对世界遗产保护的重视，促进了世界遗产的可持续发展（金磊，2008）。

一、泰山世界双遗产地

1982年泰山被国务院列为第一批国家重点风景名胜区。1987年被联合国教科文组织首批列入世界首例文化与自然双遗产，开创联合国遗产分类新标准，让中国为世界贡献了一份新遗产类型——双遗产。中国首批入遗唯一名山，文化与自然价值双高度在国际知名。1992年荣登全国旅游胜地十佳金榜，2007年列入国家级景区试点单位。泰山雄伟壮观，景色秀丽，享有"五岳独尊"的盛名，拥有非常丰厚的自然旅游资源和人文旅游资源，具有珍贵的科学研究价值、美学价值和历史文化价值。

　　同时，泰安市是历史文化名城，非物质文化遗产资源丰富。截至2010年1月20日，全市列入县级以上非物质文化遗产项目256项。其中，国家级7项（泰山道教音乐、山东梆子剧团、泰山石敢当习俗、泰山皮影戏、独杆跷、腊山道教音乐、东岳庙会习俗），省级24项，市级60项，县级172项。

二、泰山世界地质公园

　　2005年8月18日，泰山成功申报国家地质公园，取得了申报世界地质公园的资格（图7-1）。

　　2006年9月18日，在英国北爱尔兰贝尔法斯特召开的第二届世界地质公园大会上，泰山地质公园顺利通过联合国教科文组织考察，成为泰山世界地质公园（图7-2）。

　　2008年5月31日，泰山世界地质公园在天外村广场揭碑开园（图7-3）。

　　2010年9月18～20日，顺利通过联合国教科文组织第一次评估（图7-4）。

　　2014年7月26～29日，顺利通过联合国教科文组织第二次评估（图7-5）。

　　2018年8月1～3日，教科文组织对泰山世界地质公园第三次评估和扩园申请评估（图7-6）。

图7-1　2005年10月，世界地质公园推荐评审会

图7-2 2006年9月18日第二届世界地质公园
大会接纳泰山为世界地质公园网络成员

图7-3 2008年5月31日泰山世界地质公园揭
碑开园

图7-4 2010年9月18～20日联合国教科文组织
世界地质公园评估专家考察泰山世界地
质公园

图7-5 2014年7月26～29日联合国教科文组
织世界地质公园评估专家考察冯玉祥小
学，学生开展科普活动

图7-6 2018年8月1～3日，联合国教科文组织世界地质公园评估专家对泰山世界地质公园进行
第三次评估

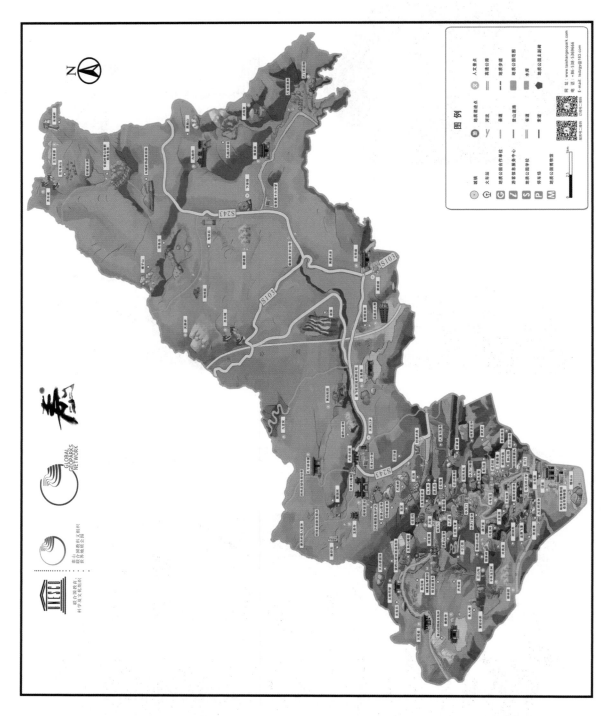

图7-7 2018年扩园后的泰山世界地质公园范围示意图

　　2017年9月，根据IGGP章程及世界地质公园操作指南，为了更好地发挥地质公园职能作用，同时为了泰山世界地质公园更好地发展，泰山的管理者与地方政府及所涉及的社区充分协商并达成意愿：重新调整泰山地质公园范围及边界，将下港乡、黄前镇等重要乡镇纳入地质公园范围，使得社区居民能够共享世界地质公园成果的同时，更加有利于传承和弘扬泰山悠久的历史文化，也有利于区域间的优势互补和旅游经济的整体协调发展。

　　泰山世界地质公园总体地势呈现北高南低、西高东低的特征，侵蚀地貌十分发育。地质公园属温带季风性气候，具有明显的垂直变化规律；地质公园属于华北植物区系，由于受黄海、渤海的影响，雨量充沛，是干、湿交替的过渡带。

　　泰山世界地质公园是一个集科马提岩、太古宙—古元古代多期次巨量侵入岩及其接触关系、寒武纪标准地层剖面、构造遗迹、新构造运动与地貌及珍贵动植物资源、自然景观、历史文化于一体的综合性地质公园。公园内共有地质遗迹点70处（表7-1），泰山岩群是华北最古老的地层之一，其中的科马提岩是迄今中国唯一公认的具有鬣刺结构的太古宙超基性喷出岩；泰山地质公园是建立区域太古宙—古元古代地质演化框架的标准地区，对揭示花岗岩-绿岩带的形成演化历史，查明中国东部太古宙—古元古代陆壳裂解、拼合、焊接的机制及地球动力学过程都有着十分重要的科学意义；泰山北侧的张夏寒武纪标准地层剖面的建立在地质学史上占有重要地位，至今仍是国内外进行相关对比的经典剖面；泰山因其独特的大地构造位置，以及在新构造运动的影响下形成的众多典型而奇特的地质地貌遗迹，具有世界级科学意义，历来为中外地质学家所关注；泰山有雄伟的山姿、秀美的风光，其雄伟壮丽、气势磅礴，是泰山区别于其他名山的标志；泰山有无与伦比的人文历史，厚重的文化积淀，是地质遗迹与历史文化的完美结合体，这是泰山区别于中国乃至世界上任何名山的特质所在。泰山地质公园不仅是开展科学研究、普及地球科学知识的理想场所，更是中华民族求实进取精神的象征。

表7-1　　　　　　　　泰山世界地质公园地质遗迹类型及级别

编号	地质遗迹点	级别	亚类	类
G001	绿岩带及其科马提岩	世界级	典型超基性岩体	岩浆岩（体）剖面
G002	馒头山张夏寒武纪地层标准剖面		全国性标准剖面	地层剖面
G003	卧虎山太古宇泰山岩群剖面			

（续表）

编号	地质遗迹点	级别	亚类	类
G004	石灰岩	地区级	典型沉积岩相剖面	沉积岩相剖面
G005	砂岩			
G006	泥岩			
G007	望府山岩体	世界级	侵入岩	岩浆岩（体）剖面
G008	大众桥岩体			
G009	傲徕山岩体			
G010	中天门岩体			
G011	红门岩体			
G012	麻塔岩体			
G013	长城岭伟晶岩脉			
G014	大众桥期大众桥岩体中的岩脉（长英质）			
G015	彩石溪泰山岩群残余包体		残余包体	
G016	歇马崖泰山岩群残余包体			
G017	长城岭泰山岩群残余包体			
G018	中天门岩体中的望府山变质侵入岩残余包体			
G019	傲徕山岩体中的望府山变质侵入岩残余包体			
G020	玉皇顶岩体中的望府山变质侵入岩残余包体			
G021	彩石溪四期岩体侵入接触关系"四世同堂"	世界级	岩体侵入接触关系	
G022	中天门岩体侵入大众桥岩体的接触关系			
G023	中天门岩体侵入望府山岩体的接触关系			
G024	大众桥、傲徕山、普照寺三种岩体的侵入接触关系			
G025	望府山、玉皇顶、傲徕山、普照寺等四种岩体的侵入接触关系			
G026	傲徕山岩体侵入玉皇顶岩体的接触关系			
G027	普照寺岩体侵入望府山岩体的接触关系			
G028	玉皇顶岩体侵入望府山岩体的接触关系			
G029	辉绿玢岩脉侵入虎山岩体的接触关系			
G030	彩石溪五期岩体侵入接触关系"五世同堂"			

（续表）

编号	地质遗迹点	级别	亚类	类
G031	韧性剪切断裂带（岱顶）	国家级	区域构造	构造形迹
G032	泰前断裂露头（岱道庵）			
G033	中天门断裂的露头（步天桥）			
G034	云步桥断裂露头（云步桥）			
G035	龙角山断裂的露头（黄石岩）			
G036	大津口断裂			
G037	醉心石桶状构造	世界级	中小型构造	
G038	经石峪桶状构造			
G039	后石坞桶状构造			
G040	万笏朝天			
G041	垂直节理（岱顶南侧）			
G042	云步桥飞瀑	国家级	瀑布景观	瀑布景观
G043	龙潭飞瀑			
G044	斗母宫三潭叠瀑			
G045	王母泉	地方级	冷泉景观	泉水景观
G046	玉液泉			
G047	黄花泉			
G048	壶天阁谷中谷	国家级	构造地貌景观	构造地貌景观
G049	岱顶侵蚀构造中山			
G050	中天门侵蚀构造低山			
G051	虎山侵蚀构造丘陵			
G052	泰山南麓山前冲洪积台地	地方级	流水堆积地貌景观	流水地貌景观
G053	天烛峰	国家级	侵入岩地貌景观	岩石地貌景观
G054	傲徕峰			
G055	桃花源峡谷	地方级	峡谷地貌	构造地貌景观
G056	天烛峰峡谷			
G057	壶瓶崖峡谷			
G058	桃花源一线天			

（续表）

编号	地质遗迹点	级别	亚类	类
G059	长城岭			
G060	转山	地方级	峡谷地貌	
G061	饮马池山			
G062	马糊楼山			构造地貌景观
G063	扇子崖			
G064	百丈崖	国家级	峭壁	
G065	天烛峰峭壁			
G066	仙人桥	世界级		
G067	拱北石		山体崩塌遗迹景观	
G068	后石坞石河	国家级		地质灾害遗迹景观
G069	长城岭崩塌遗迹	地方级		
G070	长城岭滑坡遗迹		滑坡遗迹景观	

注：本分类表中将变质侵入岩暂按照侵入岩地质遗迹类型划分。

红门、中天门、南天门、桃花峪、后石坞地质遗迹景区是泰山世界地质公园的5个主要核心景区。

1.红门地质遗迹景区

红门地质遗迹景区以红门宫为中心，该地质遗迹景区集中了众多珍贵的地质遗迹和人文景观（图7-7）：地质遗迹有"桶状构造"、三叠瀑布、双层谷地貌、柱状节理形成的万笏朝天、王母池的裂隙泉、经石峪石英闪长岩与长英质脉的交切关系、中天门岩体中望府山岩体残余包裹体、中天门岩体侵入傲徕山岩体的接触关系、虎山中粗粒片麻状黑云母二长花岗岩的露头、晚寒武世的标准化石之一——蒿里山三叶虫化石等；人文景观有岱庙、孔子登临处、红门宫、斗母宫、壶天阁及经石峪、醉心石等地质与人文景观有机结合的经典之作。该景区是泰山地质公园的重要组成部分，辉绿玢岩中发育的"桶状构造"更是国内外罕见，为地学研究上的一朵奇葩。

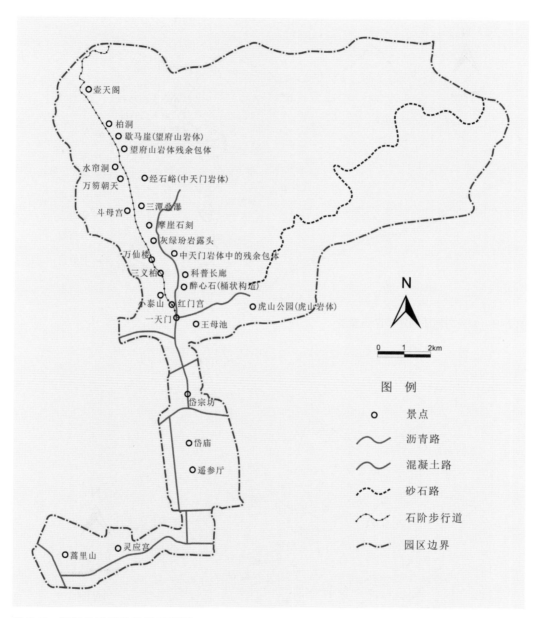

图7-7 红门地质遗迹景区示意图

2.中天门地质遗迹景区

中天门地质遗迹景区（图7-8）位于泰山传统登封御道的中部，景区中有中天门断裂、黑龙潭瀑布、云桥飞瀑、大众桥岩体与普照寺岩体的穿插关系、球形风化等独特的地质遗迹。人文景观有三阳观、无极庙、五贤祠、中天门、大众桥等。人文景观与自然景观和谐统一，使其成为地质遗迹内涵深刻、历史文化积淀厚重的景区。

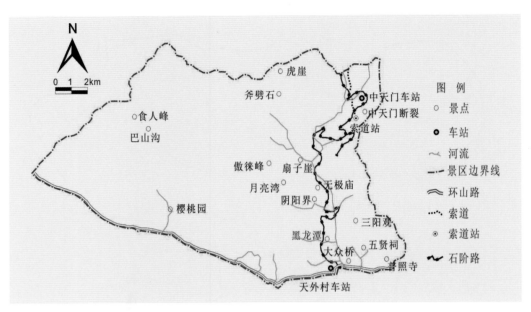

图7-8　中天门地质遗迹景区示意图

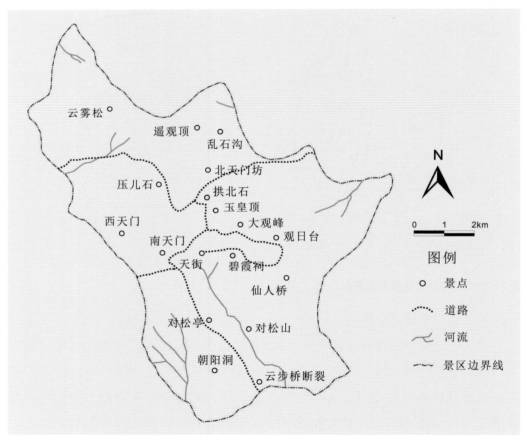

图7-9　南天门地质遗迹景区示意图

3.南天门地质遗迹景区

南天门地质遗迹景区（图7-9）是整个泰山地质公园的核心，也是历代帝王将相登封泰山的终极点。此景区有享负盛名的仙人桥、瞻鲁台、拱北石、极顶石、唐摩崖、玉皇顶岩体、十八盘等地质遗迹景观，诸多的牌坊、庙宇、道观、天街、升仙坊、碧霞祠、对松山等人文景观，两者有机地结合，有重要的科研价值，成为泰山地质公园的重要组成部分。

4.桃花峪地质遗迹景区

桃花峪地质遗迹景区（图7-10）位于泰山西北麓，上段为桃花源，下段为桃花峪。主要地质遗迹景观有翠屏山、笔架山、黄石崖、一线天、龙湾、钓鱼台、一线泉和彩石溪等。这里奇峰垒列、千潭叠瀑、竹林葱翠，与泰山之"雄"相映成趣，其特色颇具南国之"秀"。

图7-10　桃花峪地质遗迹景区示意图

5.后石坞地质遗迹景区

后石坞地质遗迹景区（图7-11）以岱阴后石坞为中心，后石坞自古被称作岱阴第一洞天，景区以石河、石海、天烛峰等地质景观与古松为特色的自然生态景观相结合，并有元君庙、独足盘等人文景观资源，奇峰耸秀，怪石嶙峋，古松遍布，旷远清幽，是休闲度假的好去处。

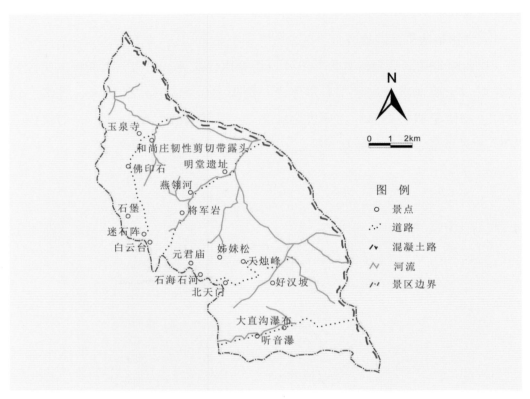

图7-11　后石坞地质遗迹景区示意图

第二节　地质公园科学发展

泰山地质公园自加入世界地质公园网络以来，秉承世界地质公园的理念和宗旨，在保护地质遗迹、普及地球科学知识和促进地方经济发展等领域做了大量工作并取得了丰硕成果，地质公园知名度和影响力也得到了有效提升，促进了地质公园的科学发展。主要表现在以下方面：

1.地质公园的经济活动促进了地方旅游发展

泰山地质公园建立后，泰山旅游经济成为当地产业的"龙头"，是泰安市的经济支柱，政府部门确立了以泰山旅游为核心，周边地区旅游为补充；以泰山带动周边地区，以旅游业带动其他产业，实现共同发展、共同致富的综合旅游经济结构。许多当地百姓转型从事旅游服务业，为游客提供住宿、餐饮及公园相关的各种旅游服务，大大提高了当地居民的生活水平。

2.地质公园科学解说设施为地学普及提供场所

（1）地质公园主碑

泰山世界地质公园的主碑是由中国国土资源部和山东省人民政府共同建立的。2006年为了纪念泰山世界地质公园的成立，泰山管委会精心挑选了这块望府山岩体作为主碑（图7-12）。它形成于27亿年前，是泰山具有代表性的岩体，不仅具有重要的地质研究意义，也具有相当的美学价值。

图7-12 泰山世界地质公园主碑

（2）地质公园博物馆

自泰山地质公园建立以来，公园的科学解说设施不断完善。目前，地质公园内有3个博物馆：泰山地质公园博物馆（图7-13）、泰安市博物馆和螭霖鱼博物馆。

图7-13 泰山地质公园博物馆

　　泰山地质公园博物馆占地6000平方米，应用声、光、电等多种方式展示了泰山地质公园内地质遗迹及历史文化遗产，是保护、研究和宣传地质公园的重要旅游窗口。

　　泰安市博物馆，总面积96000平方米，是公园管理下的一座集文物、园林、古建筑于一体的综合性博物馆，是保护、研究和展示泰山历史文化遗产的教育机构和泰安市对外宣传的重要旅游窗口，是泰山现存规模最大的古建筑群。1988年被国务院公布为全国重点文物保护单位。

　　泰山螭霖鱼博物馆位于螭霖鱼原生地——彩石溪龙湾，建筑面积1488平方米。分为两层，上层为文化信息展示区，分为"鱼文化概说"和"泰山螭霖鱼"两大部分，下层为螭霖鱼养殖观赏区。

　　（3）游客服务中心及信息中心

　　泰山地质公园共有4个游客服务中心，分别是：红门游客服务中心、中天门游客服务中心、天外村游客服务中心、桃花峪游客服务中心（图7-14）。中心具有游览咨询、投诉受理、导游讲解、医疗救助、信息展示、网站查询等功能。

图7-14　地质公园游客服务中心

图7-15　地质公园信息中心

图7-16 地质公园旅游服务设施
左为地质公园道路，右为地质公园监控系统

　　泰山地质公园在岱庙、南天门、桃花源、天烛峰设有信息中心，为游客提供游览咨询、投诉受理、信息展示等服务（图7-15）。地质公园内的旅游服务设施齐全、监控系统完善（图7-16）、交通线路便捷、道路指示完好、餐饮住宿形式多样，可以满足现阶段游客的需求，方便游客进行多种游览方式的选择。

　　（4）地质公园解说系统

　　公园内地质遗迹点的解说牌均按统一的形式设立，内容通俗生动，图文并茂，易于理解，解说牌的材料易于更换（图7-17）。游客可以在公园内徒步旅游，在领略多样的地质遗迹资源、异样的自然生态环境和悠久的历史文化的同时，获得科学知识，提升旅游品位。

图7-17 用4种文字编写的地质公园解说牌、导引牌

　3.地质旅游、地质教育活动促进了地学普及

　（1）地质旅游

泰山地质公园与泰安市旅游局以及相关旅游机构合作，除了通过参加国家

旅游推介会、参加国家地质公园活动，向游客推广泰山地质公园外，还利用网站、微信、微博等新兴媒体进行多渠道营销宣传，对公园组织的各类活动推介积极响应，旨在扩大旅游市场、传播地质公园品牌，扩大了泰山地质公园的影响力（图7-18）。

图7-18　泰山东岳庙会

（2）地质教育

泰山地质公园的地质教育对象广泛，主要包括学生和当地居民，教育内容主要包括地球科学简介、地质知识及地质公园建设目的和理念等。其中，地质公园为儿童、中小学生和大学生提供了不同的地质教育活动内容（图7-19）。

图7-19　中小学生参观地质公园博物馆

针对中小学：建立青少年科普教育基地。利用地质遗迹资源，面向公园周围地域的中小学生开展乡土教育、环境友好教育活动。

针对高中生：利用公园内自然资源和人文景观，开展野外观察、地理摄影等活动。

针对大学生：地质公园与高校成立了教学实习基地，并划分出用于科学教育和科普的地质遗迹点，有专业人员进行指导。

（3）地质科教路线

地质遗迹的可持续发展与公园内6条地质遗迹科考线路有机结合在一起，并设有专门的科学考察研究项目：

泰山中路（红门—南天门）的科学考察；泰山岱顶（月观峰—玉皇顶—日观峰）的科学考察；泰山西路（普照寺—大众桥—黑龙潭—中天门）的科学考察；泰山桃花峪的科学考察；泰山东线（扫帚峪）的科学考察；泰山后石坞的科学考察。

4.地质公园具有较高的旅游潜力

泰山地质公园拥有众多规模大、价值高的地质遗迹和自然、人文景观，地学景观价值高，适宜教育性游览，具有独特的旅游资源优势和地质旅游潜质。

公园内一年四季景色宜人，最佳游览季节为春季、夏季、秋季。公园内有方便的交通工具到达各处，亦可自行驾车前往。公园内公共交通系统较为完善，游客易于自行到访大部分景点，个别地方在搭乘公共交通工具后亦须徒步一段路程到达景点，部分地区提供特色旅游观光车和缆车。

在具有世界级科学意义的地质遗迹分布地区，建设了必要的保护措施（如建设地质步道、围栏等），防止游人破坏保护区内珍贵的地质遗迹资源。

5.地质公园极大促进了社区参与

地质公园的发展离不开社区居民的参与，公园管理部门与当地政府和社区居民进行了密切合作。例如，与地方商业合作，推出一系列旅游活动项目；围绕泰山地质公园地质遗迹特色和环境背景，生产地方工艺品；地质公园内居民为游客提供了丰富的、独具特色的餐饮住宿服务等。

此外，泰山地质公园不断宣传关于地质遗迹保护和地质旅游，使当地居民对地质公园有了一个全新的了解，认识到地质旅游的可持续发展和传统文化的复兴能够带来经济收益，从而提高当地居民保护地质遗迹的意识。

6.采取有效措施提高了公园知名度

地质公园采取了一系列措施来提高地质公园的知名度和影响力，如举办地质公园科普活动，出版印刷地质公园科普宣传材料，在电台、报纸及一些门户网站进行地质公园报道，开通微信公众平台，建立地质公园网站等。

7."引进来，走出去"的策略提高了公园管理能力

（1）专家和教师指导

地质公园邀请了北京大学、中国科学院、北京植物园、山东农业大学林学院和中国地质大学（北京）的多位专家前来指导。

（2）职员培训

泰山地质公园管委会注重招聘具有地质公园管理相关专业人员，经常组织专家对员工进行包括地学基础和地质公园知识的培训，派人参加与地质公园相关的国家级培训课程。随着地质公园的发展，公园管委会还将引进更多地质及相关专业人员，进一步优化公园技术人员的专业结构（图7-20）。

图7-20　地质公园职员参与业务培训

（3）访问及交流

为了使地质公园的建设理念符合联合国教科文组织对世界地质公园的要求，泰山地质公园采用"走出去"的方式到国内外多家世界、国家地质公园进行实地考察并参加地质公园会议，学习他们在地质公园建设和管理中的经验。另外，地质公园还采用"请进来"的方式，邀请国内外知名地质公园专家莅临泰山地质公园进行实地考察及座谈指导。这些互访与交流有助于地质公园发展和建设工作的顺利进行，特别是在科学研究、科学普及和地质公园建设与当地经济协调发展等方面提供了很大的帮助。

（4）缔结姊妹公园

为了促进地质旅游、科学普及以及地质公园的可持续发展，泰山地质公园已经与6家地质公园签订了姊妹协议，结为友好公园，分别是：①房山联合国教科文组织世界地质公园；②云台山联合国教科文组织世界地质公园；③雷琼联合国教科文组织世界地质公园；④织金洞联合国教科文组织世界地质公园；⑤巴彦淖尔国家地质公园；⑥巴西阿拉里皮地质公园。协议内容包括建立经验共享、信息互通、人员互动的合作机制，实现公园互补、合作共赢、共同提高的发展局面。

第三节　地质公园规划

在全面调查和论证的基础上，由中国地质大学（北京）编制的《泰山国家地质公园规划（2012～2025）》对地质公园的分区、地质遗迹级别、科学研究、科普活动、旅游产品开发及地质遗迹保护等方面均做了详细规划，并已于2014年经国土资源部评审通过。泰安市人大常委会于2018年颁布实施了《泰山景区生态保护条例》，至今，这是泰安市人民政府关于地质遗迹与生态环境保护的第一部地方性法规。

一、功能分区规划

根据泰山地质公园地质遗迹分布的特点和规律，以及其资源的重要性、稀有性等原则，对公园进行功能区划，共设置4个功能区和一系列功能小区。

1.核心保护区

该区以保护公园内重要地质遗迹及维持公园生态环境为主要目的，核心保护区所圈定的范围，应当用围栏保护，区内不允许建设任何服务设施。在不破坏地质遗迹资源和生态环境的前提下，经地质公园管理机构和上级主管部门批准，可以在区内开展科学研究和考察活动。划入核心保护区的地质景观有前寒武纪泰山岩群和多期侵入岩、寒武纪标准地层剖面。

2.游览区

在资源保护的前提下开展各种游览活动的功能区。该区域内，在地质公园管理机构和上级主管部门的统一部署下，协调旅游管理部门，可以进行适当的资源开发利用行为，适度安排各种游览观光项目，分级限制机动车交通及旅游设施的配置，妥善处理区内居民的生产和生活活动。

（1）科普游览区

科普游览区是在保护资源的前提下开展各种科普游览活动的功能区。该区域一般拥有较高的科学研究程度，地质地貌特征典型，具有较为成熟的科学教育条件。在科普游览区内，在统一规划的基础上，可以适当地安排各种科学普及、科学教育和科学研究项目，适当限制游客的旅游数量，尽量减少当地居民生产、生活活动对科普区造成的影响。

公园内共设立5个科普游览区，分别为：红门科普游览区、中天门科普游览区、南天门科普游览区、陶山科普游览区及徂徕山科普游览区等。游览区内主要开展地质基础知识科普旅游、地质遗迹观光科教旅游等项目，游客在观赏美丽风光、品味历史文化的同时，还可以获得地质科学知识。

（2）生态观光游览区

生态观光游览区是公园内具有良好生态环境或治理环境取得良好成效的区域。该区域内主要开展自然生态旅游，禁止一切对生态环境造成破坏的游览项目。

规划建设后，石坞、桃花峪、徂徕山及莲花山等4个生态观光游览区，区域内以开展自然生态游览项目为主，结合开展历史文化观光游览和地质遗迹科普游览等项目。

（3）历史文化游览区

历史文化游览区是以宗教寺庙、各种遗址、碑刻、摩崖石刻及特色文化等为主要游览内容的功能区。该区域拥有悠久的历史文化底蕴，能让游客在游览观光的同时领略古老文化的无穷魅力。

公园规划建设4个历史文化游览区，分别为泰山中轴历史文化游览区、灵岩寺历史文化游览区、莲花山观音文化游览区和陶山隐居文化游览区。泰山中轴历史文化游览区包括中轴登山路线两侧的所有历史文化景观，从岱庙沿中轴登山路往上，经红门、中天门、南天门，到岱顶的所有历史文化区域。灵岩寺历史文化游览区以佛教文化为主要特色，它是我国佛教禅宗祖庭之一，享有我国佛寺"四绝之一"的盛名，并有唐墓塔宋彩塑等珍贵文物。莲花山素有"观音胜景、北方普陀"之称，这里有规模宏大的观音行宫、惟妙惟肖的观音象形石、古老的朝圣道路以及虔诚的观音信徒，具有浓厚的观音文化气息。陶山以深厚的隐居文化而闻名，历史上这里被誉为物华天宝、交通便利、经济繁荣的风水宝地。中华商祖范蠡与中国古代美女西施晚年就隐居于此，开展经商贸易，留下了许多文物古迹，其中最具影响力的就是范蠡墓、范蠡祠和幽栖寺遗址。

3.发展控制区

发展控制区是用于旅游服务接待及部分当地居民生活的功能区，包括接待服务区、行政管理区、居民生活区等等，是地质公园内宾馆、饭店、购物、娱乐、医疗及居民生活、生产活动相对较集中的地区。在发展控制区内，可以允许原有土地利用方式有限度地改变，可以安排同公园性质一致且不超过环境容量的各项旅游设施及用地，可以安排部分生产、经营管理等设施，但应分别控制各项设施的规模和数量，保持地质遗迹的保护和生态环境建设的一致性和协调性。

（1）旅游综合服务区

旅游综合服务区是用于相对集中的建设宾馆、饭店、购物、娱乐、医疗、行政管理等接待服务及其他配套设施的功能区。

（2）居民生活区

居民生活区是用于居民生活、生产、经营、接待服务等配套设施建设的区域。由于公景区域地理条件的特点，公园内居民居住较为集中，通常分布在旅游综合服务区附近。考虑到以后泰山地质公园的发展，公园内的居民应该适当逐步向外搬迁。

4.外围生态恢复区

生态恢复区是指具有连续的无人区和相对独立而易于进行环境治理和保护的自然区域。采取严格的措施对外围恢复区实施保护，在规划期限内不做旅游开发。区域内主要进行以植树造林、更新植被品种，以及防止外来种群侵入等生态环境保护活动。

二、地质遗迹科学研究与科学普及规划

1.地质遗迹科学考察路线规划与设计

（1）泰山中路（红门—南天门）

重点观察虎山公园的虎山岩体、王母池的裂隙泉、辉绿玢岩岩脉、红门醉心石处的"桶状构造"、斗母宫的三潭叠瀑、经石峪的中天门石英闪长岩露头和其中长英质岩脉交切关系、垂直节理形成的万笏朝天、壶天阁的双层谷地貌、中天门岩体的望府山黑云斜长片麻岩残余包体、中天门断裂露头、中天门岩体

石英闪长岩的特征及其发育的球形风化等现象。

（2）泰山岱顶（月观峰—玉皇顶—日观峰）

观察玉皇顶岩体粗斑片麻状二长花岗岩及其所含望府山条带状黑云斜长片麻岩包体、月观峰顶出露的望府山岩体条带状角闪斜长片麻岩及其所含的细粒片状斜长角闪岩残余包体、极点石、拱北石、仙人桥、主峰南坡的深沟峡谷和悬崖峭壁的侵蚀地貌等。

（3）泰山西路（普照寺—大众桥—黑龙潭—中天门）

观察普照寺岩体、大众桥岩体、大众桥下普照寺岩体细粒闪长岩侵入大众桥岩体的现象、黑龙潭叠瀑、阴阳界、傲徕山岩体及扇子崖。

（4）泰山桃花峪

可观察到望府山岩体的残余包体、彩石溪、辉绿岩脉、龙角山断裂、一线天、峡谷地貌。

（5）泰山东线（扫帚峪）

观察和尚庄韧性剪切带露头、辉绿岩脉交切关系及辉绿玢岩脉内的"桶状构造"、麻塔岩体具粗晶到伟晶结构的角闪石岩、栗杭一带的望府山条带状黑云斜长片麻岩及其发育的各种柔流小褶皱（海浪石）等。

（6）泰山后石坞

观察石海、石河、黄花泉、大小天烛峰的奇峰及周边的深沟峡谷地貌、调军顶岩体、傲徕山岩体等。

（7）外围科学路线（点）徂徕山（龙湾—太平顶—濯龙湾）

可观察晚太古代早期形成的泰山岩群、晚太古代和早元古代形成的侵入岩、揉皱和韧性剪切带等地质遗迹景观，奇峰地貌，峡谷、障谷及悬崖峭壁地貌，形态各异的奇石地貌，重力崩塌地貌，大量的潭、瀑、泉等水文景观。

（8）莲花山（通天河峡谷—莲花峰）

可观察到前寒武纪晚太古代形成的变质表壳岩系泰山岩群、晚太古代和早元古代形成的各种闪长岩类和花岗岩类侵入岩，以及中新生代形成的断裂构造等等。此外，还可观察到峡谷、潭瀑、奇石、异洞等多种微型地貌景观。

（9）陶山（通天河峡谷—莲花峰）

可观察到典型的崮形地貌、完整的中下寒武统地层剖面等重要的地质遗迹景观。此外，在陶山还可观察到三级溶洞，数量达72个之多，以及典型的交错层理和压溶缝合线，也可欣赏到风景优美的峡谷风光。

（10）其他科学考察点

大鼓山南面的中天门断裂带露头、雁翎关的科马提岩、卧虎山的泰山岩群、馒头山寒武纪地层标准剖面、灵岩寺的重力滑动构造及燕山晚期的煌斑岩岩床、朗公石等。

三、地质公园的宣传及出版物规划

1.地质公园光盘

内容应包括公园所在的地理位置、所在区域自然环境及宏观地学环境的图像资料和说明；公园主要地质遗迹景观的图像资料及说明；用二维或三维动画表现的主要地质景观科学知识背景和成因；用模拟的动画表现公园所在区域的地质演化历史；公园的地学发现史、研究史及主要的研究成果资料；公园的建设、保护与发展的影像资料；公园动植物景观和历史人文景观的图像资料及说明。

2.地质公园画册

编辑出版具有较高艺术性和科学性的公园画册，画册内容应包括：主要地质遗迹景观图片及简洁的文字资料；历史文化景观图片及相关文字资料；公园动植物资源图片及相关文字资料；公园其他自然景观图片及文字资料；公园的有关图件，如公园遥感影像图、公园导游图等。

3.地质公园的宣传材料

编辑出版具有地学特色，富有科学趣味，表现形式生动新颖的宣传材料。这些材料不仅要起到对公园的宣传作用，还应给游客带来很多的方便，这样才能加深游客的印象，达到事半功倍的宣传效果。

4.地质公园导游指南

为了给游客提供观、食、住、行等方便，编辑出版语言简洁、内容全面、便于游客携带的公园导游指南。内容包括公园地理位置、主要地质遗迹景观特色和其他旅游景观资源的介绍，还包括公园在管理及服务方面，如住宿、餐饮、收费景点等的介绍。

5.建立青少年地质科普夏令营

开展对地质公园内典型地质遗迹，如地层剖面、新构造等的学习和研究，使之成为青少年假期学习的基地。这样，一方面不仅可以对青少年进行地学知识的科普教育，另一方面也开拓了一条有力的宣传捷径。

6.地质公园导游员的地质科学知识培训

地质公园的导游必须学习公园内所有地质遗迹的基础知识、接受地质公园科学解释的严格培训，编制科学、生动、有趣的公园地质景观导游解说词，做到用精辟、科学、通俗的语言向游客介绍公园有关的地学知识及其他内容，并且地质公园的导游员必须严格接受英文的培训，做到与世界的接轨。

四、地质科研活动规划

1.建立世界地质公园地理信息管理系统

规划建立公园的地质、地理、旅游、动植物、历史文化、民族风情等方面的数字化图库和属性数据库。同时公园的管理和服务也要建立信息系统，这样可以随时掌握公园的行政管理、各项旅游服务等情况，及时处理各种突发事件，提高服务质量。并规划以此作为平台，加强与国内外地质公园的信息交流。

2.建立世界地质公园演示系统

规划建立地质公园演示系统，运用影视、动画等先进方式向游客演示公园内主要地质景观形成的科学知识，公园所在区域的地质演化历史以及介绍公园地质遗迹资源、优美自然风光和博大精深的泰山文化的影像资料。另外，运用沙盘、三维模型等向游客展现地质公园的地形地貌和资源分布特征，给游客以"一览众山小"的视觉享受。

3.成立世界地质公园研究中心

规划建立地质公园科学研究中心，用于研究地质遗迹的成因及保护、旅游及旅游产业发展、生态环境保护与治理等方面的课题，研究人类活动对地质公园生态环境及地质遗迹产生的影响，并组织开展系列的科学专题研究，从深层次上维持地质公园的可持续发展。

4.成立世界地质公园科研基金会

为了提高中国泰山世界地质公园科学研究水平，吸引地质工作者来到泰山进行科学研究，规划成立地质公园科研基金会，每年从地质公园门票收入中抽出1%，专门用于公园的科学研究之用，为科学工作者提供方便。

5.建立世界地质公园科学考察区

规划建立地质公园科学考察区，严格保护，尽可能减少人类活动对它的影响，最大限度地保持地质遗迹资源状态的原始性，为地质公园的科学考察活动提供良好的外部环境。

6.建立世界地质公园资料中心（室）

规划建立地质公园资料中心，用于收集、保存有关地质公园科学、文化等各方面研究的成果资料。包括地质公园的影像数据资料、地形图、地质图、研究报告、导游指南等一系列文字和图件，有关泰山的所有科学论文，有关公园风景的光盘、图册，有关泰山所有的历史文化书籍等。这样，便于对地质公园的相关资料进行有效管理，也方便各部门、各研究者对其进行查找。

五、地质公园旅游产品的开发规划

地质公园旅游产品的开发应该根据公园内的景观特色来定，规划把不同的旅游资源设计成为拥有各自特色的旅游产品。公园的旅游产品划分为以下几个类型：

1.科学考察旅游产品

此类旅游产品以泰山典型而丰富的地质遗迹为主要设计内容，适合这类旅游产品的游客是地质科学工作者或其他相关学科的研究者。对于这类游客，公园应该为其提供一系列的优惠政策，鼓励他们前来泰山考察，以此提高泰山地学研究的水平。开发科学考察旅游产品追求的不是直接的经济效益，而是为了拔高泰山的科学内涵，提升泰山的地学研究水平。

2.科普教育旅游产品

此类旅游产品的设计以公园内典型的地质景观和其他自然景观为主题，以简明、易懂、有趣、科学为产品的设计原则。其适合的游客主要是具有一定文化修养的普通人群，重点是求知欲强的青少年和高学历人群。该旅游产品开发的成功与否主要取决于两个方面的内容：一是对景观资源的设计和表达，包括建立简单易懂的标示系统、规划科学合理的游览路线等等，使景观资源以科学、有趣的形式出现；另一方面就是要培养优秀、风趣、高素质的导游解说员，他们是带动游客情绪、激发游客好奇心的重要因素。总之，科普教育旅游产品是地质公园实现自身科学价值的关键内容，是经济效益和社会效益的大丰收，有巨大的开发潜力。

3.文化旅游产品

公园文化旅游产品包含宗教文化、民俗文化、帝王文化、养生文化、建筑文化、石刻文化等多项内容。其中宗教文化旅游产品以泰山的儒教、佛教、道教为主要设计内容，可以开展宗教文化研讨会、传统庙会、宗教庆典等旅游项目；民俗文化旅游产品则是把泰安地区古老民俗和现代民俗融合起来，开展泰安特色饮食游、登山活动游等项目；帝王文化旅游产品的设计则主要围绕历代帝王的封禅活动来进行，可以定期定时举行大型逼真的封禅仪式，让游客亲身体会当年的盛况；养生文化旅游产品包括森林浴、生态健身等多项内容；建筑和石刻文化旅游产品开发则以泰山上的诸多古老建筑和石刻艺术为主题，开展中国古建筑观赏和书法艺术观摩等游览项目。此类旅游产品是地质公园的重点游览项目，它吸引了无数泰山历史文化的探询者，是公园实现经济效益和社会效益的重要内容。

4.参与性旅游产品

此类旅游产品包含多方面的内容，如探险、野营、攀岩、采摘、垂钓、狩猎、野外生存等项目。在精心筹备和专业导游的带领下，游客可以进入森林，按照一定的游戏规则，在指定的范围内进行各项竞技活动和探险活动，充分享受自然带给我们的乐趣。该类旅游产品没有特定的游客人群，如探险、攀岩。野外生存适合精力旺盛的年轻人，而采摘、垂钓等活动则适合来此休闲度假的老年人，不同的参与性项目拥有不同年龄段的游客群。随着旅游业的不断发展和游客旅游需求的不断变化，参与性旅游产品必将成为地质公园的重点开发项目。

第八章

警钟长鸣——环境地质

地质灾害是自然界常见的灾害类型。由于人为过度开采地下水与地貌条件影响，泰安市地质灾害较为严重，已经造成灾害或具有潜在危害的地质灾害有泥石流、地面塌陷、地裂缝、崩塌、滑坡等。此外，由于过度开山采石，在废弃采石场附近、环山公路两侧及北部山区人造梯田前缘，险坡段较多，山体和植被遭到破坏，汛期在洪水冲刷下易发生泥石流和滑坡等灾害。我们应大力保护环境，防止地质灾害的发生，有效治理地质灾害环境，建设美好家园，让地质环境为人类造福。

第一节　泥石流

泥石流是在一定地理条件下形成的由大量土石和水构成的固液两相流体。特定的地形形态和坡度、丰富的疏松土石供给及集中的水源补充，是泥石流的3项必要条件。而这些条件又受控于地质环境、气候、植被等诸因素及其组合状况。地质环境因素中，地貌形态、地层岩性、地质构造、新构造活动、地震等对泥石流生成影响最大（康志成，2004）。

一、泰山地区泥石流发生原因分析

泰山地区历史上少有泥石流发生，在这方面的研究一直是一个空白。但是，

2000年泰安市下港乡发生泥石流，造成1800余间房屋被毁、21人遇难的惨剧，直接经济损失达1亿元。通过调查发现当地还有多处泥石流沟活动，如遇暴雨，当地还有发生泥石流的可能。灾害过后很多人仍然对泥石流这一灾害知之甚少，因此唤起群众的忧患意识，保护我们的生态环境，强化预防和保护措施，使人民的生活、生产和生命财产安全得到保障，是我们目前必须要做的工作。

相关学者研究发现，泰山地区中度切割的中低山地形地貌，太古宙黑云母斜长片麻岩、角闪片岩夹黑云母变粒岩及角闪岩等易风化的地层岩性，加之近年来全球气候变化而导致的极端性灾害气候条件导致了泰山地区滑坡、泥石流的发生。整个泰山地区泥石流高易发区主要有5片，分别分布在黄芩村、石槽村、勤村（图8-1）、盘坡村及西祥沟—杨家庄等区域，中易发区及低易发区依次分布于较高易发区海拔、坡度依次减小的区域。

图8-1　勤村泥石流上游地形地貌（自东向西）

1. 地形地貌

泰安市变质侵入岩山区新构造运动主要表现为喜马拉雅山期继承性断裂活动和差异性升降运动。第四系以来由于新构造运动活动加强，在泰山地区表现为明显的差异性升降格局。造成泰山地区为侵蚀构造中度切割的中低山及浅切割的低山丘陵，基岩裸露。中低山切割深度为400～1000米，山脊呈尖脊状，南陡北缓，南侧切割较深，沟谷呈"V"字形。低山丘陵区切割深度为100～500米，山坡坡度较平缓，沟谷较发育，呈放射状。山坡坡度一般大于25°，山谷谷顶与谷底间的高差大，在100米以上的地域发生崩塌滑坡的可能性就比较大。

吕庄村附近及周围山区地形坡度都比较大，坡面主坡度均在20°以上。山坡坡面呈"S"形，山顶比较浑圆，经过平缓顶面向下短距离内即有一个陡坎，坡度一般在60°～70°，构成山坡上部，这一部位是泥石流、滑坡开始启动和积累动能的部位（图8-2）。到山坡下部，坡度明显变缓，有的经过20°～40°的缓坡过渡，有的直接由陡坡转为10°左右的缓坡。当上坡岩体开始滑动并迅速加速后，下坡大量堆积物就会带着巨大的惯性推动沿途和前面的堆积物运动，造成摧毁性的破坏。当泥石流运动到地势开阔平坦的部位，逐渐停止运动，形成大量泥砂砾石堆积，彻底改变了原有的环境。

图8-2 吕庄泥石流上游地形地貌（自北向南）

2.地质构造

泰山地区岩石类型主要为太古宙侵入变质岩。由变质作用而造成的变晶、变余、压碎、交代结构及片理、块状、条带状构造和矿物成分的特点致使地表岩层风化程度高，节理裂隙发育，岩石的联结基本全部破坏，岩体崩解而形成块石、碎屑和沙砾，呈散体状，结构稳定性差，形成不同厚度的风化残积层，为泥石流的形成提供丰富的物质来源。

吕庄村前的山谷就是沿北西向构造线发育的，发生泥石流的小山谷则依北东向构造线分布。复杂的地质构造和岩性为风化壳的形成奠定了基础。岩石受构造运动的影响，片理普遍发育，深色矿物和浅色矿物定向排列，因风化过程表现出明显的层次性，岩石层层剥落，上下层之间差异大。有的岩石表面已风化成酥饼状，结构稳定性差，在强降雨条件下，降雨易渗入而达到饱水状态，但其内部仍然是新鲜的岩石，致密坚硬，具整体结构，强度大，隔水性好，成为明显的托水层。所以风化壳与下伏岩层之间很容易分离，当水渗入接触面时，其内部摩擦力和黏聚力均减小，成为斜坡内部的软弱面，而该软弱面倾向又与山坡倾向基本一致，从而导致滑坡泥石流的发生。

3.人类活动

人类不合理的工程经济活动更是造成地质灾害的外部因素。在山区，由于可耕用土地面积少，随着人口的增加，又要求越来越多的土地用于种植，因此陡坡开垦和毁林开荒非常严重。研究区大量梯田是建在25°以上的山坡上，部分地区高差100米范围内就有23级梯田，对泥石流松散碎屑物质的形成提供了条件。另外，随着山区经济的发展，筑路、开矿等工程活动也日趋频繁。泰山地区由于天然存在的岩石具有很好的观赏性，因此露天石材开采矿等非常常见。另外道路交通设施的建设及沿山民工建筑物的建设等均具相当规模，如泰山西路至桃花源索道站之间的盘山旅游公路修路时依山傍河削坡而建，人工形成了许多险要陡坎、悬崖、危坡等，为崩塌、滑坡、泥石流等地质灾害的形成创造了条件。受灾居民的住房多兴建在山谷谷口，处于山洪及泥石流的下泄方向上，民房选址不当是造成人员重大伤亡的一个重要原因。

4.降水

降雨是泥石流最终发生的激发因素。2000年8月8日至8月10日，泰安市岱岳区下港乡及黄前镇北部普降百年不遇的特大暴雨，平均降水量150～210毫米，局部黄芩村吕庄与勤村最大降水量达440毫米。5～8小时的持续暴雨，致使土层与残坡积层达到饱水状态，在重力作用下，山谷顶部发生塌滑，洪水携带大量泥沙、石块顺坡而下，在高差大、坡度大的地形下，下泄速度不断加快，随着汇水面积的增大，梯田石堰坍塌物质汇入其中，强度与规模随之增大，形成破坏性极大的泥石流，泥石流所经之处树木、梯田、各种设施及建在山谷谷口的房屋荡然无存，造成巨大的居民生命财产损失。

据王霖琳（2004）调查，下港乡勤村区发现泥石流现象的沟谷10处，残坡积物滑塌点13处。其中，勤村泥石流沟长200～700米，宽度4～35米，堆积物厚0.5～7米不等；黄芩村吕庄泥石流沟长约600米，宽度在3～80米，堆积物厚度0.5～5米，谷顶滑坡体长40余米，宽约15米，厚度0.3米左右；另外在黄芩村西南沟谷出现小型滑塌点，其下部60米处沟谷梯田中出现40厘米拉张裂隙；下港乡火石岔村北山坡上，产生一条东南方向裂缝，裂缝宽0.2～0.5米，裂缝两侧出现了约0.5米的高差；李家庄在2000年地质灾害后，其上部李家沟的梯田已松动裂缝，部分坍塌，以上危险区在未来如遇暴雨皆极易发生泥石流、滑坡等地质灾害，危及其周围村民生命财产安全。

二、泥石流防治措施

泥石流的危害毋庸多言，随着山区经济建设的日益发展，人类活动的日趋频繁，泥石流的危害不断加剧，不仅严重危害山区居民的生命财产安全，也对道路、河流、农田、矿山、工程设施等造成严重的损毁。另外，泥石流发生过后所带来的严重次生灾害，如堵断河道、回水淹没成灾：主河床上涨加速、缩短航道、扩大两岸农田洪涝灾区范围等也进一步增强，特别是泥石流发生过后，容易导致森林植被的破坏，降低保水保土能力，进一步增强洪涝灾害的发生。因此泥石流现已成为许多多山国家主要的自然灾害之一。准确预报和有效防治泥石流灾害，已成为发展山区经济，保障山区人民生命财产安全的一项重要任务。

人类防治泥石流的措施尽管多种多样，但归纳起来，主要有3类：工程措施、生物措施和管理措施。泰山地区泥石流的防治措施也主要从这3个方面进行考虑。

1. 工程措施

采取排导沟、护坡和挡墙等结构相结合的治理方案稳定沟床和坡面物质，控制泥石流发生发展。拦挡工程主要是在沟谷中修建挡坝，用以拦截泥石流下泄的固体物质，防止沟床继续下切，抬高局部侵蚀基准面，加快淤积速度，以稳定山坡坡脚，减缓沟床纵坡降，抑制泥石流的进一步发展。排导工程主要是修建排导建筑物，防止泥石流对下游居民区、道路和农田的危害，这是改造和利用堆积扇发展农业生产的重要工程措施。对于下黄芩吕庄、勤村斗门峡峪沟、勤村火石岔、小涝洼、勤村道沟等处泥石流大都有一定的滑坡现象，因此对其主要采取限制人为活动、护岸护底工程进行防治；对于勤村、木营村下木营东南沟、过马滩上合马营、大林村东山苍等处由于潜在泥石流沟通道一般离居民点很近，甚至穿过居民点，因此主要采用排流导流工程将松散堆积物排至对人类危害减小处，另外还相应地采取挡墙、稳横、削坡等不同的工程措施。

2.生物措施

生物措施是一种长期有助于减缓泥石流形成达到一定防御目的的治理手段。主要是指广为植树种草，采用科学的种植方法涵水保土，并辅助相应的工程治理。生物治理对减少地表径流、防止坡面冲刷、涵养水分、保持水土和自然生态平衡都具有显著的效果。同样，对缓和泥石流的发生发展、减轻其危害，也具有工程治理不可取代的作用。

泰山地区泥石流的发生在很大程度上是由于过度开垦造成的，因此要适度退耕还林还草，特别是坡度大于25°的山坡必须退耕；此外，还要在滑坡体内及泥石流活动区种植阔叶林树木和灌木，保持其稳定性。

3.管理措施

泥石流防治工作要列入泥石流活动区各级政府的议事日程，由政府或政府的一个部门主管辖区内的泥石流防治工作。由于泰山地区在历史上少有泥石流发生，因此居民防范意识淡薄，这也是造成2000年泥石流灾害巨大的一个主要原因，很多居民住宅建在山谷谷口，真正发生泥石流时也不知如何避让，因此，必须加强泥石流科普宣传教育，提高山区居民对泥石流和山地环境及其相互之间关系的认识，增强保护山地环境和防治泥石流的自觉性。

对泥石流进行有效的防治，还需要在当地政府领导下，开展泥石流全面调查，建立泥石流信息系统库，另外选择典型泥石流沟作为监测点进行长期监测，包括对气象、植被等的联合监测，建立泥石流预警监测系统，对泥石流进行长期监测，进而确定泥石流发生的雨量、水位、裂隙发展速度等的临界状态及相应的信息联络标志、交通管制、人财物疏散转移计划。

第二节　地面塌陷

地面塌陷包括岩溶塌陷和采空塌陷，泰山地区地面塌陷属岩溶塌陷，主要分布在羊娄—旧县一带和旧镇—訾家灌庄一带（图8-3，图8-4，图8-5）；地裂缝大多伴随地面塌陷产生。

图8-3　东羊娄岩溶塌陷坑

图8-4　东羊娄村东北400米处岩溶塌陷坑

图8-5　东羊娄村东北400米处岩溶塌陷坑现状（2011年8月26日）

　　泰山地区属地面塌陷与地裂缝多发区。2000年，邱家店镇旧县陈家湾发生地面塌陷，形成直径3米的塌陷坑，1000多立方米的池水在5分钟内漏尽。2003年5月，在省庄镇东羊娄村东北方向0.5千米处的耕地里发生地面塌陷，属华北地区较大规模的地面岩溶塌陷，直径为30米，面积754平方米，深度29.6米，致使近1万立方米的粉质粘土瞬间消失，塌陷区影响面积超过了10平方千米。2009年7月，在上高街道訾家灌庄村村西一杨树林中发生地面塌陷，形成数十个不同直径的塌陷坑，最大的塌陷坑直径约3米，可探深度约8米。自2003年5月至2011年底，全区共发生岩溶塌陷地质灾害32起。

　　徂徕镇留送村位于徂徕镇东北部，属丘陵地貌，地势东高西低，北高南低，该区域大部分被第四系覆盖，下伏寒武系灰岩，隐伏的灰岩局部岩溶较发育，以蜂窝状、网格状及溶孔、溶洞的形式出现，且连通性好，上覆松散盖层厚度较薄，极易被侵蚀带走发生岩溶塌陷。2009年7月留送村村民院内发生地面塌陷，所幸无人员伤亡。2012年，泰安市岱岳区人民政府将留送村列为重点防治的村庄。

第三节　崩塌

泰山北部山区是由古老变质岩类组成，岩石节理裂隙发育，峭壁陡立，危岩错落，在降水、飓风等外营力作用下和受区域地震作用时，易发生重力崩塌（图8-6）。

图8-6　泰山极顶天街南侧岩壁危岩体（崩塌）

2011年7月5日，8时30分，云步桥西侧陡崖发生崩塌，部分崩落块石砸破防护网后堆积于盘山路旁的石砌平台，距登山人行路水平距离不到2米。由于防护得当，此次崩塌未造成人员伤亡，但崩塌后的悬空区有发生更大规模崩塌的可能。遵照"以人为本，安全第一"的原则，泰山世界地质公园管理委员会同有关部门立即布置警戒线，设立警示标志，临时关闭了紧靠崩塌区的云步桥登山路。据统计，此次崩塌造成经济损失127万元。

一、发育特征

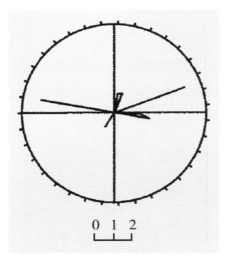

图8-7　云步桥岩体裂隙倾向玫瑰花图

发生崩塌的陡崖紧挨云步桥盘山道，高31米，宽26米，坡面倾角43°～80°。岩性为中粗粒黑云英云闪长岩，中粗粒变余花岗结构，块状构造。主要矿物成分为长石、石英、角闪石、黑云母。岩石裂隙发育，裂隙走向以NNW向、NNE向为主（图8-7），次为NW向、NE向。岩石表面强风化，剥落的小块石用手可捏碎。

2011年7月5日形成的崩积物以块石为主，直径0.60～1.5米，大部分堆积于坡脚，最大的一块长1.5米，宽0.4米，高0.7米，总体积约1.5立方米。发生崩塌后的陡崖残留一处长9.7米、宽4.5米的临空危石，危石体积约110立方米。悬空部分高1.5～3.6米，平均2.5米，悬空体积约97立方米。

危岩体裂隙发育、破碎，部分贯通，经评估，继续发生崩塌的可能性大，地质灾害危险性大。

二、成因分析

崩塌的形成取决于构造、地形条件及风化发育程度，还受暴风雨、地震和人类活动的影响。构造是第一要素，是崩塌形成的基础，构造面可以使岩体破碎。区内构造主要为裂隙，其走向以NNW向、NNE向为主；NW向、NE向次之。两组主要裂隙的走向近直交，将斜坡切割成了一组组的块体。当裂隙切割的块体结构面外倾且走向与斜坡走向平行或基本平行时，块体的重力即产生了一个沿结构面的下滑分力。通常情况下，下滑分力小于结构面的阻力与块体间结合力之和，较稳定。完整无裂隙及其他构造面的岩体没有下滑分力等不稳定因素，不论其坡角大小，都很难形成崩塌，即使是强烈风化的情况下，也只能形成剥落。

　　地形条件是形成此次崩塌的又一重要因素，其他条件相同的情况下，斜坡的坡角大小与崩塌的易发性正相关。坡角较小时，只有更小的结构面才能外倾，其下滑分力小，不易形成崩塌。坡角越大，可能出露的外倾结构面的倾角越大，下滑分力越大，越容易形成崩塌。一般情况下，陡崖容易发生崩塌，陡坡很少发生崩塌，缓坡不会发生崩塌。

　　风化对崩塌有重要促进作用。多数未风化裂隙宽度很小，块体之间结合力较强，不易形成崩塌。在风化作用下，裂隙的宽度逐渐变大，块体间的结合力变小，部分块体甚至与周围块体没有任何结合，成为"独立"石块。随着风化程度的加深，下滑阻力越来越小，当其小于下滑力时，即发生崩塌。

　　云步桥崩塌就是处于临界状态的斜坡岩石在雨中吸水使下滑力增加，而雨水润滑减少了下滑阻力，在下滑力大于下滑阻力的情况下发生崩塌。

第四节　滑坡

　　滑坡是一种重力地质现象，是地球上广泛存在着的一种次生地质灾害，其主要特征是不稳定的山体斜坡或人工边坡，在岩体重力、水及震动力作用下，失去原有平衡和存在的基础发生危害性的破坏。我国山区分布广，在地质作用、降雨、人为因素等条件下，滑坡灾害常有发生。

　　从滑坡灾害类型的分布看，西部地区多为地震触发，东部滑坡多与暴风雨、洪水伴生；西部地区多发生滑坡堵江、溃坝洪水灾害，东部多转化为泥石流加剧灾害程度。我国是世界上滑坡灾害发生最严重的国

图8-8　黄前镇邵家庄小型滑坡（自北向南）

家之一。近年来由于全球性"厄尔尼诺""拉尼娜"等反常的气候现象的出现，旱、涝灾害频繁发生，再加上人类活动对生态环境的破坏和影响，例如对森林的乱砍滥伐、盲目开荒造田、开山采矿等不合理的土地利用，使得自然地理环境遭到严重破坏，加剧了山体滑坡暴发的规模和频率。山体滑坡的暴发，一方面造成巨大的人身财产损失，另一方面也造成严重的水土流失现象、森林植被的破坏、土地退化甚至荒漠化等（邱健壮，2005）。

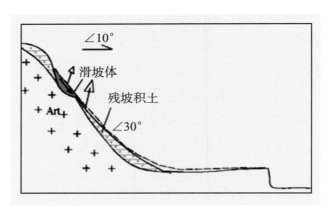

图8-9　邵家庄滑坡剖面图

泰山地区滑坡地质灾害多发地区如下：①下港乡西部、北部，黄前镇西部及北部均为侵蚀构造中度切割的中低山，山体由变质岩类组成，山高沟深，地势险峻，易发生滑坡地质灾害（图8-8，图8-9）。2000年8月8日，位于泰山东北端的岱岳区下港乡黄答村吕庄和勤村附近山体在持续暴雨的情况下，发生山体滑坡并形成泥石流，造成1800余间房屋被毁，21人遇难，直接经济损失达1亿多元；②化马湾乡西北部地处徂徕山，为侵蚀构造中度切割的中低山，山体由变质岩类组成，山高沟深，地势险峻，易发生滑坡、泥石流、危石等地质灾害。山中各村由于地形条件限制，房屋多依山削坡而建，曾多次发生灾害，损坏房屋，但无人员伤亡；③在泰安市废弃采石场附近、环山公路两侧及北部山区人造梯田前缘，险坡段较多，山体和植被遭到破坏，汛期在洪水冲刷下易发生滑坡等灾害。

第五节　地震

地震是发生在泰山的主要地质灾害。据统计，从公元前1381年至1949年有关地震的记载有28次之多，其中有明确记载的20多次（表8-1），震级最高为

4.2级，震中烈度为5～6级。中华人民共和国成立后发生的有感地震较少，也没有造成严重的伤害。因此，从总体上看，泰山地区发震的频率较低，但目前我国大陆正处于地震的活跃期，仍不容忽视。

表8-1　　　　　　　　　　　　　泰山历史上的地震

时间	描述	记载
夏帝发七年（约前1650）	泰山地震	今本《竹书纪年》卷上、王国维《今本竹书纪年疏证》卷上
周赧王三十一年（前284）	齐国嬴、博之间地裂，并现涌泉	《战国策》卷十三
汉元凤三年（前78）正月	泰山莱芜山巨石自立，高丈五尺，有白头鸟数千集聚其旁（其地在莱芜城西南五十里冠山）	《汉书》五行志、眭弘传，《汉纪》卷十六、《山东省地震史料汇编》
汉建初元年（76）三月	东平地震	《后汉书·章帝纪》《续汉书·五行志》
汉桓帝末期	东平国无盐县山中有大石自立	《北堂书钞》影宋本一六〇引《汉名臣奏》
汉延熹四年（161）六月十三日	泰山及尤来山（徂徕山）发生强烈山崩	《后汉书》桓帝纪、五行志
至正四年（1344）十二月	东平地震	《元史》顺帝纪、五行志，光绪《东平州志》卷二五《五行》《续资治通鉴》卷二〇八、《山东省地震史料汇编》、康熙《泰安州志》卷一《舆地》、明《泰山志》卷四《祥异》
至正六年（1346）二月	泰山连续七日地震	
至正七年（1347）	东平地震，河水为之激荡	
至正十八年（1358）	莱芜地裂，大饥，死者枕藉	
明成化二十一年（1485）二三月间	泰安州及莱芜等县屡屡发生强烈地震，"震声如雷，泰山动摇"	《明史》宪宗纪、万妃传、宦官梁芳传、五行志，《国榷》卷四十、明陆容《菽园杂记》卷九、《山东省地震史料汇编》
嘉靖二年（1523）癸未春	肥城黑风暴雨，树木拔出，间有地震	嘉庆《肥城县志》卷十六《祥异》
嘉靖二十一年（1542）夏	新泰地震	明《泰山志》卷四《祥异》、光绪《新泰县志》卷七《灾祥》
嘉靖二十七年（1548）六月	泰安地震如雷	《国榷》卷五九
嘉靖三十五年（1556）九月	泰安地震	《国榷》卷六一

（续表）

时间	描述	记载
隆庆三年（1569）十一月	泰安地震有声	光绪《东平州志》卷二五《五行》《国榷》卷六六
万历三十九年（1611）夏	新泰地震	天启《新泰县志》卷八《灾祥》
万历四十二年（1614）冬	新泰地震	天启《新泰县志》卷八《灾祥》
天启二年（1622）二月	东平、新泰地震。四月，东平又震	天启《新泰县志》卷八《灾祥》、光绪《东平州志》卷二五《五行》
清顺治四年（1647）六月	泰安见白气（北极光）冲天。十一月，泰安、莱芜皆遭地震	《山东省地震史料汇编》、清王无间《故妻杨氏实录》（载《泰山王氏族谱》）、《清史稿·灾异志》
顺治六年（1649）冬	新泰地震	顺治《新泰县志》卷一《灾祥》
康熙七年（1668）六月十七日夜	泰安发生强烈地震，连续十余次，"城垣房舍几尽"。东岳庙配天门、三灵侯殿、大殿等墙垣坍塌。城西南故县地裂，城东梭村地裂出水。地震时岱顶庙中钟鼓自鸣有声。地震波及宁阳、东平、肥城、莱芜等州县，多有房屋倒塌与人员伤亡	康熙《泰安州志》卷一《灾祥》、光绪《东平州志》卷二五《五行》、光绪《宁阳县志》卷十三《灾祥》、清蔡仲光《地震说》（《谦斋文》卷四）
康熙五十八年（1719）春	泰安地震。十月，新泰地微震	《山东省地震史料汇编》《清史稿·灾异志》
道光九年（1829）十月	东平、肥城、宁阳等县地震。翌年闰四月，三县又震	光绪《肥城县志》卷十《杂记》、光绪《东平州志》卷二五《五行》、咸丰《宁阳县志·灾祥》
道光十一年（1831）	新泰再震	
咸丰二年（1852）十一月六日	东平、肥城地震。翌年三月八日两地又震	光绪《东平州志》卷二五《五行》、光绪《肥城县志》卷十《杂志》
咸丰十一年（1861）	同年，新泰地震	光绪《新泰县志》卷七《灾祥》
光绪十四年（1888）五月	泰安、肥城、莱芜地震	《重修泰安县志》卷一《灾祥》、光绪《肥城县志》卷十《杂志》、光绪《莱芜县志》卷二二《大事记》
光绪二十九年（1903）闰五月、十二月	莱芜地震	《莱芜县志》卷二二《大事记》
宣统元年（1909）十一月初二日至二十七日	泰安数次地震	《重修泰安县志》卷一《灾祥》《山东省地震史料汇编》

注：据泰安档案信息网整理。

第六节　气象水文灾害

泰山地区地处暖温带大陆性气候，具有冬干冷、夏炎热且雨水集中的特征，同时，还兼有中山气候的特点。气候环境复杂多变，灾害类型多样且危害程度较大，其中以水旱灾害最为严重。

公元668～1949年，水旱每年都有不同程度的发生，其中，致人死亡和严重毁坏古建筑的水灾年份有31年，频率为2.3%；严重旱年44年，频率为3.4%。中华人民共和国成立后也多次发生水旱灾害，损失比较严重。最近一次发生严重洪水灾害事件是在1996年7月，造成多处景点和道路严重损坏，旅游中断数日。由于泰山东路主景区的登山盘道多沿沟谷而上，沿途文物古迹众多，加之山体陡峻，山洪的威胁严重。春、夏季的大风，几乎每年都造成不同程度的危害。中华人民共和国成立后，风力最大、历时最长、破坏性最大的风灾发生在1997年8月，平均风力7～8级，短时阵风9～11级，造成泰山景区通信线路中断，古树名木严重受损。同时，雨凇、雾凇和大雪天气常对林木及通信线路造成破坏，雷电灾害也时有发生，树木和建筑多次遭雷击（赵敬民等，2003）。

第七节　生物灾害

泰山地区的生物灾害主要是病虫害。

据泰山森保站在1980～1982年做的林区病虫害普查鉴定，林木害虫608种，天敌108种，病害121种。1956年曾发生了较为严重的柏毛虫、刺槐虫；1956～1963年蔓延松毛虫、刺槐小皱春、松柏蚧等虫害和松树枯枝病、松针落叶病；"文革"期间，曾一度病虫害蔓延。1983年后，情况得到有效的控制；近年，泰山的管理者应用了智慧泰山景区系统进行病虫灾害监测（图8-10）。

图 8-10　智慧泰山景区病虫灾害监测

第八节　火灾

　　泰山地区的火灾主要是人为因素造成的。1960年的火灾毁掉林木16万株；"文革"期间曾发生火灾8次，毁林8700余株；1987年1～2月发生两起火灾。

图 8-11　消防队队员在泰山进行消防出警演练

　　近年来，泰山的管理者加大火灾的预防，应用了许多现代化科技手段和方法，对火灾的预防起到了很好的效果；建立了泰山的火情预警系统，做到了"预防在先，以防为主，防、管、治结合"，从而保护了泰山的森林和草木系统（图8-11）。

参考文献

［1］ Jahn B M, Auvray B, Shen Qihan, Liu Dunyi, Zhang Zongqing, Dong Yijie, Ye Xiaojiang, Zhang Qunzhang, Cornichel J, Mace J, 1988. Archean crustal evolution in China: The Taishan Comolex, and evidence for juvenile crustal addition from long-term depleted mantle. Precambrian Research, 38:381–403.

［2］ Ludwig K R. 2001. Isoplot/Ex(rev). 2.49: A geochronological toolkit for Microsoft excel. Berkeley Geochronological Center, Special Publication, 1 : 1–58.

［3］ Polat A, Li J, Fryer B, Kusky T, Gagnon J, Zhang S, 2006. Geochemical characteristics of the Neoarchean(2800–2700Ma) Taishan greenstone belt, North China Craton: Evidence for plume-craton interaction. Chemical Geology, 230:60–87.

［4］ Wan Yusheng, Liu Dunyi, Wang Shijin, Dong Chunyan, Yang Enxiu, Wang Wei, Zhou Hongying, Ning Zhenguo, Du Lilin, Yin Xiaoyan, Xie Hangqiang, Ma Mingzhu, 2010. Juvenile magmatism and crustal recycling at the end of the Neoarchean in western Shangdong Province, North China Craton: from SHRIMP zircon dating. American Journal of Science, 310: 1503–1552.

［5］ Wan Yusheng, Liu Dunyi, Wang Shijin, Yang Enxiu, Wang Wei, Dong Chunyan, Zhou Hongying, Du Lilin, Yang Yueheng, Diwu Chunrong, 2011.~2.7Ga juvenile crust formation in the North China Craton (Taishan-Xintai area, western Shandong Province): Further evidence of an understated event from U–Pb dating and Hf isotopic composition of zircon. Precambrian Research, 186:169–180.

［6］ Wang Yusheng, Wang Shijin, Liu Dunyi, Wang Wei, Dong Chunyan, Yang Enxiu, Zhou Hongying, Xie Hangqiang, Ma Mingzhu, 2012. Redefinition of depositional ages of Neoarchean supracrustal rocks in western Shangdong Province, China: SHRIMP U–Pb zircon dating. Gondwana Research, 21: 768–784.

［7］Williams I S, 1998. U-Th-Pb Geochronology by ion microprobe, In: Mckibben M A, Shanks W and Ridley W I (eds.). Applications of microanalytical techniques to understanding mineralizing processes. Reviews in Economic Geology, 7:1-35.

［8］艾宪森,张成基,王世进,1998.山东省十年区域地质调查工作新进展［J］.中国区域地质,17（3）:228-235.

［9］曹国权,1995.鲁西山区早前寒武纪地壳演化再探讨［J］.山东地质11（2）:1-14.

［10］曹国权,1996.鲁西早前寒武纪地质［M］.北京:地质出版社:1-210.

［11］曹林,朱东,1999.中朝古大陆东部早前寒武纪变质岩系对比及其演化阶段划分［J］.世界地质18（2）:36-46.

［12］曹玉楼,2005.泰山保护管理的历史、现状和前景［D］.济南:山东大学.

［13］陈安泽,卢云亭,张尔匡等,2013.旅游地学大辞典［M］.北京:科学出版社.

［14］程裕淇,沈其韩,王泽九,1982.山东太古代雁翎关变质火山-沉积岩［M］.北京:地质出版社:1-72.

［15］程裕淇,徐惠芬,1991.对山东新泰晚太古代雁翎关组中科马提岩类的一些新认识［J］.中国地质（4）:31-33.

［16］程裕淇,庄育勋,沈其韩,1998.变质作用研究的回顾与展望［J］.地学前缘5（4）:257-264.

［17］崔凤军,杨永慎,1997.泰山旅游环境承载力及其时空分异特征与利用强度研究［J］.地理研究6（4）:47-55.

［18］崔凤军,袁明英,1999.泰山宗教文化特征及其旅游开发研究［J］.泰安教育学院学报岱宗学刊（2）:10-13.

［19］崔秀国,吉爱琴,1987.泰岱史记［M］.济南:山东友谊出版社.

［20］邓幼华,许洪泉,1992.鲁西西部长清界首一带的泰山群——界首绿岩带简介［J］.山东地质8（2）:29-47.

［21］地科院天津地矿所,1985.华北地区古生物图册［M］.北京:地质出版社.

［22］地质矿产部南京矿产研究所,1983.华东地区古生物图册［M］.北京:地质出版社.

［23］地质矿产部情报研究所主编,1984.肖庆辉等,译,马万钧等,校.国外前寒武纪地质构造研究［M］.北京:地质出版社.

［24］山东省国土资源厅资源储量处, 山东省国土资源资料档案馆, 2010.山东省 矿产资源储量报告编制指南［M］.济南: 山东省地图出版社: 239-257.

［25］董一杰, 金汝敏, 1990.泰山地区太古宙岩体的地球化学特征［J］.山东地质 6（1）: 83-95.

［26］甘盛飞等, 编译, 朱奉三, 审校, 1992.国外前寒武纪金矿床地质研究进 展［M］.沈阳: 辽宁科学技术出版社.

［27］高国金, 王瑞波, 孔维帅, 2017.泰山挑山夫文化价值与传承［J］.山西农业 大学学报（社会科学版）16（3）: 72-76.

［28］高坪仙, 1995.南非彼得斯堡绿岩带及林波波带南部边缘区的地质特征及其 构造关系［J］.国外前寒武纪地质3: 63-69.

［29］葛文春, 孙德有, 林强等, 1996.吉林太古宙花岗岩类构造-岩浆演化［J］. 地质找矿论丛11（2）: 35-43.

［30］郭建斌, 2000.泰安市岩溶水文地质结构特征研究［J］.山东科技大学学报 （自然科学版）19（2）: 79-84.

［31］韩光辉, 石宁, 1992.泰山文化的历史分期及特点［J］.中国历史博物馆馆 刊（0）: 24-29, 117.

［32］贺同兴, 卢良兆, 李树勋等, 1988.变质岩岩石学［M］.北京: 地质出版社.

［33］侯旭, 吴瑞华, 王时麒, 2011.泰山玉的矿物岩石学特征［J］.岩石矿物学杂 志30: 169-175.

［34］侯旭, 2012.泰山玉的宝石矿物与地球化学特征研究［D］.中国地质大学.

［35］胡树庭, 陈建强, 王训练等, 1998.鲁西寒武系层序地层特征及在区调中的应 用［J］.山东地质14（4）: 16-24.

［36］胡正国, 陈健, 1995.前寒武纪构造-研究现状和思路［J］.国外前寒武纪地 质4: 1-16.

［37］黄吉友, 宋立品, 2000.胶北太古宙花岗岩-绿岩带概述［J］.山东地质16 （3）: 15-21.

［38］贾炳文, 2011.贾炳文论文选［M］.北京: 煤炭工业出版社.

［39］江博明, B.欧弗瑞等, 1988.中国太古代地壳演化——泰山杂岩及长期亏损 地幔新地壳增生的证据［J］.中国地质科学院地质研究所所刊18: 33-57.

［40］江绍英, 1987.蛇纹石矿物学及性能测试［M］.北京: 地质出版社.

［41］姜玲，曹健全，2014. 泰山"自然与文化双遗产"的点滴事［J］. 山东档案
　　　（6）：66-68.

［42］蒋铁生，吕继祥，2005. 泰山石敢当研究论纲［J］. 民俗研究（4）：190-199.

［43］金磊，2008. 泰山遗产内涵与泰山旅游可持续发展［J］. 泰安教育学院学报
　　　岱宗学刊（1）：92-94.

［44］金振奎，刘泽容，1999. 鲁西地区断裂构造类型及其形成机制［J］. 石油大学
　　　学报（自然科学版）23（5）：1-5.

［45］康志成，2004. 中国泥石流研究［M］. 北京：科学出版社.

［46］李继生，1989. 泰山遗产的特征及其价值［J］. 中国园林（1）：57-58.

［47］李江海，1998. 早前寒武纪地质及深成构造作用研究进展［J］. 高校地质学
　　　报4（3）：303-312.

［48］李俊建，沈保丰，李双保等，1996. 辽北-吉南地区太古宙花岗岩-绿岩带地
　　　质地球化学［J］. 地球化学25（5）：458-467.

［49］李俊领，2005. 现当代泰山石刻研究［J］. 泰山学院学报27（1）：16-20.

［50］李烈荣，姜建军，王文，2002. 中国地质遗迹资源及其管理［M］. 北京：中国
　　　大地出版社.

［51］李其昊，刘红，2001. 泰山旅游资源可持续开发的必然之路-生态旅游［J］.
　　　曲阜师范大学学报27（4）：95-98.

［52］李青，2016. 泰山石敢当文化资源的开发与利用研究［J］. 山西科技31（4）：
　　　11-14.

［53］李上森，1996. 南非卡普瓦尔地块的构造演化［J］. 国外前寒武纪地质1：39-
　　　42.

［54］李秀明，武法东，王彦洁，马鹏飞，宋玉平，储皓，2015. 地质公园解说系统
　　　的构建与应用——以泰山世界地质公园为例［J］. 国土资源科技管理32
　　　（04）：115-120.

［55］李旭光，刘永进，2011. 泰山赤鳞（螭霖）鱼现状与保护发展对策［J］. 山东
　　　畜牧兽医32：54-56.

［56］李绪民，2010. "泰山石敢当——山石信仰"刍议［J］. 黑龙江史志（22）：
　　　64-65.

［57］李雪萍，2006. 基于Geomedia WebMap的泰山国家地质公园旅游信息系统［D］.

中国地质大学.

［58］刘敦一,2003. 中国SHRIMP测年成绩斐然——北京离子探针中心第一年［J］. 地质通报22（3）:145-148.

［59］刘怀书,游文澄,刘书才,1987. 山东寒武纪生物地层［J］. 山东国土资源（1）:14-36.

［60］刘慧,1995. 话说泰山宗教［J］. 风景名胜（12）:38-40.

［61］刘劲鸿,2001. 华北地块东段和龙超镁铁质科马提岩的发现及特征［J］. 地质论评47（4）:420-425.

［62］刘力铖,2007. 基于混合结构的泰山地质公园旅游GIS设计与实现［D］. 中国地质大学.

［63］刘书才,刘怀书,1985. 山东泰安大汶口寒武纪地层新观察［J］. 地层学杂志（3）:67-70.

［64］刘淑丽,2013. 世界上第一个文化与自然双重遗产——泰山的开发与保护与保护［J］. 小作家选刊:教学交流（1）:20-20.

［65］刘曙光,1997. 泰山旅游经济行为结构的整体研究［J］. 泰安师专学报（2）:131-133.

［66］刘水,2003. 泰山石刻的旅游价值［J］. 泰山学院学报25（5）:6-12.

［67］刘向民,1994. 浅论山东省枣庄市抱犊崮山区旅游资源［J］. 山地研究12（1）:57-63.

［68］刘晓鸿,王同文,谢萍,田明中,2007. 泰山世界地质公园的地质遗迹旅游体系研究［J］. 资源与产业（04）:46-49.

［69］刘秀池主编,1995. 泰山大全［M］. 济南:山东友谊出版社.

［70］李永庆,1986. "涡柱构造"体微量元素分布规律［J］. 山东矿业学院学报（3）:43-49.

［71］刘志宏,李三忠,1995. 太古宙构造研究进展［J］. 世界地质14（1）:6-11.

［72］卢衍豪,董南庭,1953. 山东寒武纪标准剖面新观察［J］. 地质学报32（3）:164-201.

［73］路洪海,董杰,张重阳,2016. 泰山石河景观及成因［J］. 聊城大学学报（自然科学版）29（01）:63-65.

［74］陆松年,蒋明媚,2003. 地幔柱与巨型放射状岩墙群［J］. 地质调查与研究26

（3）：136-144.

［75］陆松年，王惠初，李怀坤，2005.解读国际地层委员会2004年前寒武纪地层表及2004～2008年参考方案［J］.地层学杂志29（2）：180-187.

［76］陆松年，2002.关于我国前寒武纪研究中几个重点问题的分析［J］.前寒武纪研究进展25（2）：65-72.

［77］鹿锋，1999.泰山经济价值论［J］.山东矿业学院学报（社会科学版）1（4）：91-96.

［78］逯慧，张荣良，2011.泰山石敢当传说解读［J］.泰山学院学报33（2）：9-13.

［79］罗毅译，1995.加拿大东阿比提比亚省绿岩带金成矿规律［J］.国外铀金地质12（3）：239-243.

［80］吕发堂，高绍强，1998.泰山地区晚太古代"框架侵入岩"的地质特征及稀土地球化学演化［J］.中国区域地质17（1）：9-15.

［81］吕继祥，王玉文，2011."泰山，世界遗产瑰宝"［J］.民主（1）：43-46.

［82］吕朋菊，莫德真，杨锋杰等，2003.泰山的地学价值及其意义［J］.山东科技大学学报（自然科学版）22（2）：33-36.

［83］吕朋菊，张明利，张永双，1995.新构造运动与现今泰山的形成及其地貌景观［J］.山东科技大学学报（自然科学版）（4）：331-335.

［84］吕朋菊，张永双，张明利等，1997.鲁西多层次多级别重力滑动构造系及其特征［J］.岱宗学刊（4）：1-7.

［85］吕朋菊，朱兴珊，鲁西中，1989.新生代构造应力场的更迭［J］.山东矿业学院学报8（4）：18-25.

［86］吕朋菊，1984.泰山的形成及其年龄［J］.山东科技大学学报（自然科学版）（2）：14-19.

［87］吕朋菊等，2002.泰山地质地貌特征及地学价值评价［J］.山东科技大学（内部研究资料）.

［88］马玉美，1996.泰山生态［M］.北京：中国林业出版社.

［89］马振民，陈鸿汉，刘立才，2000.泰安市第四系水文地质结构对浅层地下水污染敏感性控制作用研究［J］.地球科学—中国地质大学学报25（5）：472-476.

［90］米山，2010.从祈国泰到民求安—泰山宗教信仰的嬗变［J］.聊城大学学报

（社会科学版）（3）：61-64.

［91］宁奉菊,史同广,2000.泰山风景名胜区生态环境状况及影响因素分析［J］.国土与自然资源研究（3）：40-43.

［92］宁奉菊,1999.论泰山景区生态环境的综合保护［J］.泰安师专学报21（6）：55-57.

［93］牛树银,胡华斌,毛景文等,2004.鲁西地区地层（岩石）展布及其成因［J］.地学前缘（中国地质大学,北京）10（4）：371-372.

［94］牛树银,胡华斌,毛景文等,2004.鲁西地区地质构造特征及其形成机制［J］.中国地质31（1）：34-39.

［95］齐鸿烈,郝兴华,张晓冬等,1999.冀东青龙河太古宙花岗岩绿岩带地质特征［J］.前寒武纪研究进展22（4）：1-17.

［96］钱义元,1994.华北及东北南部上寒武统长山阶三叶虫［M］.北京:科学出版社.

［97］乔平林,周长银,2000.泰山桃花峪景区自然景观构成要素及成因［J］.岱宗学刊3：1-2.

［98］清华大学人居环境研究中心资源保护与风景旅游研究所,2001.北京清华城市规划设计研究院,泰山风景名胜区总体规划（2001～2020）.

［99］邱健壮,2005.GPS监测山体滑坡研究.中国农业大学硕士学位论文.

［100］瞿友兰,1991.山东省构造体系的成生发展历史［J］.山东地质7（1）：52-65.

［101］曲忠生,2006.中国世界遗产旅游开发与规划管理研究—以泰山为例［D］.山东大学.

［102］任鹏,颉颃强,王世进,董春艳,马铭株,刘敦一,万渝生,2015.鲁西2.5～2.7Ga构造岩浆热事件：泰山黄前水库TTG侵入岩的野外地质和锆石SHRIMP定年［J］.地质论评61（05）：1068-1078.

［103］山东地矿局,1978.华东地区区域地层表［M］.北京:地质出版社.

［104］沈保丰,李俊建,毛德宝,1997.华北地台绿岩带地质特征类型和演化［J］.前寒武纪研究进展20（1）：2-11.

［105］沈保丰,毛德宝,李俊建,1996.中国绿岩带金矿床的时空分布［J］.华北地质矿产杂志11（3）：385-392.

［106］沈其韩,钱祥麟,1995.中国太古宙地质体组成,阶段划分和演化［J］.地球学报（2）：120-143.

［107］司双印,孙茂田,2001.鲁西地区太古宙绿岩带硫铁矿床地质特征及成矿机制［J］.化工矿产地质23（2）：87-92.

［108］宋奠南,2001.山东中新生代盆地基本特征及演化过程［J］.山东地质17（5）：5-17.

［109］宋海峰,徐仲元,2003.太古宙高级变质杂岩的近水平顺层剪切构造变形及岩石深熔作用-以内蒙古大青山地区为例［J］.世界地质22（1）：30-35.

［110］宋明春,李洪奎,2001.山东省区域地质构造演化探讨［J］.山东地质17（6）：12-38.

［111］宋明春,王沛成,2003.山东省区域地质［M］.济南：山东省地图出版社：1-68.

［112］宋志勇,张增奇,赵光华等,1994.鲁西前寒武纪岩石地层清理意见［J］.山东地质10增刊：2-13.

［113］孙克勤,2004.世界文化和自然遗产概论［M］.北京：中国地质大学出版社.

［114］孙兆才,1999.泰山生物多样性及保护探讨［J］.江苏环境科技（2）：44-46.

［115］泰安市统计局,2004.泰安统计年鉴［M］.

［116］泰山风景名胜区管理委员会,2001.百年泰山［M］.济南：山东画报出版社.

［117］泰山风景名胜区管理委员会,2002.定期监测报告.

［118］泰山风景名胜区管理委员会,2002.定期监测调查问卷.

［119］泰山风景名胜区管理委员会,2001.泰山［M］.济南：山东美术出版社.

［120］泰山风景名胜区管理委员会.泰山地质地貌图片集.

［121］泰山风景名胜区管理委员会,2002.泰山生物多样性研究.

［122］泰山风景名胜区管理委员会,1993.中国泰山［M］.北京：文物出版社.

［123］泰山世界地质公园,2010.泰山世界地质公园［J］.国土资源情报（04）：57.

［124］唐邦兴主编,2000.中国泥石流［M］.北京：商务印书馆.

［125］陶思炎,2006.石敢当与山神信仰［J］.民族艺术（1）：43-47.

［126］田景瑞,马贺平,1991.对郯庐断裂的几点新认识［J］.山东矿业学院学报10（4）：341-349.

［127］田明中,王剑民,武法东等,2012.天造地景-内蒙古地质遗迹［M］.北京：

中国旅游出版社:1-556.

[128] 田明中,2005.泰山——地质遗迹与历史文化的完美结合体 [A].中国地质学会旅游地学与国家地质公园研究分会成立大会暨第20届旅游地学与地质公园学术年会论文集 [C]:3.

[129] 佟敏,2011.泰山风景区环境景观分析研究 [D].南京林业大学.

[130] 万昌华,文景刚,2009.泰山地区历史文化论纲 [J].聊城大学学报(社会科学版)(1):60-66.

[131] 万萍,2010.泰山石刻综论 [D].曲阜师范大学.

[132] 王建河,2008.泰山——五岳独尊的缘起 [D].山东大学.

[133] 王雷亭,张建忠,崔凤军,1997.泰山旅游业的可持续发展问题 [J].发展论坛(7):33-35.

[134] 王雷亭,1997.泰山国内旅游市场结构特征分析 [J].泰安师专学报(2):127-130.

[135] 王雷亭,2011.即时教益:公众参与地质公园的动力与切入点——以泰山世界地质公园为例 [A].中国地质学会旅游地学与地质公园研究分会第26届年会暨金丝峡旅游发展研讨会论文集 [C]:6.

[136] 王霖琳,2004.GIS支持下的泰山地区泥石流危险性评价研究,山东农业大学硕士学位论文.

[137] 王仁民,游振东,富公勤等,1989.变质岩石学 [M].北京:地质出版社.

[138] 王世进,万渝生,宋志勇等,2012.鲁西泰山岩群地层划分及形成时代——锆石SHRIMP U-Pb测年的证据 [J].山东国土资源(12):15-23.

[139] 王世进,1999.鲁西地区前寒武纪侵入岩 [J].山东地质 6(1):59-81.

[140] 王世进,1991.鲁西地区前寒武纪侵入岩期次划分及基本特征 [J].中国区域地质(4)298-307.

[141] 王世进,1993.鲁西地区早前寒武纪地质构造 [J].中国区域地质(3):216-222.

[142] 王同文,田明中,张建平等,2006.泰山的科学价值与地质公园建设 [J].山东科技大学学报(自然科学版)25(4):22-24.

[143] 王同文,2005.泰山的地质遗迹类型及其科学价值 [A].中国地质学会旅游地学与国家地质公园研究分会成立大会暨第20届旅游地学与地质公园

学术年会论文集［C］:4.

［144］王伟,2015.鲁西泰山岩群变质玄武岩地球化学特征及地质意义［J］.岩石学报31（10）:2959～2973.

［145］王晓青,1994.鲁西掀斜山地貌与新生代断块运动［J］.曲阜师范大学学报20（3）:70-75.

［146］王新峰,2002.泰山竹林寺唐式彩绘述评［J］.泰安师专学报（4）:53-54.

［147］王新社,庄育勋,徐惠芬等,1999.泰山地区太古宙末韧性剪切作用在陆壳演化中的意义［J］.中国区域地质18（2）:168-174.

［148］魏耀山,2016.泰山地质遗迹档案的旅游资源开发与利用［J］.聊城大学学报（自然科学版）29（01）:59-62,65.

［149］吴昌华,1995.太古宙地壳的演化［J］.国外前寒武纪地质2（总第70期）:30-40.

［150］吴素珍,1994.太古宙地表环境特征［J］.国外前寒武纪地质3:91-95.

［151］武法东,2014.了解中国泰山世界地质公园（小学生版）［M］.北京:地质出版社:1-200.

［152］武法东,田明中,张建平,2014.探秘中国泰山世界地质公园（中学生版）［M］.北京:地质出版社:1-100.

［153］夏忠梅,陈忠岚,2006.关于泰山文化研究的认识路线和方法论问题［J］.东岳论丛04:184-186.

［154］谢萍,2006.泰山地质公园地质遗迹保护与利用协调性研究［D］.中国地质大学（北京）.

［155］徐惠芬,董一杰,施允亨等,1992.鲁西花岗岩-绿岩带［M］.北京:地质出版社:1-184.

［156］徐惠芬,1990.鲁西花岗岩绿岩带和变质作用［J］.山东地质6（1）:50-57.

［157］徐兴永,2004.崂山古冰川的形成及其环境效应的研究［D］.中国科学院研究生院（海洋研究所）.

［158］杨斌,刘书才,黄文院,2002.浅谈山东省地质遗迹及其保护［J］.山东地质18（6）:33-36.

［159］杨炯,孟华,王雷亭,牛健,2010.基于公众认知的地质遗迹保护与开发——

以泰山地质公园为例 [J].资源开发与市场26（01）：60-62，80.

［160］应思淮，1980.泰山杂岩 [M].北京：科学出版社.

［161］苑胜龙，张乐珍，2009.泰山石刻的价值与保护 [J].中国文物科学研究（2）：69-73.

［162］翟明国，郭敬辉，赵太平，2001.新太古-古元古代华北陆块构造演化的研究进展 [J].前寒武纪研究进展24（1）：17-27.

［163］张宝泉，李怀岭，1994.泰山地热水成因浅析 [J].地下水16（2）：77-83.

［164］张国庆，田明中，郭福生，王同文，孙洪艳，2008.基于ArcIMS的地质公园旅游信息系统的设计与实现——以泰山世界地质公园为例 [J].水土保持研究（05）：61-64.

［165］张建伟，郭秀岩，申卫星，郭慧玲，王锡魁，周长忠，2011.泰山地区第四纪冰川探讨 [J].山东国土资源27（4）：12-14.

［166］张建忠，崔凤军，2002.试论中国历史文化名城的创建与保护——以山东省泰安市为例 [J].人文地理17（5）：29-32.

［167］张明利，金之钧，吕朋菊等，2000.新生代构造运动与泰山形成 [J].地质力学学报6（2）：23-29.

［168］张明利，金之钧，吕朋菊等，2000.新生代构造运动与泰山形成 [J].地质力学学报6（2）：23-26.

［169］张丕孚，2001.辽南，苏皖北部，鲁西鲁东晚前寒武纪地层的划分与对比 [J].地质与资源10（1）：11-17.

［170］张尚坤，王新社，辛国金等，2003.鲁西尚河韧性剪切带变形特征研究 [J].山东地质19（2）：30-35.

［171］张艳，殷红梅，2016.关于泰安泰山气候特征对比分析 [J].环境与可持续发展（5）：217-219.

［172］张增奇，刘明谓，1996.山东省岩石地层 [M].武汉：中国地质大学出版社：1-310.

［173］张增奇，刘书才，杜圣贤等，2011.山东省地层划分对比厘定意见 [J].山东国土资源27（9）：1-9.

［174］张增奇，杨恩秀，刘鹏瑞，万渝生，王世进，孔庆友，程光锁，张贵丽，孙雨沁，2012.鲁西地区"泰山红宝石"的发现及其地质特征 [J].山东国土资源

28（01）：1-4.

［175］张哲，王军，2011.仙人遗粮——泰山黄精［J］.中外健康文摘（1）.

［176］张志焱，1996.泰山黄精及其高产栽培［J］.中国土特产（6）：11.

［177］赵风清，2000.参加芬兰地质考察总结（I）——芬兰中部地块的后造山花岗岩［J］.前寒武纪研究进展23（2）：111-115.

［178］赵健，2003.山东喀斯特景观旅游资源及其开发利用［J］.中国岩溶22（4）：324-331.

［179］赵敬民，彭淑贞，乔晓红，2003.泰山风景区自然灾害与旅游业可持续发展的初步研究［J］.国土与自然资源研究2：68-69.

［180］赵敬民，乔晓红，2006.泰山风景区地质旅游资源的开发与保护［J］.泰山学院学报（01）：69-72.

［181］赵全科，申洪源，2001.山东喀斯特旅游资源及开发［J］.临沂师范学院学报23（4）：78-81.

［182］赵世英，莫德蕉，1984.泰山红门"桶状构造"成因的探讨——一种新成因类型的环状节理［J］.山东矿业学院学报（01）：79-89.

［183］赵汀，赵逊，2009.地质遗迹分类学及其应用［J］.地球学报30（3）：309-324.

［184］赵学法，2015.古代泰山地震的政治影响［J］.泰山学院学报37（2）：43-50.

［185］志民，2005.地质遗产泰山石亟待保护［N］.中国矿业报/08/02（006）.

［186］庄育勋，王新社，徐洪林等，1997.泰山地区早前寒武纪主要地质事件与陆壳演化［J］.岩石学报13（3）：313-330.

［187］庄育勋，徐洪林，王新社等，1995.泰山地区新太古代—古元古代地壳演化研究的新进展［J］.中国区域地质（4）：360-352 http://bbs.tianya.cn/post-no05-11938-1.shtml.

后 记

　　泰山的形成演变，几经沧桑、几度沉浮。她经受了泰山、加里东、华里西、燕山和喜马拉雅5次大地壳运动的强烈变革，历经了地壳发展中太古宙、元古宙、古生代、中生代和新生代5个主要阶段的改造，形成了众多具有全球意义的地质地貌遗迹。

　　泰山漫长而复杂的形成演变过程是地壳发展五大历史阶段的缩影；泰山岩群记录了自太古宙以来近30亿年漫长而复杂的演化历史，是我国最古老的地层之一。泰山岩群中的科马提岩是迄今我国唯一公认的具有鬣刺结构的太古宙超基性喷出岩；张夏寒武纪地层标准剖面为中国华北寒武系标准剖面，是中国区域地层划分对比和国际寒武纪地层对比的主要依据；泰山寒武纪地层含有丰富的化石，是馒头山裸壳虫、蒿里山虫等不少种属的命名地或模式标本原产地；泰山中元古代的辉绿玢岩及与之伴生的正长花岗岩，是指示构造旋回变化的关键性地质事件，发育国内外罕见的"桶状构造"；泰山是当前国际地学早前寒武纪、新构造运动地质研究前缘热点和焦点的经典和理想地区，是探索地球早期历史奥秘的天然实验室。

　　泰山不仅是一部展示地球演化的历史教科书，同时也是一座历史悠久、文化底蕴深厚的文化名山。泰山的美体现在人与自然的和谐关系上，是自然景观和人文景观的完美结合。

　　被尊为"五岳之首"的泰山，享有"天下第一山"的美誉。泰山是中华民族远古文化的重要发祥地，是炎黄子孙的根源之山，是华夏历史文化的两源之一，同时她也是黄河流域古代文化的发祥地之一，南麓大汶口文化和北麓龙山文化遗存，便是佐证。历经数千年中华文化的渗透和渲染，泰山已成为中华民族的象征，她是中国历史文化的缩影，是历代帝王封禅独尊之地，是儒佛道三教合一之所。

　　文人墨客纷至沓来，给泰山留下了众多名胜古迹。构成泰山主体95%以上的前寒武纪侵入变质岩，断层、岩体的节理面非常发育，为石刻、碑碣等艺术的发育创造了得天独厚的条件，为历代文人墨客纵情书画、题词抒情提供了天然的场所，孕育了独特的泰山文化。

泰山也是中国古建筑大荟萃之地，其古建筑主要为明清的风格，将建筑、绘画、雕刻、山石、林木融于一体，是东方文明伟大而庄重的象征。泰山多期次的侵入岩，为泰山大规模的古建筑提供了良好的天然建筑材料，历经沧桑，记录了泰山几千年以来的文化发育过程。

总而言之，泰山是地质遗迹与历史文化的完美结合体，泰山众多重要而典型的地质遗迹，完整记录了地球近30亿年的演化历史，更是被赋予了世界上独一无二的文化生命，与泰山的历史文化完美结合，成为人类宝贵的遗产。泰山不愧为"中华书法名山""世界文化和自然遗产"和"联合国教科文组织世界地质公园"。

在这本书即将完成之时，我们不能忘记一些领导和一些事，原泰安市人民政府副市长白玉翠在推荐泰山地质公园申请陈述会上代表泰安市563.74万人民所进行的激情表态发言。

感谢原泰山风景名胜区管理委员会主任、党委副书记许光明等领导所给予的关心和支持，虽然现已离开岗位，但给予中国地质大学（北京）项目组的信任与期望始终是我们工作的动力，我们感谢这些领导。

山东科技大学吕朋菊教授不顾年事已高，自始至终参加了泰山国家地质公园申报、泰山世界地质公园申报与建设的全过程。吕教授是一个精通泰山地质的科学家，他爱泰山，泰山成为世界地质公园是他一生的愿望。他一生倾注于泰山地质研究，为泰山奉献了毕生的精力，对泰山的一山一水、一石一木都了如指掌。我们要特别感谢这位八十高龄的老地质学家、老教授，他的敬业和无私帮助，我们永远不能忘记。

山东地质调查院原总工程师王世进教授级高工更是有求必应，无私提供大量科研资料和成果，他对泰山的岩石、构造等研究造诣很深，我们从老一辈地质学家身上学到了他们的敬业精神和对专业精益求精的学术风范。没有他们的指导和帮助，要完成泰山世界地质公园的申报和《泰山地质综合研究》的编写是根本不可能的。

《泰山地质综合研究》是中国地质大学（北京）项目组全体师生的集体劳动

成果，更凝聚了前人丰富的研究成果。在申报国家地质公园和世界地质公园的前期阶段，天津地质所陆松年教授亲赴野外，提供资料，为解决前寒武纪地质问题倾注了心血。

自2004年以来，中国地质大学（北京）的40余位师生在不同的时期，参加了泰山地质公园的申报、建设和野外考察工作，付出了辛勤的劳动，他们是：田明中教授、武法东教授、张建平教授、程捷教授；博士生王同文、王璐琳、孙莉、韩菲、赵龙龙、王彦洁、李秀明、储皓、于延龙；硕士生谢萍、张顺智、李雪萍、牛娟、赵应权、白松、刘力铖、张静一、郑奇蕊、芦晶、王莉、张丽蕾、袁昕、蒋峥、赵伟、方针、张志光、张磊、王思琢、倪晨、武红梅、徐媛媛、马鹏飞、宋玉平、曾鹏、王剑昆、周旭、李媛、朱静等。

北京一彩展览展示公司总经理刘兴春，副总经理蒋丽伟，设计师蔺小燕、李丽等绘制了部分图件，对他们付出的劳动和创造性成果表示感谢！

还要感谢泰山风景名胜区管理委员会地质公园管理处，泰安博物馆、地质公园博物馆等单位的大力支持和协助。万庆海、牛健、高慧、刘宁、丁海洋、倪雁、王慧等全程参加该书的编写过程并协助收集资料。

感谢泰山文库的全体工作人员，刘慧、王玉琳、张玉胜等给予项目组在泰山工作期间大量无私的帮助，特此致谢。